Datenanalyse mit Microsoft Power BI
und Power Pivot für Excel

Datenanalyse mit Microsoft Power BI und Power Pivot für Excel

Alberto Ferrari
Marco Russo

dpunkt.verlag

Microsoft

Alberto Ferrari
Marco Russo

Lektorat: Sandra Bollenbacher
Übersetzung & Satz: G&U Language & Publishing Services GmbH, www.gundu.com
Copy-Editing: Petra Heubach-Erdmann, Düsseldorf
Herstellung: Susanne Bröckelmann
Umschlaggestaltung: Helmut Kraus, www.exclam.de
Druck und Bindung: mediaprint solutions GmbH, 33100 Paderborn

Bibliografische Information der Deutschen Nationalbibliothek
Die Deutsche Nationalbibliothek verzeichnet diese Publikation in der Deutschen Nationalbibliografie; detaillierte bibliografische Daten sind im Internet über http://dnb.d-nb.de abrufbar.

ISBN:
Print 978-3-86490-510-0
PDF 978-3-96088-250-3
ePub 978-3-96088-251-0
mobi 978-3-96088-252-7

5 4 3 2

Inhaltsverzeichnis

Einleitung xi

Zielgruppe ... xii
Voraussetzungen ... xii
Aufbau dieses Buches ... xiii
Begleitende Inhalte ... xiv
Schreibweisen und Hinweiskästen ... xiv
Danksagungen ... xv
Errata und Support ... xv

Kapitel 1

Einführung in die Datenmodellierung 1

Arbeiten mit einer einzelnen Tabelle ... 2
Datenmodelle ... 8
Sternschemata ... 15
Die Wichtigkeit von Namen ... 21
Zusammenfassung ... 23

Kapitel 2

Header/Detail-Tabellen 25

Einführung ... 25
Werte aus dem Header aggregieren ... 26
Header/Detail-Tabellen reduzieren ... 33
Zusammenfassung ... 35

Kapitel 3

Mehrere Faktentabellen 37

Denormalisierte Faktentabellen ... 37
Dimensionsübergreifende Filterung ... 43
Mehrdeutigkeit von Modellen ... 45

Bestellungen und Rechnungen ... 48
Gesamtrechnungsbetrag für einen Kunden ... 53
Gesamtbetrag der Rechnungen für die ausgewählte Bestellung bzw. den ausgewählten Kunden ... 53
Betrag der in Rechnung gestellten Bestellungen ... 54
Zusammenfassung ... 57

Kapitel 4

Datum und Uhrzeit 59

Eine Datumsdimension erstellen ... 59
Automatische Zeitdimensionen ... 62
Automatische Zeitgruppierung in Excel ... 63
Automatische Zeitgruppierung in Power BI Desktop ... 64
Mehrere Datumsdimensionen ... 65
Umgang mit Datum und Uhrzeit ... 71
Zeitinformationsberechnungen ... 73
Geschäftskalender ... 75
Berechnungen mit Arbeitstagen ... 77
Arbeitstage in einer einzigen Region ... 77
Arbeitstage in mehreren Regionen ... 80
Besondere Zeiträume im Jahr ... 84
Sich nicht überlappende Zeiträume ... 85
Zeiträume relativ zu heute ... 86
Sich überlappende Zeiträume ... 89
Wochenkalender ... 90
Zusammenfassung ... 96

Kapitel 5

Historische Attribute 99

Einführung in langsam veränderliche Dimensionen ... 99
Langsam veränderliche Dimensionen verwenden ... 104
Langsam veränderliche Dimensionen laden ... 107
Die Granularität der Dimension korrigieren ... 110
Die Granularität der Faktentabelle korrigieren ... 113

Schnell veränderliche Dimensionen ... 114
Die richtige Modellierungstechnik wählen ... 117
Zusammenfassung ... 119

Kapitel 6

Snapshots **121**

Einführung ... 121
Snapshots aggregieren ... 122
Abgeleitete Snapshots ... 128
Übergangsmatrizen ... 130
Zusammenfassung ... 136

Kapitel 7

Datums- und Zeitintervalle **139**

Einführung in Zeitdaten ... 139
Aggregationen mit einfachen Intervallen ... 141
Datumsübergreifende Intervalle ... 143
Schichten und Zeitversatz modellieren ... 148
Laufende Ereignisse analysieren ... 149
Unterschiedliche Dauern vermischen ... 159
Zusammenfassung ... 164

Kapitel 8

m:n-Beziehungen **167**

Einführung ... 167
- Das bidirektionale Muster ... 168
- Nicht additive Berechnungen ... 171

Kaskadierende m:n-Beziehungen ... 172
Zeitliche m:n-Beziehungen ... 175
- Prozentuale Zuordnungsfaktoren ... 178
- m:n-Beziehungen materialisieren ... 181

Die Faktentabelle als Brücke verwenden ... 182
- Überlegungen zur Leistung ... 183

Zusammenfassung ... 185

Kapitel 9

Unterschiedliche Granularitäten **187**

Einführung in Granularität ... 187

Beziehungen zwischen Tabellen unterschiedlicher Granularität ... 189

Vorhersagedaten analysieren ... 189

DAX-Code zum Verschieben von Filtern ... 192

Filterung über Beziehungen ... 194

Werte mit falscher Granularität ausblenden ... 196

Werte einer feineren Granularität mithilfe von Zuordnungsfaktoren berechnen ... 200

Zusammenfassung ... 201

Kapitel 10

Segmentierungsmodelle **203**

Mehrspaltige Beziehungen ... 203

Statische Segmentierung ... 206

Dynamische Segmentierung ... 208

ABC-Analyse ... 210

Zusammenfassung ... 215

Kapitel 11

Währungsumrechnung **217**

Die möglichen Situationen ... 217

Mehrere Quellwährungen, eine Berichtswährung ... 218

Eine Quellwährung, mehrere Berichtswährungen ... 222

Mehrere Quellwährungen, mehrere Berichtswährungen ... 227

Zusammenfassung ... 229

Anhang

Grundlagen der Datenmodellierung **231**

Tabellen ... 231

Datentypen ... 233

Beziehungen ... 233

Filter und Kreuzfilter 234
Unterschiedliche Arten von Modellen 237
Sternschema 238
Schneeflockenschema 238
Modelle mit Brückentabellen 240
Additivität berechneter Felder 241
Additive berechnete Felder 241
Nicht additive berechnete Felder 241
Halbadditive berechnete Felder 242

Index 243

Einleitung

Excel-Benutzer lieben Zahlen. Vielleicht ist es auch eher so, dass Zahlenliebhaber Excel lieben. Wie dem auch immer sein mag – sobald Sie daran interessiert sind, Erkenntnisse aus irgendeiner Art von Datenmenge zu gewinnen, ist es sehr wahrscheinlich, dass Sie schon viel Zeit mit Excel, Pivottabellen und Formeln verbracht haben.

Im Jahr 2015 wurde Power BI veröffentlicht. Heutzutage kann man mit Fug und Recht sagen, dass Zahlenliebhaber sowohl Power Pivot für Excel als auch Power BI lieben. Beide Tools haben viele Merkmale gemeinsam, nämlich die Datenbank-Engine VertiPaq und die von SQL Server Analysis Services geerbte Sprache DAX.

Um in früheren Excel-Versionen Erkenntnisse aus Zahlen zu gewinnen, musste man zunächst einige Datasets laden und dann Spalten berechnen und Formeln schreiben, um Diagramme zu entwerfen. Dabei gab es einige Einschränkungen: Die Größe der Arbeitsmappe war von Bedeutung, und die Formelsprache von Excel war für große Zahlen nicht gerade ideal. Die neue Engine von Power BI und Power Pivot stellt einen Riesenschritt nach vorn dar. Jetzt können Sie sämtliche Möglichkeiten einer Datenbank und eine hervorragende Sprache (nämlich DAX) nutzen. Doch diese neuen Möglichkeiten bringen auch mehr Verantwortung mit sich. Wenn Sie dieses neue Instrument wirklich nutzen wollen, müssen Sie mehr lernen, nämlich die Grundlagen der Datenmodellierung.

Datenmodellierung ist keine höhere Mathematik, sondern eine Grundfertigkeit, die jeder beherrschen sollte, der sich dafür interessiert, Erkenntnisse aus Daten zu gewinnen. Wenn Sie Zahlen mögen, dann werden Sie auch Datenmodellierung lieben. Es ist also nicht nur eine leicht zu erwerbende Fertigkeit, sondern macht auch unglaublich viel Spaß.

In diesem Buch lernen Sie die grundlegenden Konzepte der Datenmodellierung anhand von praktischen Beispielen kennen, denen Sie sehr wahrscheinlich in Ihrem täglichen Arbeitsleben begegnen. Wir wollten kein kompliziertes Buch über Datenmodellierung schreiben, in dem wir die vielen komplexen Entscheidungen, die Sie treffen müssen, um eine komplexe Lösung zu erstellen, im Detail erläutern. Stattdessen konzentrierten wir uns auf Beispiele aus unserer täglichen Beratertätigkeit. Wann immer ein Kunde uns bat, bei der Lösung eines Problems zu helfen, und wir der Meinung waren, dass dieses Problem häufig auftritt, dann hoben wir es auf. Anschließend haben wir dieses Problemarchiv geöffnet und für jedes dieser Beispiele eine Lösung bereitgestellt, die wir anschließend so geordnet haben, dass sie auch als Schulung zur Datenmodellierung dienen können.

Nachdem Sie die Lektüre dieses Buches beendet haben, werden Sie noch kein Experte für Datenmodellierung sein, haben aber bereits eine größere Sensibilität für das Thema erworben. Wenn Sie sich anschließend wieder Ihrer eigenen Datenbank zuwenden, um zu überlegen, wie Sie einen erforderlichen Wert berechnen können, und Sie dabei auf die Idee kommen, dass eine Änderung des Modells hilfreich sein könnte, dann haben wir mit diesem Buch unser Ziel erreicht. Vor allem sind Sie dann auf dem Weg, ein erfolgreicher Datenmodellierer zu werden. Diesen letzten Schritt – also ein großartiger Datenmodellierer zu werden –, können Sie nur mit viel Erfahrung und nach vielen Fehlern gehen. Leider ist Erfahrung nichts, was man in einem Buch lernen kann.

Zielgruppe

Dieses Buch hat eine sehr breite Zielgruppe. Sind Sie vielleicht ein Excel-Benutzer, der Power Pivot für Excel einsetzt, oder ein Datenforscher, der Power BI nutzt? Oder stehen Sie noch am Anfang Ihrer Karriere als Business-Intelligence-Profi und möchten eine Einführung in die Themen der Datenmodellierung lesen? In all diesen Fällen ist dies das richtige Buch für Sie.

Beachten Sie, dass wir Personen, die ein Buch über Datenmodellierung lesen möchten, nicht in diese Liste aufgenommen haben. Tatsächlich sind wir beim Schreiben dieses Buches davon ausgegangen, dass unsere Leser gar nicht wissen, dass sie Datenmodellierung brauchen. Unser Ziel ist es, Ihnen deutlich zu machen, dass Sie Datenmodellierung erlernen müssen, und Ihnen dann einige Einblicke in die Grundlagen dieser wunderbaren Wissenschaft zu geben. Kurz gesagt, wenn Sie wissen möchten, was Datenmodellierung ist und warum sie eine nützliche Fähigkeit darstellt, dann ist dies das richtige Buch für Sie.

Voraussetzungen

Wir gehen davon aus, dass unsere Leser über Grundkenntnisse in Excel-Pivottabellen verfügen oder Power BI als Berichts- und Modellierungswerkzeug einsetzen. Auch einige Erfahrungen mit der Analyse von Zahlen sind sehr hilfreich. Die Benutzeroberfläche von Excel und Power BI behandeln wir in diesem Buch nicht. Stattdessen konzentrieren wir uns auf Datenmodelle und darauf, wie man sie erstellt und abwandelt, damit sich der Code einfacher schreiben lässt. Das heißt, wir behandeln das »Was« und überlassen Ihnen das »Wie«. Wir wollten keine schrittweise Anleitung schreiben, sondern ein Buch, das anspruchsvolle Themen auf einfache Weise erklärt.

Ein Thema, das wir bewusst nicht in dem Buch behandeln, ist die Sprache DAX. Es wäre unmöglich gewesen, Datenmodellierung und DAX zusammen im selben Buch zu erklären. Wenn Sie bereits mit der Sprache vertraut sind, dann können Sie viel Nutzen aus den vielen DAX-Codebeispielen in diesem Buch ziehen. Sollten Sie DAX hingegen noch lernen müssen, dann lesen Sie *The Definitive Guide to DAX*, den umfassendsten Leitfaden zur dieser Sprache, der sich auch gut an die Themen dieses Buches anschließt.

Aufbau dieses Buches

Das Buch beginnt mit ein einigen einfachen, einleitenden Kapiteln, gefolgt von einer Reihe monographischer Kapitel, die jeweils ein bestimmtes Datenmodell behandeln. Die folgende Aufstellung gibt eine kurze Beschreibung der Kapitel:

- **Kapitel 1**, »Einführung in die Datenmodellierung«, gibt eine kurze Einführung in die Grundprinzipien der Datenmodellierung. Hier zeigen wir, was Datenmodellierung ist, erklären Granularität und definieren die grundlegenden Modelle für Data Warehouses, nämlich Sternschema, Schneeflockenschema, Normalisierung und Denormalisierung.
- **Kapitel 2**, »Header/Detail-Tabellen«, behandelt ein sehr weit verbreitetes Modell, nämlich Header/Detail-Tabellen. Hier finden Sie Erklärungen und Lösungen für Situationen, in denen Sie z. B. Bestellungen und deren einzelne Zeilen in zwei getrennten Faktentabellen unterbringen.
- **Kapitel 3**, »Mehrere Faktentabellen«, beschreibt Situationen, in denen Sie mehrere Faktentabellen haben und einen Bericht erstellen müssen, der sie kombiniert. Hier betonen wir, wie wichtig es ist, das korrekte dimensionale Modell aufzustellen, um die Daten richtig durchsuchen zu können.
- **Kapitel 4**, »Datum und Uhrzeit«, ist eines der längsten des Buches. Es behandelt Zeitinformationsberechnungen. Wir erklären, wie Sie eine korrekte Datumstabelle erstellen und grundlegende Zeitinformationsberechnungen durchführen (`YTD`, `QTA`, `PARALLELPERIOD` usw.). Außerdem zeigen wir einige Beispiele für die Berechnung von Arbeitstagen, die Handhabung von besonderen Zeiträumen im Jahr und den richtigen Umgang mit Kalenderdaten im Allgemeinen.
- **Kapitel 5**, »Historische Attribute«, beschreibt die Verwendung von langsam veränderlichen Dimensionen. In diesem Kapitel werden die Transformationsschritte genauer erläutert, die Sie in Ihrem Modell durchführen müssen, wenn Sie veränderliche Attribute verfolgen müssen. Außerdem erfahren Sie, wie Sie Ihren korrekten DAX-Code für langsam veränderliche Dimensionen schreiben.
- **Kapitel 6**, »Snapshots«, behandelt die faszinierenden Aspekte von Snapshots. Wir erklären, was Snapshots sind, warum und wann sie verwendet werden sollten und wie Sie aus einem Snapshot Werte berechnen. Außerdem stellen wir das äußerst leistungsfähige Modell der Übergangsmatrix vor.
- **Kapitel 7**, »Datums- und Zeitintervalle«, geht noch mehrere Schritte über den Inhalt von Kapitel 5 hinaus. Wiederum geht es um Zeitberechnungen, aber diesmal analysieren wir Modelle, bei denen die in den Faktentabellen gespeicherten Ereignisse eine bestimmte Dauer haben und daher eine besondere Behandlung benötigen, um korrekte Ergebnisse zu liefern.
- **Kapitel 8**, »m:n-Beziehungen«, erklärt, wie Sie m:n-Beziehungen einsetzen können. Solche Beziehungen spielen in jedem Datenmodell eine sehr wichtige Rolle. Wir behandeln reguläre m:n-Beziehungen, kaskadierende Beziehungen und die Verwendung von Zuordnungsfaktoren und Filtern, besprechen ihre Leistung und erklären, wie Sie sie verbessern können.

- **Kapitel 9**, »Unterschiedliche Granularitäten«, geht eingehender auf die Arbeit mit Faktentabellen mit unterschiedlicher Granularität ein. Wir zeigen ein Beispiel mit einer Datenvorhersage, bei dem die Faktentabellen unterschiedliche Granularität aufweisen, und stellen verschiedene Lösungsmöglichkeiten mit DAX-Code und durch Anpassung des Datenmodells vor.
- **Kapitel 10**, »Segmentierungsmodelle«, erläutert verschiedene Segmentierungsmodelle. Wir beginnen mit einer einfachen Segmentierung nach Preis, gehen dann zur dynamischen Segmentierung mithilfe virtueller Beziehungen über und erläutern schließlich die ABC-Analyse mit DAX.
- **Kapitel 11**, »Währungsumrechnung«, behandelt den Umgang mit unterschiedlichen Währungen. Bei der Arbeit mit Wechselkursen ist es wichtig, die Anforderungen zu verstehen und das richtige Modell zu erstellen. Wir untersuchen mehrere Fälle mit unterschiedlichen Anforderungen und stellen für jeden davon die jeweils beste Lösung vor.
- **Anhang A**, »Grundlagen der Datenmodellierung«, ist als Nachschlagewerk gedacht. Die in diesem Buch verwendeten Grundbegriffe werden anhand von Beispielen kurz beschrieben. Wann immer Sie sich unsicher sind, können Sie dorthin vorblättern, um sich zu informieren, und dann zur eigentlichen Lektüre zurückkehren.

Die Komplexität der Modelle und der Lösungen nimmt Kapitel für Kapitel zu, sodass es besser ist, dieses Buch von Anfang an zu lesen, anstatt von Kapitel zu Kapitel zu springen. So können Sie dem natürlichen Fluss der Komplexität folgen und ein Thema nach dem anderen erlernen. Nach Beendigung der Lektüre können Sie das Buch jedoch auch als Nachschlagewerk nutzen. Wenn Sie also eine Lösung für ein bestimmtes Modell benötigen, können Sie direkt zu dem Kapitel springen, in dem es behandelt wird, und dort die Einzelheiten der Lösung einsehen.

Begleitende Inhalte

Um die Arbeit mit diesem Buch zu vereinfachen, haben wir begleitende Inhalte zusammengestellt, die Sie von der folgenden Seite herunterladen können:

https://www.dpunkt.de/datenanalyse_excel

Zu diesen Inhalten gehören die Excel- und Power BI Desktop-Dateien für alle Beispiele in diesem Buch. Für jede Abbildung im Buch gibt es eine eigene Datei, sodass Sie die einzelnen Schritte genau nachvollziehen und immer auf dem gleichen Stand ausgehen können, um die Beispiele selbst auszuprobieren. Bei den meisten dieser Beispiele handelt es sich um Power BI Desktop-Dateien. Wenn Sie sie auf Ihrem eigenen PC nachvollziehen wollen, sollten Sie sich die neueste Version dieses Programms von der Power BI-Website herunterladen.

Schreibweisen und Hinweiskästen

In diesem Buch werden folgende Schreibweisen und Hinweiskästen verwendet:

- **Fettschrift** wird für Text verwendet, den Sie eingeben.
- *Kursivschrift* wird für neue Begriffe, für Datenbankelemente wie Tabellen, Spalten usw., für Elemente der Benutzeroberfläche sowie für URLs verwendet.

- Code erscheint in `nicht proportionaler Schrift`.
- Bei Tastaturkürzeln sind die einzelnen zu drückenden Tasten durch ein Pluszeichen verbunden. Beispielsweise bedeutet `Strg` + `Alt` + `Entf`, dass Sie gleichzeitig die Tasten `Strg`, `Alt` und `Entf` drücken müssen.

Hinweis

Tipp

Zusätzliche Informationen

Achtung

Danksagungen

Bevor wir zum Abschluss dieser Einleitung kommen, möchten wir unserer Lektorin Kate Shoup danken, die uns bei der ganzen redaktionellen Arbeit begleitet hat, sowie unserem Fachgutachter Ed Price. Ohne ihre akribische Arbeit wäre dieses Buch viel schwerer zu lesen! Dass dieses Buch weniger Fehler enthält als unser Originalmanuskript, ist diesen beiden Personen zu verdanken. Wenn es immer noch Fehler enthält, so liegt das natürlich ganz an uns.

Errata und Support

Wir haben alle Anstrengungen unternommen, um die Richtigkeit dieses Buches und der begleitenden Inhalte sicherzustellen. Alle Fehler des englischsprachigen Originals, die seit der Veröffentlichung gemeldet wurden, sind auf der Website von Microsoft Press unter der folgenden Adresse aufgeführt:

https://aka.ms/AnalyzeData/errata

Mit Anmerkungen, Fragen oder Verbesserungsvorschlägen zu diesem Buch können Sie sich auch in Deutsch an den dpunkt.verlag wenden:

hallo@dpunkt.de

Bitte beachten Sie, dass über unsere E-Mailadresse kein Software-Support angeboten wird. Für Supportinformationen bezüglich der hier verwendeten Microsoft-Produkte besuchen Sie die Microsoft-Website:

http://support.microsoft.com

KAPITEL 1

Einführung in die Datenmodellierung

In diesem Buch geht es um Datenmodellierung. Als Erstes stellt sich die Frage, warum Sie sich überhaupt damit beschäftigen sollten. Schließlich können Sie auch einfach Erkenntnisse aus Ihren Daten gewinnen, indem Sie in Excel eine Abfrage laden und eine Pivottabelle daraus erstellen. Wozu brauchen Sie da Datenmodellierung?

Als Berater werden wir täglich von Einzelpersonen oder Unternehmen beauftragt, die Schwierigkeiten damit haben, die erforderlichen Zahlen zu berechnen. Sie haben das Gefühl, dass die Zahl, nach der sie suchen, existiert und berechnet werden kann, aber entweder die Formeln zu kompliziert sind oder die Zahlen nicht stimmen. In 99 % der Fälle liegt das an einem Fehler im Datenmodell. Wenn Sie das Modell korrigieren, lässt sich die Formel leicht aufstellen und verstehen. Wenn Sie Ihre Analysemöglichkeiten verbessern und sich lieber auf die Entscheidungsfindung konzentrieren möchten anstatt darauf, eine komplizierte DAX-Formel auszutüfteln, müssen Sie daher Datenmodellierung lernen.

Datenmodellierung gilt gewöhnlich als schwer zu erlernen. Wir werden Ihnen nicht einreden, dass das nicht so wäre. Datenmodellierung ist ein vielschichtiges Thema. Es ist anspruchsvoll und es erfordert einige Anstrengung, um es zu lernen und um Ihr Gehirn darauf zu trainieren, bei der Betrachtung eines Szenarios das Modell im Geiste vor sich zu sehen. Es stimmt, Datenmodellierung ist kompliziert, anspruchsvoll und erweitert den Geist. Mit anderen Worten, es macht viel Spaß!

In diesem Kapitel finden Sie einige einfache Beispiele von Berichten, bei denen das richtige Datenmodell zu einfacheren Formeln führt. Da es sich um Beispiele handelt, lassen sie sich natürlich nicht vollständig auf Ihr Geschäft übertragen. Dennoch hoffen wir, dass sie Ihnen eine gute Vorstellung davon geben, warum Datenmodellierung eine so wichtige Fähigkeit ist. Ein guter Datenmodellierer zu sein, bedeutet im Grunde genommen, Ihr spezifisches Modell einem der vielen verschiedenen Muster zuzuordnen, die bereits von anderen untersucht und eingerichtet worden sind. Ihr Modell unterscheidet sich gar nicht so stark von anderen. Es hat sicherlich einige Eigenheiten, aber es ist sehr wahrscheinlich, dass Ihr Problem bereits von jemand anderem gelöst worden ist. Zu lernen, wie Sie Ähnlichkeiten zwischen Ihren Datenmodellen und denen in den Beispielen finden, ist nicht einfach, aber sehr befriedigend. Die Lösung erscheint dann vor Ihren Augen, und die meisten Probleme mit Ihren Berechnungen verschwinden schlagartig.

Für die meisten unserer Beispiele verwenden wir die Datenbank von Contoso. Dabei handelt es sich um ein fiktives Unternehmen, das über verschiedene Vertriebskanäle elektronische Geräte in aller Welt verkauft. Ihr Geschäft unterscheidet sich sehr wahrscheinlich davon, weshalb Sie die Contoso-Berichte und die daraus gewonnenen Erkenntnisse auf Ihren Fall übertragen müssen.

Da dies das erste Kapitel ist, beschäftigen wir uns zunächst mit der Terminologie und den Grundprinzipien. Wir erklären, was ein Datenmodell ist und warum Beziehungen so wichtige Bestandsteile davon sind. Außerdem führen wir die Begriffe Normalisierung, Denormalisierung und Sternschema ein. Die Vorgehensweise, Prinzipien anhand von Beispielen vorzuführen, halten wir im ganzen Buch ein, aber hier, in den ersten Schritten, ist sie viel offensichtlicher.

Schnallen Sie sich an und tauchen Sie ein in die Geheimnisse der Datenmodellierung!

Arbeiten mit einer einzelnen Tabelle

Wenn Sie Excel und Pivottabellen verwenden, um Erkenntnisse aus Ihren Daten zu ziehen, laden Sie diese Daten wahrscheinlich mithilfe einer Abfrage aus einer Quelle, gewöhnlich einer Datenbank. Anschließend erstellen Sie eine Pivottabelle aus diesem Dataset (Datenmenge) und beginnen mit Ihren Nachforschungen. Dabei unterliegen Sie natürlich den üblichen Einschränkungen von Excel, wobei die wichtigste lautet, dass das Dataset nicht mehr als 1.000.000 Zeilen umfassen darf, da es sonst nicht in ein Arbeitsblatt passt. Ehrlich gestanden, als wir zum ersten Mal von dieser Einschränkung hörten, hielten wir sie nicht einmal für eine Einschränkung. Warum um alles in der Welt sollte jemand 1.000.000 Zeilen in Excel laden wollen, anstatt eine Datenbank zu verwenden? Man könnte meinen, der Grund für ein solches Vorgehen liege daran, dass Excel im Gegensatz zu Datenbanken keine Kenntnisse über Datenmodellierung erfordert.

Wenn Sie tatsächlich Excel verwenden wollen, kann dies jedoch eine wirklich schwere Einschränkung darstellen. In der Contoso-Datenbank, die wir für unsere Beispiele verwenden, umfasst die Verkaufstabelle 12.000.000 Zeilen. Damit ist es nicht möglich, sie komplett in Excel zu laden, um mit der Analyse zu beginnen. Für dieses Problem gibt es jedoch eine einfache Lösung: Anstatt alle Zeilen abzurufen, verringern Sie die Anzahl, indem Sie eine Gruppierung durchführen. Wenn Sie beispielsweise an einer Analyse der Verkäufe nach Kategorie und Unterkategorie interessiert sind, laden Sie nicht die Verkaufszahlen für jedes Produkt, sondern gruppieren die Daten nach Kategorie und Unterkategorie, was die Anzahl der Zeilen erheblich reduziert.

Wenn Sie die Verkaufstabelle mit ihren 12.000.000 Zeilen nach Hersteller, Marke, Kategorie und Unterkategorie gruppieren und die Angabe der Verkäufe pro Tag beibehalten, erhalten Sie 63.984 Zeilen, was sich in einer Excel-Arbeitsmappe gut handhaben lässt. Die richtige Abfrage zu schreiben, um eine solche Gruppierung durchzuführen, ist gewöhnlich eine Aufgabe für die IT-Abteilung (sofern Sie nicht selbst SQL gelernt haben). Wenn Sie den Code für die Abfrage haben, können Sie mit der Analyse der Zahlen beginnen. In Abbildung 1–1 sehen Sie die ersten Zeilen der Tabelle nach dem Import in Excel.

Wenn die Tabelle in Excel geladen ist, können Sie sich endlich zu Hause fühlen und eine Pivottabelle zur Analyse der Daten erstellen. In Abbildung 1–2 sehen Sie als Beispiel die Verkaufszahlen pro Hersteller für eine gegebene Kategorie. Dabei wurden eine gewöhnliche Pivottabelle und ein Datenschnitt verwendet.

FullDateLabel	Manufacturer	BrandName	ProductSubcategoryName	ProductCategoryName	SalesQuantity	SalesAmount	TotalCost
2007-03-31	Adventure Works	Adventure Works	Coffee Machines	Home Appliances	55	14332.268	7651.84
2008-10-22	Contoso, Ltd	Contoso	Cell phones Accessories	Cell phones	2040	23504.88	12648.94
2009-01-31	Adventure Works	Adventure Works	Televisions	TV and Video	194	51593.106	28146.4
2009-01-21	Fabrikam, Inc.	Fabrikam	Camcorders	Cameras and camcorders	282	163007.2	76709.45
2007-12-31	Adventure Works	Adventure Works	Laptops	Computers	29	14008.43	7944.32
2007-06-22	Contoso, Ltd	Contoso	Cell phones Accessories	Cell phones	680	6107.24	3420.44
2007-06-22	Proseware, Inc.	Proseware	Projectors & Screens	Computers	86	71417.6	30786.94
2007-08-23	Adventure Works	Adventure Works	Laptops	Computers	43	22672.2	9954.6
2009-03-30	The Phone Company	The Phone Company	Touch Screen Phones	Cell phones	198	48500.37	24164.56
2008-03-24	Contoso, Ltd	Contoso	Home & Office Phones	Cell phones	306	7353.594	3914.64
2007-09-30	Fabrikam, Inc.	Fabrikam	Microwaves	Home Appliances	44	4805.604	2824.24
2007-11-13	Adventure Works	Adventure Works	Desktops	Computers	153	47357.97	28256.02
2008-12-06	Contoso, Ltd	Contoso	Projectors & Screens	Computers	32	10790.4	6477.2
2007-11-14	Contoso, Ltd	Contoso	Digital SLR Cameras	Cameras and camcorders	146	55397.5	25876
2009-12-30	Adventure Works	Adventure Works	Desktops	Computers	32	15107.75	7952.97
2009-03-13	Wide World Importers	Wide World Importers	Recording Pen	Audio	42	7990.92	3607.26
2009-08-11	Wide World Importers	Wide World Importers	Recording Pen	Audio	9	1466.1	749.16
2009-09-28	Contoso, Ltd	Contoso	Microwaves	Home Appliances	78	9955.268	5189.27
2008-02-18	A. Datum Corporation	A. Datum	Digital Cameras	Cameras and camcorders	345	70989.93	32872.58
2007-08-15	Litware, Inc.	Litware	Washers & Dryers	Home Appliances	69	112603.8	56472.35

Abbildung 1–1 Durch die Gruppierung von Verkaufsdaten entsteht eine kleine und leicht zu analysierende Tabelle.

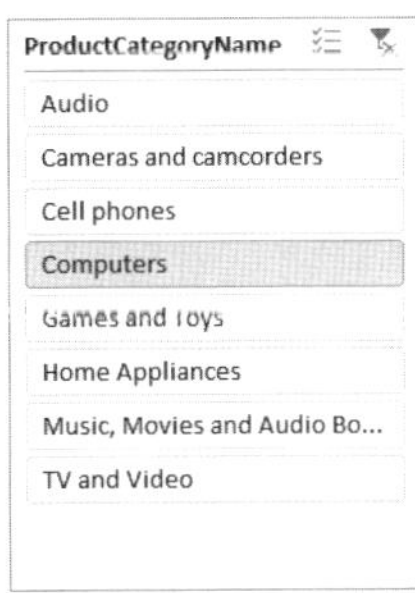

Row Labels	Sum of SalesAmount
Adventure Works	141,178,573.89
Contoso	85,468,758.14
Fabrikam	44,940,846.17
Proseware	173,760,754.90
Southridge Video	16,092,228.97
Wide World Importers	140,433,368.67
Grand Total	**601,874,530.73**

Abbildung 1–2 Aus einer Excel-Tabelle lässt sich leicht eine Pivottabelle erstellen.

Ob Sie es glauben oder nicht – damit haben Sie schon ein Datenmodell erstellt! Auch wenn es nur eine einzige Tabelle umfasst, ist es doch ein Datenmodell. Sie können nun seine analytischen Möglichkeiten erkunden und möglicherweise verbessern. Das Datenmodell in diesem Beispiel ist stark eingeschränkt, da es weniger Zeilen aufweist als die Quelltabelle.

Als Anfänger sind Sie vielleicht der Meinung, dass der Grenzwert von 1.000.000 Zeilen in einer Excel-Tabelle nur die Anzahl der Zeilen betrifft, die Sie zur Analyse abrufen können. Das stimmt zwar, aber diese Größeneinschränkung führt auch zu einer Einschränkung des Datenmodells und damit der analytischen Möglichkeiten Ihrer Berichte. Um die Anzahl der Zeilen zu verringern, mussten Sie die Daten schon in der Quelle gruppieren, sodass Sie nur die nach Spalten geordneten Verkäufe abrufen konnten, in diesem Beispiel nach Kategorie, Unterkategorie und einigen anderen Spalten.

Dadurch beschränken Sie implizit Ihre Analysemöglichkeiten. Wenn Sie beispielsweise einen Datenschnitt nach Farbe durchführen wollen, ist die Tabelle schon nicht mehr als Quelle geeignet, da sie keine Spalte für die Produktfarbe enthält. Eine Spalte zu der Abfrage hinzuzufügen ist kein großes Problem; das wirkliche Problem besteht darin, dass die Tabelle mit jeder Spalte größer wird, und zwar nicht nur, was die Breite (also die Anzahl der Spalten) angeht, sondern auch die Länge (die Anzahl der Zeilen). Tatsächlich wird aus einer einzigen Zeile mit den Verkäufen für eine gegebene Kategorie – z. B. Audio – ein Satz mehrerer Zeilen, jede davon mit der Kategorie Audio, aber mit Werten für die verschiedenen Farben.

Wenn Sie im Extremfall nicht im Voraus entscheiden wollen, welche Spalten Sie für den Datenschnitt verwenden möchten, müssen Sie alle 12.000.000 Zeilen laden – und damit können Sie keine Excel-Tabelle mehr verwenden. Das ist es, was wir meinten, als wir schrieben, dass die Modellierungsmöglichkeiten von Excel eingeschränkt sind. Nicht in der Lage zu sein, viele Zeilen zu laden, bedeutet implizit, nicht in der Lage zu sein, eine fortgeschrittene Analyse an umfangreichen Datenvolumen vorzunehmen.

Hier kommt Power Pivot ins Spiel. Damit haben Sie nicht mehr mit der Beschränkung auf 1.000.000 Zeilen zu leben. Es gibt praktisch keinen Grenzwert für die Anzahl der Zeilen, die Sie in eine Power Pivot-Tabelle laden können. Mit Power Pivot können Sie die komplette Verkaufstabelle in das Modell laden und eine tiefschürfende Analyse der Daten durchführen.

Power Pivot ist seit Excel 2010 als externes Add-In in Excel verfügbar und seit Excel 2013 Teil des Produkts. Seit Excel 2016 verwendet Microsoft die neue Bezeichnung Excel-Datenmodell für ein Power Pivot-Modell, allerdings wird der Begriff Power Pivot ebenfalls noch verwendet.

Da Ihnen jetzt alle Verkaufsinformationen in einer einzigen Tabelle vorliegen, können Sie eine ausführlichere Analyse an den Daten ausführen. In Abbildung 1–3 sehen Sie beispielsweise eine Pivottabelle aus dem Datenmodell (d. h. aus Power Pivot), in der alle Spalten geladen sind. Jetzt können Sie Datenschnitte nach Kategorie, Farbe und Jahr durchführen, da all diese Informationen vorhanden sind. Mehr verfügbare Spalten in der Tabelle bedeuten mehr Analysemöglichkeiten.

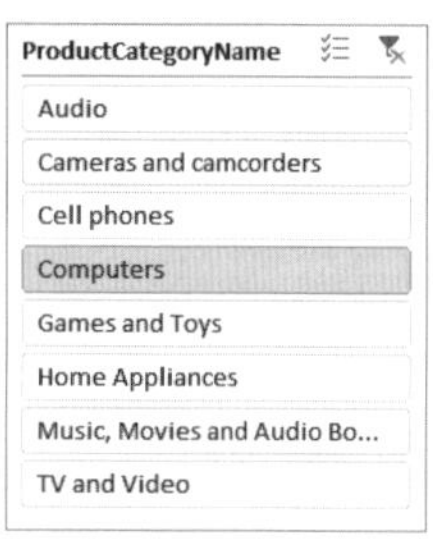

Sum of SalesAmount	Column Labels			
Row Labels	**2007**	**2008**	**2009**	**Grand Total**
Black	$59,783,936.63	$63,073,257.64	$70,489,997.35	$193,347,191.62
Blue	$5,128,405.12	$6,516,691.17	$7,715,161.42	$19,360,257.71
Brown	$6,301,722.60	$7,183,128.75	$4,904,738.33	$18,389,589.68
Gold		$39,185.40	$122,755.63	$161,941.03
Green	$1,747,237.19	$1,566,822.01	$2,159,190.14	$5,473,249.35
Grey	$6,318,419.68	$5,924,762.67	$6,410,704.05	$18,653,886.41
Orange		$12,800.63	$84,766.80	$97,567.43
Pink	$20,078.44	$43,870.83	$228,526.86	$292,476.13
Red	$6,926,045.96	$7,872,382.02	$11,495,613.50	$26,294,041.47
Silver	$43,375,399.72	$39,082,679.67	$36,471,502.90	$118,929,582.29
White	$64,963,894.39	$64,142,854.42	$70,639,615.97	$199,746,364.78
Yellow	$260,512.33	$330,165.82	$537,704.67	$1,128,382.82
Grand Total	**$194,825,652.07**	**$195,788,601.04**	**$211,260,277.62**	**$601,874,530.73**

Abbildung 1–3 Wenn sämtliche Spalten verfügbar sind, können Sie aus Ihren Daten interessantere Pivottabellen erstellen.

Dieses einfache Beispiel vermittelt Ihnen schon einen ersten wichtigen Grundsatz der Datenmodellierung: *Größe ist wichtig, da sie mit der Granularität zusammenhängt.* Aber was ist *Granularität*? Da es sich um einen der wichtigsten Begriffe handelt, den Sie in diesem Buch kennenlernen werden, führen wir ihn hier möglichst früh ein. Im weiteren Verlauf werden wir die Erklärung noch vertiefen, aber zur Einführung wollen wir zunächst eine einfache Erklärung geben. In dem ersten Dataset haben Sie die Informationen nach Kategorie und Unterkategorie gruppiert und dabei auf einige Einzelheiten verzichtet, um die Größe zu verringern. Technisch ausgedrückt haben Sie eine Granularität auf der Ebene von Kategorien und Unterkategorien gewählt. Sie können sich die Granularität als die Detailliertheit oder Feinheit Ihrer Tabellen vorstellen: je größer die Granularität, umso detaillierter die Informationen. Mit mehr Einzelheiten können Sie auch eine detailliertere Analyse durchführen. Beim letzten Dataset – also demjenigen, das wir in Power Pivot geladen haben – befindet sich die Granularität nicht mehr auf Kategorie- und Unterkategorie-, sondern auf Produktebene. (Tatsächlich ist sie noch feiner, nämlich auf der Ebene der einzelnen Verkäufe eines Produkts.) Ihre Möglichkeiten für Datenschnitte und zum Drehen (Slice and Dice) hängen von der Anzahl der Spalten in der Tabelle, also von deren Granularität ab. Wie Sie bereits wissen, haben Sie mit einer erhöhten Anzahl von Spalten auch mehr Zeilen.

Die richtige Granularität zu wählen, ist immer eine schwierige Aufgabe. Wenn Ihre Daten die falsche Granularität aufweisen, wird es fast unmöglich, Formeln zu schreiben, da die Informationen entweder verloren sind (wie in dem vorherigen Beispiel, wo es keine Farbinformationen mehr gab) oder über die Tabelle verstreut und falsch gegliedert. Es ist daher auch nicht richtig zu sagen, dass eine höhere Granularität immer gut ist. Die Daten müssen die *richtige* Granularität aufweisen, also diejenige, die sich am besten für den vorliegenden Zweck eignet.

Ein Beispiel für verlorene Informationen haben Sie bereits gesehen. Aber was bedeutet »verstreute« Informationen? Das lässt sich nicht ganz so einfach erkennen. Nehmen wir an, Sie wollen das durchschnittliche jährliche Einkommen der Kunden berechnen, die eine bestimmte Auswahl Ihrer Produkte kaufen. Diese Information ist vorhanden, denn in der Verkaufstabelle sind alle Informationen über die Kunden verfügbar. Das können Sie in Abbildung 1–4 erkennen, die einige Spalten der Tabelle zeigt, mit der wir arbeiten. (Um den Inhalt der Tabelle sehen zu können, müssen Sie das Power Pivot-Fenster öffnen.)

ProductCategoryName	ProductSubcategoryName	ProductName	SalesAmount	FirstName	LastName	YearlyIncome
Cameras and camcorders	Digital SLR Cameras	A. Datum SLR Camera X137 Grey	$627.00	Katrina	Xie	€ 20,000.00
Cameras and camcorders	Digital SLR Cameras	A. Datum SLR Camera X137 Grey	$627.00	Seth	Rodriguez	€ 80,000.00
Cameras and camcorders	Digital SLR Cameras	A. Datum SLR Camera X137 Grey	$627.00	Evelyn	Arun	€ 10,000.00
Cameras and camcorders	Digital SLR Cameras	A. Datum SLR Camera X137 Grey	$627.00	Christy	Beck	€ 40,000.00
Cameras and camcorders	Digital SLR Cameras	A. Datum SLR Camera X137 Grey	$627.00	Alejandro	Nara	€ 40,000.00
Cameras and camcorders	Digital SLR Cameras	A. Datum SLR Camera X137 Grey	$627.00	Leah	Lu	€ 30,000.00
Cameras and camcorders	Digital SLR Cameras	A. Datum SLR Camera X137 Grey	$627.00	Robyn	Torres	€ 20,000.00
Cameras and camcorders	Digital SLR Cameras	A. Datum SLR Camera X137 Grey	$627.00	Jimmy	Moreno	€ 30,000.00
Cameras and camcorders	Digital SLR Cameras	A. Datum SLR Camera X137 Grey	$627.00	Rafael	Cai	€ 20,000.00
Cameras and camcorders	Digital SLR Cameras	A. Datum SLR Camera X137 Grey	$627.00	Jenny	Ferrier	€ 110,000.00
Cameras and camcorders	Digital SLR Cameras	A. Datum SLR Camera X137 Grey	$627.00	Levi	Arun	€ 70,000.00
Cameras and camcorders	Digital SLR Cameras	A. Datum SLR Camera X137 Grey	$627.00	Randall	Torres	€ 40,000.00

Abbildung 1–4 Die Produkt- und die Kundeninformationen stehen in derselben Tabelle.

In jeder Zeile der Tabelle *Sales* befindet sich auch eine Spalte mit dem Jahreseinkommen des Kunden, der das betreffende Produkt gekauft hat. Für einen einfachen Versuch, das durchschnittliche Jahreseinkommen der Kunden zu berechnen, können wir wie folgt ein berechnetes Feld (*Measure*) aus DAX verwenden:

```
AverageYearlyIncome := AVERAGE ( Sales[YearlyIncome] )
```

Das berechnete Feld funktioniert sehr gut. Sie können es in einer Pivottabelle wie in Abbildung 1–5 einsetzen, die das durchschnittliche Jahreseinkommen der Kunden zeigt, die Haushaltsgeräte verschiedener Marken kaufen.

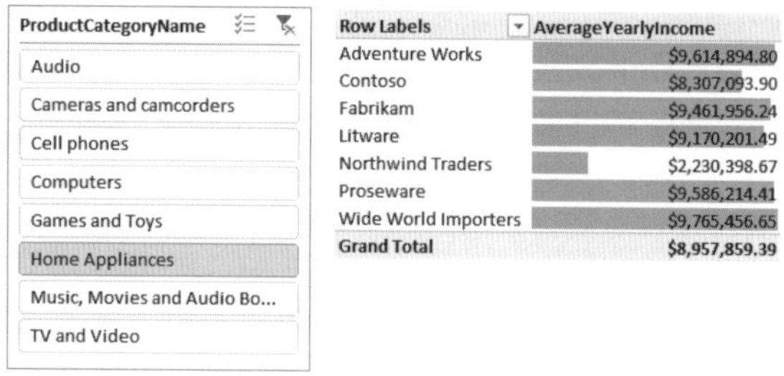

Abbildung 1–5 Analyse des durchschnittlichen Jahreseinkommens von Kunden, die Haushaltsgeräte kaufen.

Der Bericht sieht gut aus, aber leider ist die berechnete Zahl falsch, nämlich viel zu hoch. Was Sie hier berechnen, ist der Durchschnitt über die Verkaufstabelle, die eine Granularität auf der Ebene einzelner Verkäufe aufweist. Das heißt, die Tabelle enthält eine Zeile für jeden Verkauf, also möglicherweise mehrere Zeilen für denselben Kunden. Kauft ein Kunde also beispielsweise drei Produkte an drei verschiedenen Tagen, wird er bei der Bildung des Durchschnitts dreimal gezählt, was zu einem falschen Ergebnis führt.

Man könnte meinen, dadurch würde ein gewichteter Durchschnitt berechnet, aber auch das ist nicht ganz korrekt. Um einen gewichteten Durchschnitt zu berechnen, müssen Sie eine Gewichtung definieren, und dazu ziehen Sie nicht einfach die Anzahl der Kaufvorgänge heran, sondern die Anzahl der Produkte, den Gesamtbetrag oder irgendeinen anderen bedeutungsvollen Wert. Außerdem hatten wir in diesem Beispiel ja ohnehin vorgehabt, nur einen einfachen Durchschnitt zu berechnen, und das erledigt das berechnete Feld nun einmal nicht korrekt.

Es ist nicht so leicht zu erkennen, aber auch hier haben wir mit dem Problem einer falschen Granularität zu kämpfen. Die Informationen sind zwar verfügbar, aber nicht mit einem einzelnen Kunden verknüpft, sondern über die ganze Verkaufstabelle verstreut, weshalb es schwer ist, die Berechnungsformel zu schreiben. Um den richtigen Durchschnitt zu erhalten, müssen Sie für Granularität auf Kundenebene sorgen, indem Sie entweder die Tabelle neu laden oder eine kompliziertere DAX-Formel einsetzen.

Letzteres können Sie wie folgt tun, allerdings ist diese Formel nicht ganz einfach zu verstehen:

```
CorrectAverage :=
AVERAGEX (
   SUMMARIZE (
      Sales,
      Sales[CustomerKey],
      Sales[YearlyIncome]
   ),
   Sales[YearlyIncome]
)
```

Als Erstes müssen Sie die Verkäufe auf Kundenebene aggregieren (um eine Granularität auf Kundenebene zu bekommen). Erst dann können Sie eine `AVERAGE`-Operation auf der resultierenden Tabelle durchführen, in der jeder Kunde nur einmal vorkommt. In diesem Beispiel verwenden wir `SUMMARIZE`, um die Vorabaggregation auf Kundenebene in einer temporären Tabelle durchzuführen, und ermitteln dann den Durchschnitt von *YearlyIncome* in dieser temporären Tabelle. Wie Sie in Abbildung 1–6 sehen, unterscheidet sich die korrekte Zahl erheblich von dem zuvor berechneten falschen Wert.

Row Labels	AverageYearlyIncome	CorrectAverage
Adventure Works	$9,614,894.80	$535,593.62
Contoso	$8,307,093.90	$262,307.94
Fabrikam	$9,461,956.24	$361,924.73
Litware	$9,170,201.49	$265,677.30
Northwind Traders	$2,230,398.67	$151,583.50
Proseware	$9,586,214.41	$491,908.56
Wide World Importers	$9,765,456.65	$1,035,131.95
Grand Total	**$8,957,859.39**	**$260,183.91**

Abbildung 1–6 Die Gegenüberstellung der Daten für den richtigen und den falschen Durchschnitt zeigt, wie weit wir danebengelegen haben.

Es lohnt sich, etwas mehr Zeit zu investieren, um sich voll und ganz mit der folgenden einfachen Wahrheit vertraut zu machen: Das Jahreseinkommen ist eine Information, die auf der Ebene des einzelnen Kunden von Bedeutung ist. Auf der Ebene der einzelnen Verkäufe dagegen ist diese Zahl fehl am Platze. Anderes ausgedrückt, Sie können einen Wert, der eine Bedeutung auf Kundenebene hat, nicht mit derselben Bedeutung auf der Ebene der einzelnen Verkäufe verwenden. Um das richtige Ergebnis zu erhalten, mussten wir hier die Granularität reduzieren, wenn auch nur in einer temporären Tabelle.

Aus diesem Beispiel können Sie zwei wichtige Dinge lernen:

- Die richtige Formel ist weit komplizierter als ein einfaches `AVERAGE`. Sie müssen Werte vorübergehend aggregieren, um die korrekte Granularität der Tabelle zu erhalten, da die Daten in der Tabelle verstreut und nicht auf geeignete Weise geordnet sind.
- Es ist sehr wahrscheinlich, dass Sie einen solchen Fehler übersehen, wenn Sie mit den Daten nicht vertraut sind. Ein Blick auf den Bericht in Abbildung 1–6 lässt schon ahnen, dass das Jahreseinkommen viel zu hoch ist, um wahr zu sein – als ob keiner der Kunden weniger als 2.000.000 Dollar pro Jahr verdienen würde! Bei komplizierteren Berechnungen jedoch kann es weit schwieriger sein, den Fehler zu erkennen, und das kann zu Berichten mit falschen Zahlen führen.

Sie müssen die Granularität erhöhen, um Berichte mit dem gewünschten Detaillierungsgrad hervorzurufen, aber wenn Sie sie zu weit erhöhen, wird die Berechnung mancher Zahlen schwieriger. Wie wählen Sie daher die korrekte Granularität? Das ist eine knifflige Frage, deren Beantwortung wir uns für später aufheben. Wir hoffen, Ihnen die erforderlichen Kenntnisse vermitteln zu können, um die richtige Granularität der Daten in Ihren Modellen erkennen zu können. Allerdings ist die Auswahl der richtigen Granularität eine Fähigkeit, die sich selbst erfahrene Datenmodellierer nicht so leicht aneignen können. Vorläufig jedoch begnügen wir uns mit der Erkenntnis, was Granularität ist und wie wichtig es ist, die richtige Granularität für jede Tabelle in Ihrem Modell zu wählen.

Das Modell, an dem wir bis jetzt gearbeitet haben, leidet in Wirklichkeit unter einem viel größeren Problem, das jedoch auch in gewissem Sinne mit der Granularität zu tun hat. Das größte Problem dieses Modells besteht darin, dass es nur über eine einzige Tabelle verfügt, die sämtliche Informationen enthält. In einem solchen Modell müssen Sie die Granularität der Tabelle wählen und dabei alle möglichen berechneten Felder und Analysen berücksichtigen, die Sie benutzen bzw. durchführen wollen. Wie sehr Sie sich auch anstrengen, die gewählte Granularität wird niemals ideal für alle berechneten Felder sein. In den nächsten Abschnitten führen wir die Verwendung mehrerer Tabellen ein, bei denen Sie unterschiedliche Granularitäten auswählen können.

Datenmodelle

Im vorherigen Abschnitt haben Sie gelernt, dass ein Modell mit einer einzigen Tabelle Probleme bei der Festlegung der richtigen Granularität hervorruft. Excel-Benutzer verwenden oft Einzeltabellenmodelle, da dies vor der Version 2013 die einzige Möglichkeit zum Erstellen von Pivottabellen war. In Excel 2013 hat Microsoft das Excel-Datenmodell eingeführt, mit dem Sie viele Tabellen laden und über Beziehungen verbinden können. Dadurch können Sie viel leistungsfähigere Datenmodelle erstellen.

Was aber ist ein *Datenmodell*? Dabei handelt es sich einfach um einen Satz von Tabellen, die durch Beziehungen verknüpft sind. Ein Einzeltabellenmodell ist bereits ein Datenmodell, aber kein sehr interessantes. Wenn Sie mehrere Tabellen haben, machen die Beziehungen dazwischen das Modell viel leistungsfähiger und interessanter zu analysieren.

Ein Datenmodell zu erstellen, ist ein ganz natürlicher Vorgang, sobald Sie mehr als eine Tabelle laden. Überdies laden Sie gewöhnlich Daten aus Datenbanken, die von Profis gepflegt werden und bereits über ein Datenmodell verfügen. Das bedeutet, dass Ihr Datenmodell sehr wahrscheinlich das in der Quelldatenbank bereits vorhandene Modell nachstellen wird. In gewissem Sinne vereinfacht das Ihre Arbeit.

Doch wie Sie in diesem Buch noch sehen werden, ist es leider sehr unwahrscheinlich, dass das Quelldatenmodell die ideale Struktur für die Art von Analyse aufweist, die Sie durchführen möchten. Wir werden Ihnen anhand von Beispielen mit zunehmender Komplexität zeigen, wie Sie von einer beliebigen Datenquelle ausgehend Ihr eigenes Modell aufbauen können. Um Ihnen das Lernen zu vereinfachen, beschreiben wir diese Techniken nach und nach im weiteren Verlauf dieses Buches. Zunächst einmal beginnen wir mit den Grundlagen.

Um das Prinzip eines Datenmodells kennenzulernen, laden Sie die Tabellen *Product* und *Sales* der Contoso-Datenbank in das Excel-Datenmodell. Anschließend sehen Sie die Diagrammansicht aus Abbildung 1–7, die die beiden Tabellen mit ihren Spalten zeigt.

Das Beziehungsdiagramm steht in Power Pivot zur Verfügung. Um darauf zuzugreifen, klicken Sie im Excel-Menüband auf die Registerkarte *Power Pivot* und dann auf *Verwalten*. Klicken Sie anschließend auf der Registerkarte *Start* des Power Pivot-Fensters in der Gruppe *Ansicht* auf *Diagrammansicht*.

Zwei unverbundene Tabellen wie in diesem Beispiel sind noch kein echtes Datenmodell, sondern nur zwei Tabellen. Um sie in ein sinnvolles Modell umzuwandeln, müssen Sie Beziehungen zwischen ihnen herstellen. In diesem Beispiel verfügt sowohl die Tabelle *Sales* als auch die

Tabelle *Product* über die Spalte *ProductKey*. In *Product* ist diese Spalte der *Primärschlüssel*. Das bedeutet, dass sie in jeder Zeile einen anderen Wert aufweist und daher verwendet werden kann, um ein Produkt eindeutig zu identifizieren. In der Tabelle *Sales* dagegen dient diese Spalte einem anderen Zweck, nämlich das verkaufte Produkt anzugeben.

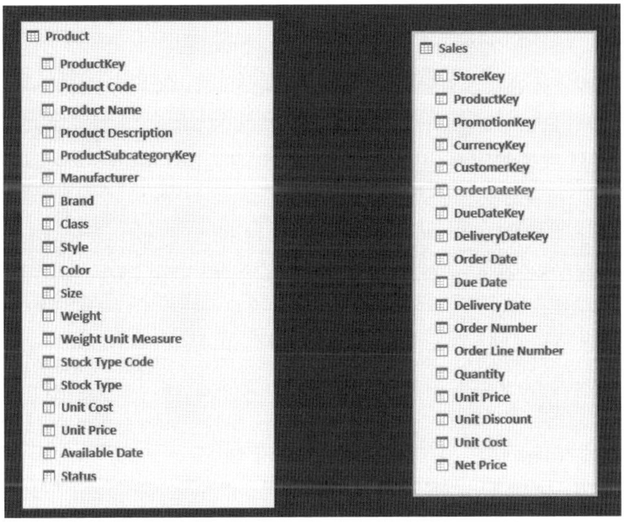

Abbildung 1–7 Mit dem Excel-Datenmodell können Sie mehrere Tabellen laden.

Der Primärschlüssel einer Tabelle ist eine Spalte, die in jeder Zeile einen anderen Wert aufweist. Wenn Sie daher einen Wert aus dieser Spalte kennen, können Sie ihn eindeutig einer Zeile zuordnen. Es kann mehrere Spalten mit solchen eindeutigen Werten geben, wobei alle diese Spalten Schlüssel sind. Der Primärschlüssel ist nichts Besonderes. Technisch gesehen ist er lediglich die Spalte, die Sie zur eindeutigen Bezeichnung einer Zeile verwenden. In einer Kundentabelle kann dies beispielsweise die Kundennummer sein, auch wenn die Werte in der Namensspalte möglicherweise alle eindeutig sind.

Wenn Sie in einer Tabelle einen eindeutigen Bezeichner haben und eine Spalte in einer anderen Tabelle darauf verweist, können Sie eine Beziehung zwischen den beiden Tabellen herstellen. Für eine gültige Beziehung müssen beide Bedingungen gelten. Wenn der gewünschte Schlüssel für die Beziehung in keiner der beiden Tabellen Ihres Modells ein eindeutiger Bezeichner ist, müssen Sie das Modell mit einer der Techniken abwandeln, die Sie in diesem Buch kennenlernen werden. Zunächst einmal wollen wir aber anhand unseres Beispiels einige grundlegende Tatsachen über Beziehungen feststellen:

- **Die Tabelle *Sales* ist die *Quelltabelle*** Die Beziehung geht von *Sales* aus, denn um ein Produkt abzurufen, beginnen Sie stets bei *Sales*: Sie ermitteln den Wert der Produktnummer in *Sales* und suchen anschließend in *Product* danach. Danach kennen Sie das Produkt und all seine Attribute.

- **Die Tabelle *Product* ist das *Ziel* der Beziehung** Das liegt daran, dass Sie bei *Sales* anfangen und dann zu *Product* übergehen. Daher ist *Product* das Ziel Ihrer Suche.
- **Eine Beziehung verläuft von der Quelle zum Ziel** Anderes ausgedrückt: Eine Beziehung hat eine Richtung. Aus diesem Grund werden Beziehungen oft in Form von Pfeilen von der Quelle zum Ziel abgebildet. Allerdings werden in Softwareprodukten unterschiedliche grafische Darstellungen von Beziehungen verwendet.
- **Die Quelltabelle ist die *n-Seite* der Beziehung** Diese Bezeichnung rührt daher, dass es für ein Produkt sehr wahrscheinlich viele Verkaufsvorgänge gibt, für einen Verkaufsvorgang aber immer nur ein Produkt. Daher haben wir hier eine *n:1-Beziehung*, bei der die Zieltabelle die 1-Seite und die Quelltabelle die n-Seite ist.
- **Die Spalte *ProductKey* ist sowohl in *Sales* als auch in *Products* vorhanden** In *Product* ist *ProductKey* ein Schlüssel, aber nicht in *Sales*. Daher wird diese Spalte in *Product* als Primärschlüssel bezeichnet, in *Sales* dagegen als *Fremdschlüssel*, also als eine Spalte, die auf einen Primärschlüssel in einer anderen Tabelle verweist.

All dies sind gebräuchliche Begriffe in der Datenmodellierung, weshalb wir sie auch in diesem Buch verwenden. Machen Sie sich aber keine Sorgen, denn wir werden die Definitionen in den ersten Kapiteln noch einige Male wiederholen, damit Sie sich damit vertraut machen können.

Mit Excel und Power BI können Sie eine Beziehung zwischen zwei Tabellen herstellen, indem Sie den Fremdschlüssel (in unseren Beispielen *ProductKey* in *Sales*) auf den Primärschlüssel (*ProductKey* in *Product*) ziehen. Dabei werden Sie feststellen, dass weder Excel noch Power BI Pfeile zur Darstellung von Beziehungen verwenden. Stattdessen wird die Beziehung in der Diagrammansicht durch eine Zahl (1) für die 1-Seite und ein Sternchen für die n-Seite angezeigt, wie Sie in Abbildung 1–8 sehen. In der Mitte steht zwar auch ein Pfeil, aber er gibt nicht die Richtung der Beziehung an, sondern der Filterweiterleitung, was etwas völlig anderes ist. Damit werden wir uns weiter hinten in diesem Buch noch beschäftigen.

Sollte die Power Pivot-Registerkarte verschwinden, liegt das wahrscheinlich daran, dass Excel ein Problem festgestellt und das Add-In ausgeschaltet hat. Um es wieder zu aktivieren, klicken Sie auf die Registerkarte *Datei*, dann im linken Bereich auf *Optionen* und im linken Teil des Optionenfensters auf *Add-Ins*. Öffnen Sie das Listenfeld *Verwalten* am unteren Rand der Seite, wählen Sie *COM-Add-Ins* und klicken Sie auf *Los*. Wählen Sie anschließend im Fenster *COM-Add-Ins* das Add-In *Microsoft Power Pivot for Excel*. Sollte es bereits ausgewählt sein, wählen Sie es ab. Klicken Sie auf *OK*. Haben Sie die Auswahl von Power Pivot aufgehoben, müssen Sie das Fenster *COM-Add-Ins* erneut aufrufen und das Add-In wieder auswählen. Anschließend sollte die Power Pivot-Registerkarte wieder im Menüband erscheinen.

Wenn eine Beziehung vorhanden ist, können Sie die Werte in der Tabelle *Sales* summieren und mit einem Datenschnitt nach Spalten in der Tabelle *Products* filtern. Wie Sie in Abbildung 1–9 sehen, können Sie die Summe der Stückzahlen (Spalte *Quantity* in *Sales*; siehe Abbildung 1–8) nach der Farbe (Spalte *Color* in *Product*) filtern.

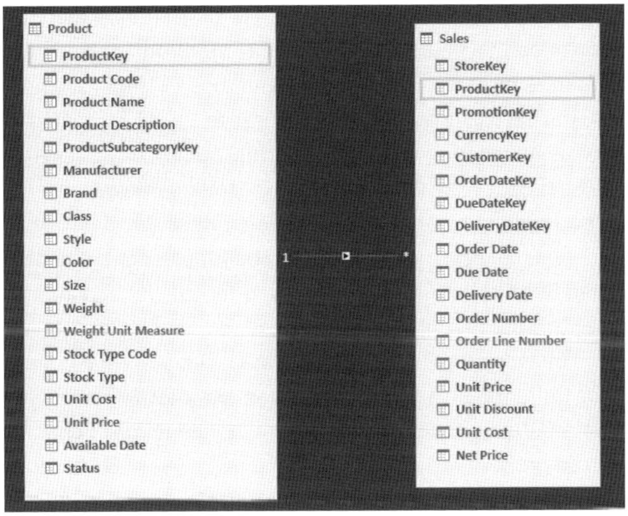

Abbildung 1–8 Eine Beziehung wird als eine Linie (hier zwischen den Tabellen *Product* und *Sales*) mit einer Bezeichnung der Seiten (*1* für die 1-Seite, * für die n-Seite) dargestellt.

Damit haben Sie ein erstes Beispiel für ein Datenmodell mit zwei Tabellen gesehen. Wie bereits erwähnt ist ein Datenmodell lediglich ein Satz von Tabellen (hier *Sales* und *Product*), die über Beziehungen verknüpft sind. Bevor wir zu weiteren Beispielen übergehen, wollen wir uns noch mit der Granularität in dem Fall beschäftigen, dass wir mehrere Tabellen haben.

Row Labels	Sum of Quantity
Azure	60
Black	4307
Blue	985
Brown	453
Gold	155
Green	374
Grey	1551
Orange	179
Pink	600
Purple	10
Red	896
Silver	3604
Silver Grey	143
Transparent	141
White	3746
Yellow	294
Grand Total	**17498**

Abbildung 1–9 Sobald eine Beziehung besteht, konnen Sie Werte aus einer Tabelle mithilfe eines Datenschnitts nach Spalten in einer anderen Tabelle filtern.

Im ersten Abschnitt dieses Kapitels haben Sie gelernt, wie wichtig – und wie schwierig – es ist, die richtige Granularität für eine einzelne Tabelle festzulegen. Wenn Sie eine falsche Wahl treffen, lassen sich die Berechnungen viel schwerer schreiben. Was aber machen Sie mit der Granularität in dem neuen Datenmodell mit zwei Tabellen? Das Problem ist hier etwas anders gelagert und lässt sich auch in gewissem Maße leichter lösen. Allerdings ist es etwas schwieriger zu verstehen.

Mit zwei Tabellen haben wir auch zwei verschiedene Granularitäten. Die von *Sales* liegt auf der Ebene der einzelnen Verkäufe, die von *Product* auf Produktebene. Die Granularität gilt immer nur für eine Tabelle, nicht für das gesamte Datenmodell. Wenn Sie in Ihrem Modell mehrere Tabellen haben, müssen Sie die Granularität für jede davon einstellen. Das scheint etwas aufwendiger zu sein als bei einer einzigen Tabelle, führt aber zu Modellen, die sich einfacher verwalten lassen und bei denen die Granularität kein Problem mehr darstellt.

Bei zwei Tabellen ist es nur natürlich, etwa die Granularität der Verkaufstabelle auf die Ebene der einfachen Verkäufe und die der Produkttabelle auf – richtig geraten – Produktebene einzustellen. Im ersten Beispiel hatten wir eine einzige Tabelle mit Verkäufen, aber eine Granularität auf der Ebene der Kategorien und Unterkategorien, da die Produktkategorien und -unterkategorien in der Verkaufstabelle gespeichert waren. Daher mussten Sie eine *Entscheidung über die Granularität* treffen, was insbesondere daran lag, dass *Informationen an der falschen Stelle gespeichert* waren. Wenn die einzelnen Informationen an der richtigen Stelle stehen, ist die Granularität kein so großes Problem mehr.

Die Produktkategorie ist ein Attribut des Produkts, nicht eines einzelnen Verkaufsvorgangs. In gewissem Sinne stellt sie auch ein Attribut eines Verkaufs dar, aber nur, da der Verkauf ein Produkt betrifft. Wenn Sie aber die Produktnummer in der Verkaufstabelle speichern, können Sie die Beziehung nutzen, um sämtliche Attribute des Produkts abzurufen, z. B. die Produktkategorie, die Farbe und alle anderen Angaben zum Produkt. Bei dieser Vorgehensweise ist es nicht mehr nötig, die Produktkategorie in der Verkaufstabelle zu speichern, und damit wird auch die Frage der Granularität weniger bedeutsam. Das gilt natürlich für sämtliche Produktattribute – die Farbe, den Stückpreis, den Produktnamen und ganz allgemein sämtliche Spalten in der Produkttabelle.

In einem sauber gestalteten Modell sind die Granularitäten aller Tabellen auf die richtige Ebene eingestellt. Das führt zu einer einfacheren und zugleich leistungsfähigeren Struktur. Das ist es, was Beziehungen so wertvoll macht. Diese Möglichkeiten können Sie nutzen, sobald Sie die klassische Einzeltabellenmethode von Excel aufgeben und mehrere Tabellen einsetzen.

Wenn Sie sich die Tabelle *Products* genauer ansehen, werden Sie feststellen, dass sie keine Kategorien und Unterkategorien mehr enthält. Stattdessen gibt es die Spalte *ProductSubcategoryKey*, deren Name schon andeutet, dass es sich dabei um einen Verweis (einen Fremdschlüssel) auf einen Schlüssel in einer anderen Tabelle handelt (in der diese Spalte der Primärschlüssel ist). Tatsächlich enthält die Datenbank zwei Tabellen für die Produktkategorie und die Produktunterkategorie. Wenn Sie beide in das Modell laden und die richtigen Beziehungen einrichten, erhalten Sie in der Diagrammansicht von Power Pivot die Struktur aus Abbildung 1–10.

Die Informationen über ein Produkt sind also in drei verschiedenen Tabellen gespeichert, nämlich *Product*, *Product Subcategory* und *Product Category*. Dadurch entsteht eine Kette von Beziehungen von *Product* über *Product Subcategory* zu *Product Category*.

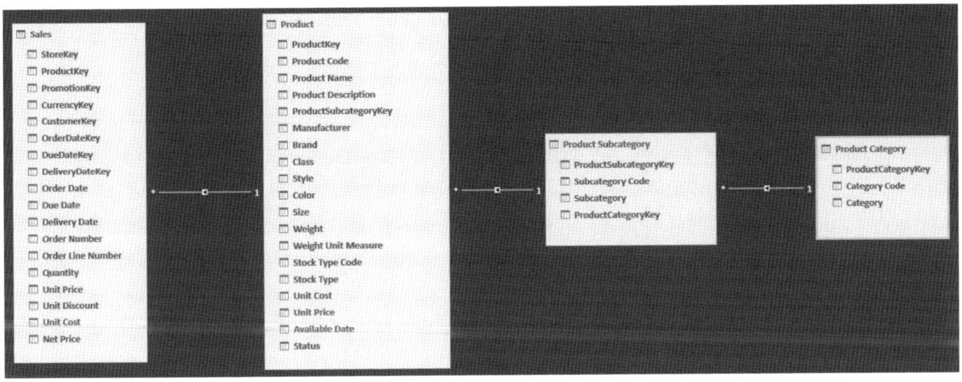

Abbildung 1–10 Die Produktkategorien und -unterkategorien sind in separaten Tabellen gespeichert, die über Beziehungen zugänglich sind.

Was ist der Grund für diesen Aufbau? Auf den ersten Blick sieht das nach einer übermäßig komplizierten Vorgehensweise aus, um ganz einfache Informationen zu speichern. Allerdings hat diese Technik viele Vorteile, auch wenn sie nicht auf den ersten Blick offensichtlich sind. Durch die Speicherung der Produktkategorie in einer eigenen Tabelle erhalten Sie ein Datenmodell, in dem der Name der Kategorie nur in einer einzigen Zeile der Tabelle *Product Category* gespeichert ist, obwohl viele Produkte darauf verweisen. Das ist aus zwei Gründen eine gute Vorgehensweise für die Speicherung von Informationen: Erstens verringert es den erforderlichen Speicherplatz, wenn ein und derselbe Name nicht mehrmals gespeichert wird. Zweitens: Wenn Sie den Kategorienamen irgendwann einmal ändern müssen, ist das nur in dieser einzigen Zeile erforderlich. Über die Beziehung erhalten dann alle betroffenen Produkte automatisch den neuen Kategorienamen.

Diese Technik wird als *Normalisierung* bezeichnet. Man sagt, ein Attribut wie hier die Produktkategorie ist normalisiert, wenn es in einer eigenen Tabelle gespeichert und durch einen Schlüssel ersetzt wird, der auf diese Tabelle verweist. Das ist eine Standardtechnik, die Datenbankdesigner beim Entwerfen eines Datenmodells routiniert einsetzen. Die gegenteilige Vorgehensweise – die Speicherung von Attributen in der Tabelle, zu der sie gehören – wird als *Denormalisierung* bezeichnet. Wenn ein Modell denormalisiert ist, erscheinen die Attribute jeweils an mehreren Stellen, und bei einer Aktualisierung müssen Sie alle Zeilen anfassen, in denen sie vorkommen. In unserem Beispiel ist etwa die Produktfarbe denormalisiert, denn der String *Red* taucht bei allen roten Produkten auf.

Vielleicht fragen Sie sich, warum die Designer der Contoso-Datenbank die Kategorien und Unterkategorien in eigenen Tabellen gespeichert (also normalisiert haben), während Farbe, Hersteller und Marke in der Produkttabelle gespeichert (denormalisiert) sind. In diesem besonderen Fall ist die Antwort ganz einfach: weil Contoso eine Beispieldatenbank ist, deren Struktur verschiedene Designtechniken widerspiegeln soll. In der Praxis – also auch in den Datenbanken Ihrer Organisation – finden Sie mit hoher Wahrscheinlichkeit Datenstrukturen, die entweder stark normalisiert oder stark denormalisiert sind, wobei die Wahl vom Verwendungszweck der Datenbank abhängt. Es kann allerdings durchaus sein, dass einige Attribute normalisiert sind und andere nicht. Das ist nicht ungewöhnlich, denn bei der Datenmodellierung gibt es immer viele verschiedene Möglichkeiten. Es kann durchaus sein, dass ein Designer im Laufe der Zeit unterschiedliche Entscheidungen treffen muss.

Stark normalisierte Strukturen sind typisch für OLTP-Systeme (Online Transactional Processing). Dabei handelt es sich um Datenbanken für alltägliche Aufgaben wie die Rechnungsstellung, Bestellannahme, Lieferung und Reklamationsbearbeitung. Diese Datenbanken sind normalisiert, um so wenig Speicherplatz wie möglich einzunehmen (wodurch sie gewöhnlich schneller laufen) und viele Einfüge- und Aktualisierungsoperationen zu erlauben. Wenn Sie bei der Routinearbeit in Ihrem Unternehmen Informationen ändern – etwa Angaben zu einem Kunden –, wollen Sie gewöhnlich, dass dabei alle Daten aktualisiert werden, die auf diesen Kunden verweisen. Das geht reibungslos, wenn die Kundeninformationen korrekt normalisiert sind. Alle Bestellungen eines Kunden verweisen dann auf einen Schlag auf die neuen, aktualisierten Informationen. Wären die Kundenangaben denormalisiert, würde der Server bei einer Änderung der Kundenadresse Hunderte von `UPDATE`-Anweisungen ausführen müssen, was die Leistung stark verringert.

OLTP-Systeme bestehen oft aus Hunderten von Tabellen, da fast jedes Attribut in einer eigenen Tabelle gespeichert ist. Bei Produkten gibt es dann beispielsweise eine Tabelle für den Hersteller, eine für die Marke, eine für die Farbe usw. Eine einfache Entität wie ein Produkt kann über zehn oder zwanzig verschiedene Tabellen hinweg gespeichert sein, die alle über Beziehungen verknüpft sind. Datenbankdesigner bezeichnen so etwas als »gut gestaltetes Datenmodell«. Auch wenn es seltsam aussieht, ist ein solches Modell jedoch etwas, worauf die Designer mit Recht stolz sein können. Für OLTP-Datenbanken ist die Normalisierung fast immer eine nützliche Technik.

Bei der Analyse von Daten führen Sie jedoch keine Einfügungen und Aktualisierungen durch, sondern wollen Informationen lesen. Dafür aber ist die Normalisierung fast nie eine geeignete Technik. Stellen Sie sich beispielsweise vor, Sie würden eine Pivottabelle aus dem vorherigen Datenmodell erstellen. Die Liste der Felder könnte so aussehen wie in Abbildung 1–11.

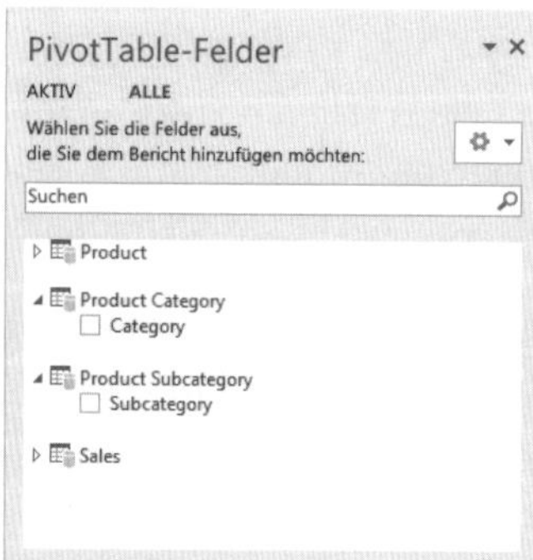

Abbildung 1–11 In einem normalisierten Modell enthält die Felderliste zu viele Tabellen und wird daher leicht unübersichtlich.

Das Produkt ist über drei Tabellen hinweg gespeichert, weshalb die Felderliste (im Dialogfeld *PivotTable-Felder*) drei Tabellen enthält. Was die Sache noch schlimmer macht, ist die Tatsache, dass *Product Category* und *Product Subcategory* nur jeweils eine einzige Spalte enthalten. Für OLTP-Systeme ist Normalisierung daher eine gute Sache, doch zur Analyse stellt sie gewöhnlich eine schlechte Wahl dar. Wenn Sie versuchen, die Zahlen in einem Bericht zu filtern und zu drehen, sind Sie ja nicht an der technischen Darstellung des Produkts interessiert, sondern wollen die Kategorie und die Unterkategorie als Spalten in der Produkttabelle sehen, was schließlich die natürlichere Art und Weise zur Untersuchung der Daten darstellt.

In diesem Beispiel haben wir absichtlich einige für unsere Zwecke nutzlose Spalten wie die Primärschlüssel der Tabelle ausgeblendet, was immer eine gute Vorgehensweise ist. Sonst würden Sie einige Spalten mehrfach sehen, was es noch schwerer macht, das Modell zu untersuchen. Sie können sich leicht vorstellen, wie die Felderliste mit zehn Tabellen für das Produkt aussehen würde. Die brauchbaren Spalten für den Bericht zu finden, würde viel mehr Zeit kosten.

Unabhängig davon, wie die Originaldaten gespeichert sind, müssen Sie beim Aufbau eines Datenmodells für die Berichterstattung ein gewisses Maß an Denormalisierung durchführen. Wie Sie bereits gesehen haben, führt eine übermäßige Denormalisierung jedoch wieder zu Problemen mit der Granularität. Weiter hinten in diesem Buch werden Sie noch sehen, dass eine übermäßige Denormalisierung noch weitere negative Folgen hat. Was also ist das rechte Maß für die Denormalisierung?

Dafür gibt es keine feste Regel. Sie sollten die Denormalisierung so weit vorantreiben, bis die Tabelle Ihrem Gefühl nach eine eigenständige Struktur ist, die die darin gespeicherte Entität vollständig beschreibt. Bei dem Beispiel aus diesem Abschnitt sollten Sie die Spalten *Product Category* und *Product Subcategory* in die Tabelle *Product* verschieben, da es sich bei ihnen um Attribute des Produkts handelt, die Sie nicht in eigenen Tabellen haben wollen. Denormalisieren Sie aber nicht das Produkt in die Verkaufstabelle, da Produkte und Verkäufe zwei verschiedene Informationen sind. Ein Verkauf bezieht sich zwar auf ein Produkt, kann aber niemals vollständig mit einem Produkt gleichgesetzt werden.

Ein Modell mit nur einer einzigen Tabelle können Sie durchaus als übermäßig denormalisiert auffassen. Schließlich mussten wir uns in der Tabelle *Sales* schon Sorgen über die Granularität auf der Ebene der Produktattribute machen, was nicht richtig ist. Bei einem korrekt gestalteten Modell mit dem richtigen Maß an Denormalisierung ergibt sich die richtige Granularität auf natürliche Weise. Bei einem übermäßig denormalisierten Modell dagegen müssen Sie sich Gedanken über die Granularität machen und haben mit Problemen zu kämpfen.

Sternschemata

Wir haben uns bis jetzt nur sehr einfache Datenmodelle angesehen, in denen es nur um Produkte und Verkäufe ging. In der Praxis sind Datenmodelle jedoch nur sehr selten so einfach. In einem typischen Unternehmen wie Contoso gibt es verschiedene Arten von Informationsgütern wie Produkte, Läden, Mitarbeiter, Kunden und Zeit, die alle miteinander interagieren und Ereignisse auslösen. Beispielsweise wird ein Produkt an einem bestimmten Datum in einem Laden von einem Mitarbeiter an einen Kunden verkauft.

Unterschiedliche Unternehmen haben natürlich mit unterschiedlichen Informationsgütern zu tun, deren Interaktion unterschiedliche Ereignisse hervorruft. Ganz allgemein gesehen gibt es jedoch fast immer eine klare Unterscheidung zwischen den Gütern und den Ereignissen. Dieses Muster zeigt sich in allen Geschäftszweigen, auch bei sehr verschiedenen Informationsgütern. Im medizinischen Bereich etwa schließen die Güter Patienten, Krankheiten und Medikamente ein, wobei ein Ereignis darin besteht, dass ein Patient mit einer bestimmten Krankheit diagnostiziert wird und dafür Medikamente erhält. In einem Reklamationssystem dagegen kann es um Kunden, Beanstandungen und Zeit gehen, wobei die Ereignisse die verschiedenen Stadien sind, die die Beanstandung durchläuft. Nehmen Sie sich die Zeit, über Ihre Branche nachzudenken. Sehr wahrscheinlich können Sie auch dort klar zwischen den Informationsgütern und den Ereignissen trennen.

Diese Trennung führt zu einer Datenmodellierungstechnik, die als *Sternschema* bezeichnet wird. In einem solchen Schema gibt es zwei Kategorien von Entitäten (Tabellen):

- **Dimensionen** Eine *Dimension* ist ein Informationsgut, z. B. ein Produkt, ein Kunde, ein Angestellter oder ein Patient. Dimensionen weisen Attribute auf. Beispielsweise hat ein Produkt Attribute wie Farbe, Kategorie, Unterkategorie, Hersteller und Preis, ein Patient dagegen Attribute wie Name, Anschrift und Geburtsdatum.
- **Fakten** Ein *Faktum* ist ein Ereignis, an dem mehrere Dimensionen beteiligt sind. Bei Contoso ist der Verkauf eines Produkts ein Faktum. Daran beteiligt sind ein Produkt, ein Kunde, ein Datum und weitere Dimensionen. Fakten haben Maße (Metriken). Dies sind Zahlen, die Sie aggregieren können, um Erkenntnisse über Ihre Geschäfte zu gewinnen. Beispiele für solche Metriken sind die Zahl der verkauften Einheiten, der Gesamtbetrag der Verkäufe, Rabatte usw.

Wenn Sie Ihre Tabellen im Kopf in diese beiden Kategorien aufteilen, wird es deutlich, dass die Fakten mit den Dimensionen zusammenhängen. Für ein einzelnes Produkt gibt es viele Verkäufe. Mit anderen Worten, es gibt eine n:1-Beziehung zwischen den Tabellen *Sales* und *Products*, wobei *Sales* die n-Seite und *Products* die 1-Seite darstellt. Wenn Sie alle Dimensionen um eine einzige Faktentabelle anordnen, erhalten Sie die typische Form eines Sternschemas. Abbildung 1–12 zeigt ein solches Schema in der Diagrammansicht von Power Pivot.

Sternschemata lassen sich leicht lesen, verstehen und verwenden. Sie verwenden die Dimensionen, um die Daten zu filtern und zu drehen, und die Faktentabelle, um Zahlen zu aggregieren. Überdies weist die Felderliste für die Pivottabelle weniger Einträge auf.

Sternschemata sind im Bereich der Data Warehouses sehr beliebt. Heutzutage gelten Sie als eine Standardmöglichkeit zur Darstellung von analytischen Modellen.

Dimensionen sind naturgemäß eher kleine Tabellen mit weniger als 1.000.000 Zeilen, gewöhnlich in einer Größenordnung von wenigen Hundert oder Tausend Zeilen. Faktentabellen dagegen sind viel größer und sollen Dutzende, wenn nicht gar Hunderte von Millionen Zeilen aufnehmen. Abgesehen davon sind Sternschemata so weit verbreitet, dass die meisten Datenbanksysteme über besondere Optimierungen verfügen, die bei der Arbeit mit Sternschemata besonders wirkungsvoll sind.

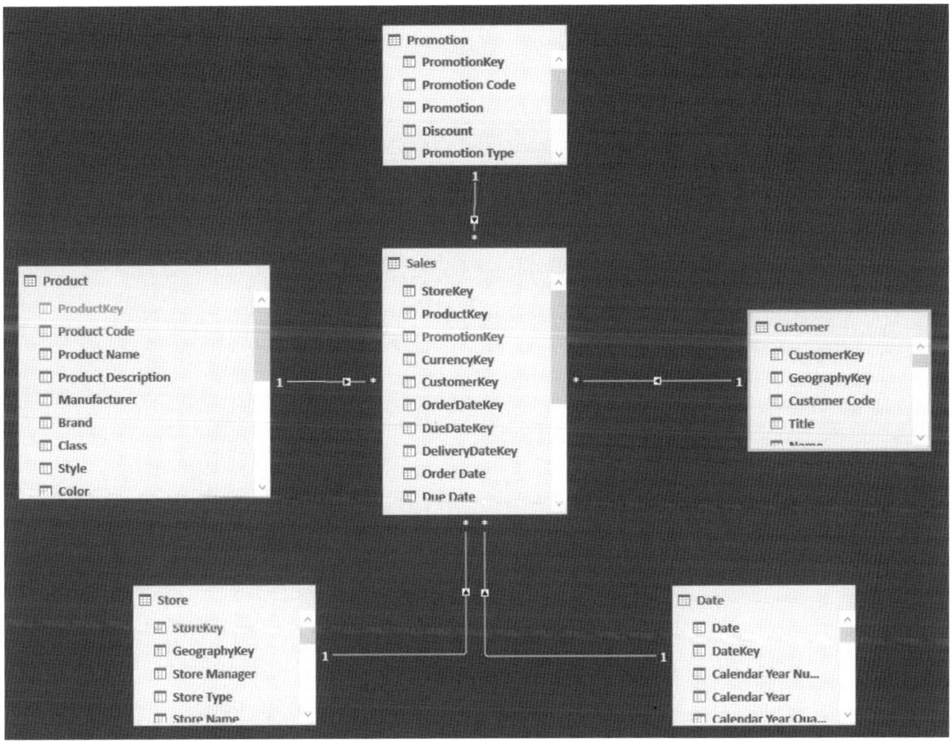

Abbildung 1–12 Wenn Sie die Faktentabelle in die Mitte stellen und alle Dimensionen rundherum anordnen, wird das Sternschema sichtbar.

Bevor Sie weiterlesen, sollten Sie etwas Zeit darauf verwenden, sich zu überlegen, wie sich Ihr Geschäftsmodell als Sternschema darstellen lässt. Sie müssen jetzt natürlich nicht das perfekte Sternschema gestalten. Diese Übung soll Ihnen helfen, Faktentabellen und Dimensionen besser konstruieren zu können.

Sie sollten sich unbedingt mit Sternschemata vertraut machen, da sie eine komfortable Möglichkeit zur Darstellung Ihrer Daten bieten. Außerdem wird im Zusammenhang mit Business Intelligence häufig Sternschemata-Terminologie verwendet, und dieses Buch bildet da keine Ausnahme. Wir verwenden häufig Begriffe wie Faktentabellen und Dimensionen, um zwischen größeren und kleineren Tabellen zu unterscheiden. Beispielsweise behandeln wir im nächsten Kapitel die Verwendung von Header/Detail-Tabellen, wobei es um das allgemeinere Problem geht, Beziehungen zwischen mehreren Faktentabellen herzustellen. An dieser Stelle setzen wir voraus, dass Sie die grundlegenden Unterschiede zwischen Faktentabellen und Dimensionen kennen.

Sternschemata weisen noch weitere wichtige Eigenschaften auf. So stehen zwar die Faktentabellen in Beziehungen zu den Dimensionen, doch sollte es keine Beziehungen zwischen den Dimensionen geben. Um Ihnen zu zeigen, warum diese Regel so wichtig ist und was geschieht, wenn Sie sie brechen, fügen wir unserem Beispiel als weitere Dimension *Geography* hinzu, die

Angaben zu geografischen Orten wie Stadt, Bundesstaat und Region enthält. Die Dimensionen *Store* (für die Läden) und *Customer* (für die Kunden) lassen sich beide in Beziehung zu *Geography* setzen. Damit könnten Sie ein Modell wie das aus Abbildung 1–13 aufbauen.

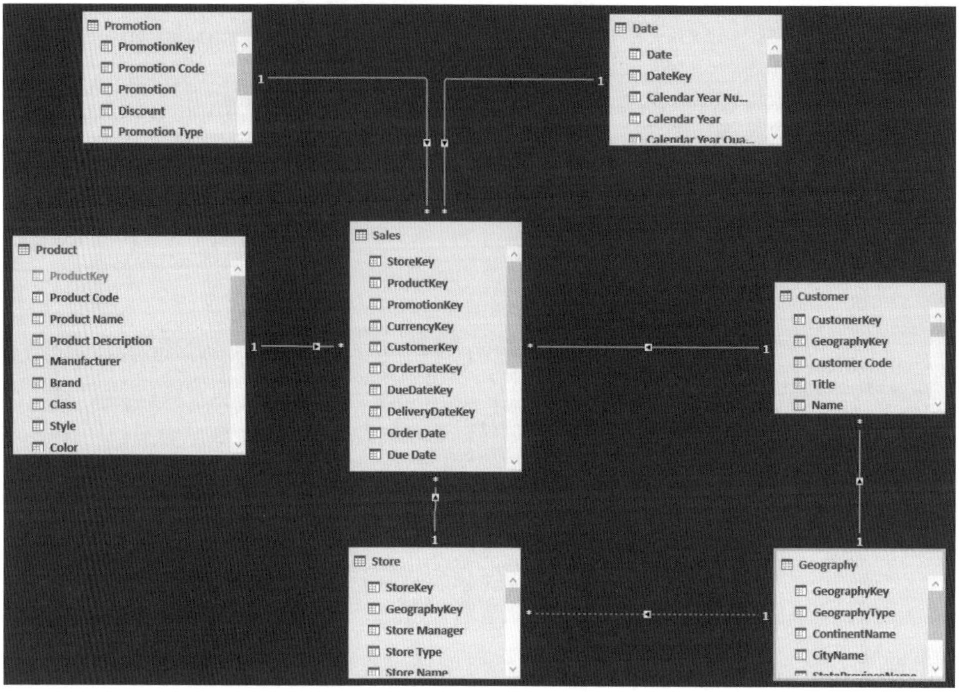

Abbildung 1–13 Die neue Dimension *Geography* hat Beziehungen zu den Dimensionen *Customer* und *Stores*.

Dieses Modell verletzt jedoch die Regel, dass Dimensionen keine Beziehungen untereinander haben sollten. Die drei Tabellen *Customer*, *Store* und *Geography* sind allesamt Dimensionen, aber trotzdem durch Beziehungen verbunden. Was ist so schlecht daran? Nun, hierdurch entsteht eine *Mehrdeutigkeit*.

Nehmen wir an, Sie möchten einen Datenschnitt nach der Stadt durchführen und dafür den Gesamtbetrag der Verkäufe berechnen. Das System kann dazu der Beziehung zwischen *Geography* und *Customer* folgen und den Verkaufsbetrag für die Stadt ermitteln, in der der Kunde wohnt. Genauso gut aber könnte es auch der Beziehung zwischen *Geography* und *Store* folgen und den Betrag für die Stadt zurückgeben, in der sich der Laden befindet. Als dritte Möglichkeit könnte es sogar beiden Beziehungen folgen und den Betrag der Verkäufe in Läden einer gegebenen Stadt an Kunden in dieser Stadt berechnen. Das Datenmodell ist mehrdeutig. Es gibt keine einfache Möglichkeit, um herauszufinden, welche Zahl zurückgegeben wird. Das ist nicht nur ein technisches, sondern auch ein logisches Problem. Ein Benutzer, der sich dieses Datenmodell ansieht, wäre verwirrt und wüsste nicht, was die Zahlen nun wirklich bedeuten. Aufgrund dieser Mehrdeutigkeit ist es weder in Excel noch in Power BI möglich, ein solches Modell zu bauen. In nachfolgenden Kapiteln werden wir diese Mehrdeutigkeit noch ausführlicher erläutern. Vorläufig aber ist es nur wichtig, sich zu merken, dass Excel (das Werkzeug, in dem wir dieses Beispiel konstruiert haben) die Beziehung zwischen *Store* und *Geography* deaktiviert hat, um sicherzustellen, dass das Modell nicht mehrdeutig ist.

Als Datenmodellierer müssen Sie Mehrdeutigkeiten auf jeden Fall vermeiden. Wie könnten Sie nun die Mehrdeutigkeit in dem vorstehenden Beispiel auflösen? Ganz einfach: Sie müssen die entsprechenden Spalten der Tabelle *Geography* denormalisieren und sowohl in *Store* als auch in *Customer* übertragen, um *Geography* aus dem Modell entfernen zu können. Beispielsweise können Sie wie in Abbildung 1–14 die Spalten *ContinentName*, *CityName* usw. sowohl in *Store* als auch in *Customer* aufnehmen.

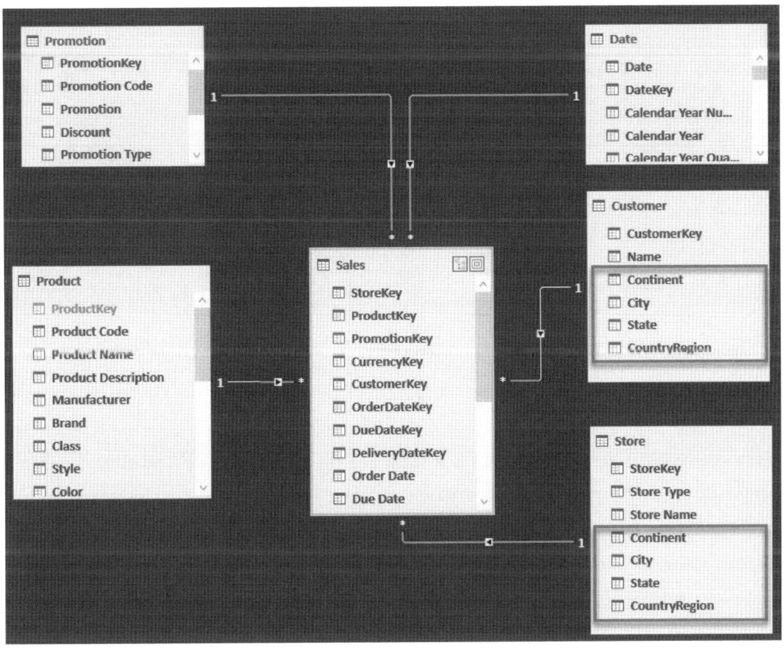

Abbildung 1–14 Die Spalten von *Geography* werden in *Customer* und *Store* denormalisiert, sodass die Tabelle *Geography* nicht mehr in dem Modell vorhanden ist.

Durch richtige Denormalisierung können Sie die Mehrdeutigkeit aufheben. Jetzt können die Benutzer eine Filterung nach geografischen Daten in der Tabelle *Customer* oder *Store* durchführen. Die geografische Verteilung ist zwar eine Dimension, aber um ein korrektes Sternschema zu erhalten, müssen wir sie denormalisieren.

Bevor wir uns einem anderen Thema zuwenden, müssen wir noch einen weiteren wichtigen Begriff einführen, nämlich den der *Schneeflocke*. Dabei handelt es sich um eine Variante des Sternschemas, bei dem eine Dimension nicht unmittelbar mit der Faktentabelle verbunden ist, sondern über eine andere Dimension. Beispiele dafür haben Sie bereits gesehen, und eines davon finden Sie noch einmal in Abbildung 1–15.

Verletzen Schneeflocken die Regel, dass Dimensionen nicht untereinander verbunden sein dürfen? In gewissem Sinne ist das der Fall, da die Beziehung zwischen *Product Subcategory* und *Product* tatsächlich zwei Dimensionen verbindet. Der Unterschied zwischen diesem Fall und dem vorherigen Beispiel besteht jedoch darin, dass dies die einzige Beziehung zwischen

Product Subcategory und den anderen Dimensionen ist, die mit der Faktentabelle (*Product*) verknüpft sind. Sie können sich *Product Subcategory* daher als eine Dimension vorstellen, die mehrere Produkte gruppiert, aber keine anderen Dimensionen oder Fakten. Das Gleiche gilt natürlich auch für *Product Category*. Auch wenn ein Schneeflockenmuster die Regel verletzt, führt es daher nicht zu Mehrdeutigkeiten. Daher stellt ein Schneeflocken-Datenmodell kein Problem dar.

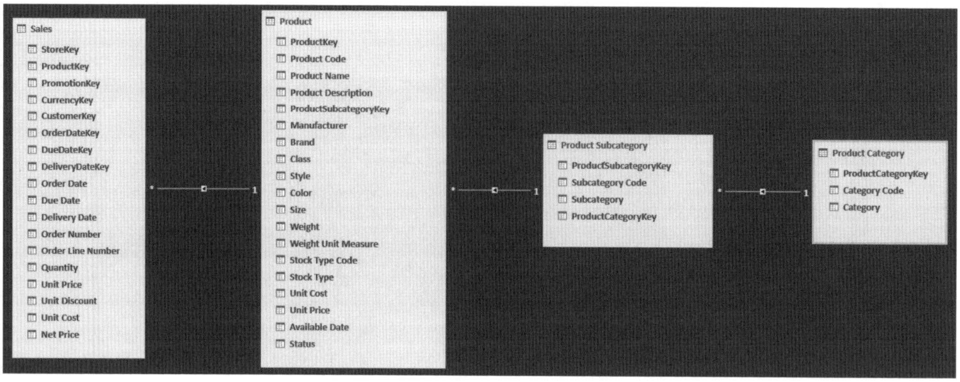

Abbildung 1–15 *Product Category*, *Product Subcategory* und *Product* bilden eine Kette von Beziehungen und damit ein Schneeflockenmuster.

Um Schneeflocken zu vermeiden, können Sie die Spalten der Tabelle, die am weitesten von der Faktentabelle entfernt ist, in eine Tabelle denormalisieren, die näher daran liegt. Manchmal bilden Schneeflockenmuster jedoch eine gute Möglichkeit, um Daten darzustellen. Bis auf eine geringe Leistungsverringerung verursachen sie auch keine Probleme.

Wie Sie in diesem Buch noch sehen werden, sind Sternschemata fast immer die beste Möglichkeit zur Darstellung von Daten. Es gibt zwar einige Situationen, in denen sie nicht die *ideale* Vorgehensweise darstellen, doch wenn Sie an einem Datenmodell arbeiten, ist es immer richtig, es als Sternschema zu gestalten. Selbst wenn es nicht perfekt sein sollte, so ist es doch nahezu perfekt und damit immer eine gute Lösung.

Bei der weiteren Beschäftigung mit Datenmodellierung können Sie in Situationen geraten, in denen es so aussieht, als wäre es am besten, vom Sternschema abzuweichen. Tun Sie es trotzdem nicht. Sternschemata sind aus verschiedenen Gründen immer die nahezu beste Möglichkeit. Leider lassen sich die meisten dieser Gründe erst mit einer gewissen Erfahrung in Datenmodellierung richtig nachvollziehen. Solange Sie diese Erfahrung noch nicht haben, vertrauen Sie einfach den Zehntausenden von BI-Experten in aller Welt, die wissen, dass Sternschemata immer die nahezu beste Lösung darstellen.

Die Wichtigkeit von Namen

Wenn Sie ein Datenmodell aufbauen, laden Sie gewöhnlich Daten aus einer SQL Server-Datenbank oder einer anderen Quelle. Sehr wahrscheinlich haben die Entwickler dieser Datenquelle bereits eine Namenskonvention vorgesehen. Es gibt so viele verschiedene Namenskonventionen, dass man schon fast sagen kann, jeder Entwickler verwendet seine eigene.

Beim Aufbau von Data Warehouses verwenden manche Datenbankingenieure gern Präfixe wie *Dim* für Dimensionen und *Fact* für Faktentabellen. Daher finden Sie häufig Tabellen mit Namen wie *DimCustomer* und *FactSales*. Andere dagegen unterscheiden lieber zwischen Sichten und physischen Tabellen und verwenden *Vw* (»view«) für Sichten und *Tbl* für Tabellen. Wieder andere halten Namen für mehrdeutig und bevorzugen Zahlen, z. B. *Tbl_190_Sales*. Wir könnten noch viele weitere Möglichkeiten nennen, aber eines ist jetzt schon klar: Es gibt viele Normen, und jede weist ihre eigenen Vor- und Nachteile auf.

Wir können darüber diskutieren, ob diese Normen in der Datenbank irgendeinen Sinn haben, aber das würde den Rahmen dieses Buches sprengen. Stattdessen erklären wir, wie Sie mit solchen Normen in dem Datenmodell umgehen, das Sie in Power BI oder Excel untersuchen.

Sie müssen keiner technischen Norm folgen, sondern nur dem gesunden Menschenverstand und dabei die einfache Nutzung im Auge behalten. Beispielsweise wäre es ziemlich nervtötend, ein Datenmodell zu untersuchen, in dem die Tabellen umständliche Namen wie *VwDimCstmr* oder *Tbl_190_FactShpmnt* aufweisen. Solche Namen wirken unnatürlich und sind nicht aussagekräftig. Trotzdem finden wir sie sehr häufig in Datenmodellen. Und dabei geht es hier nur um die Tabellennamen! Bei den Spaltennamen wird der Mangel an Kreativität noch viel schlimmer. Wir können Ihnen nur raten, all diese Namen loszuwerden und aussagekräftige Namen zu verwenden, die deutlich machen, worum es sich bei der Dimension oder der Faktentabelle handelt.

Im Laufe der Jahre haben wir schon viele analytische Systeme konstruiert. Dabei haben wir einige einfache Regeln für Tabellen- und Spaltennamen aufgestellt:

- **Tabellennamen für Dimensionen sollten nur aus der Bezeichnung des Geschäftsguts in Singular- oder Pluralform bestehen** Kunden speichern sie daher in einer Tabelle namens *Kunde* oder *Kunden* (bzw. *Customer* oder *Customers*, wenn das Modell auch für Personen außerhalb des deutschen Sprachraums zugänglich sein soll), Produkte in *Produkt* oder *Produkte* (*Product* oder *Products*). Unserer Meinung nach ist die Singularform zu bevorzugen, da die Abfragen in natürlicher Sprache aus Power BI damit etwas besser funktionieren.
- **Besteht die Bezeichnung des Geschäftsguts aus mehreren Wörtern, so trennen Sie diese durch Groß- und Kleinschreibung** Das gilt natürlich vor allem für englische Tabellennamen. Produktkategorien speichern Sie nach dieser Regel in *ProductCategory*, das Lieferland in *CountryShip* oder *CountryShipment*. Statt der Binnenmajuskel können Sie auch Leerzeichen verwenden, also z. B. *Product Category*, allerdings wird es dadurch etwas schwieriger, DAX-Code zu schreiben. Letzten Endes ist das jedoch Geschmackssache.

- **Tabellennamen für Fakten bestehen aus dem Geschäftsnamen des Faktums, und zwar immer im Plural** Verkäufe werden daher in *Verkäufe* bzw. *Sales* gespeichert, Einkäufe in *Einkäufe* oder *Purchases*. Durch die Verwendung des Plurals verknüpfen Sie in Gedanken viel leichter einen Kunden (Tabelle *Kunde*) mit mehreren Verkäufen (Tabelle *Verkäufe*), was die Natur der 1:n-Beziehung schon auf den ersten Blick auf die Tabellen erkennen lässt.
- **Vermeiden Sie zu lange Namen** Namen wie *CountryOfShipmentOfGoodsWhenSoldByReseller* sind verwirrend. Niemand will so lange Namen lesen. Kürzen Sie sie sinnvoll, indem Sie auf überflüssige Wörter verzichten.
- **Vermeiden Sie zu kurze Namen** Abkürzungen und Akronyme sind zwar im Alltag allgegenwärtig, doch bei der Verwendung in Berichten ist nicht unbedingt klar, was sie bedeuten. Beispielsweise könnten Sie statt *Country of shipment for resellers* einfach *CSR* schreiben, aber jemand, der nicht ständig mit Ihnen zusammenarbeitet, wird nicht wissen, was das bedeuten soll. Denken Sie immer daran, dass Berichte vielen verschiedenen Benutzern zur Verfügung gestellt werden, von denen die meisten Ihre internen Abkürzungen nicht kennen.
- **Der Schlüssel einer Dimension ist der Dimensionsname gefolgt von *Key*** Der Primärschlüssel von *Customer* ist *CustomerKey*. Das Gleiche gilt auch für Fremdschlüssel. Dass eine Spalte ein Fremdschlüssel ist, lässt sich daran erkennen, dass sie in einer Tabelle mit einem anderen Namen gespeichert ist. Beispielsweise ist die Spalte *CustomerKey* in *Sales* ein Fremdschlüssel, der auf die Tabelle *Customer* verweist, während sie in *Customer* der Primärschlüssel ist.

Das sind nur sehr wenige Regeln. Alles andere können Sie selbst entscheiden. Lassen Sie bei den Namen aller anderen Spalten den gesunden Menschenverstand walten. Ein Datenmodell mit sorgfältig gewählten Namen lässt sich einfacher an andere weitergeben. Außerdem fällt es leichter, Fehler oder Probleme in dem Datenmodell zu finden, wenn Sie den üblichen Benennungskonventionen folgen.

Wenn Sie Zweifel über einen Namen haben, fragen Sie sich: »Kann irgendjemand außer mir diesen Namen verstehen?« Glauben Sie nicht, dass Sie der einzige Benutzer Ihrer Berichte sind! Früher oder später müssen Sie den Bericht anderen zur Verfügung stellen, die womöglich einen ganz anderen Hintergrund haben als Sie. Wenn diese Personen Ihre Namen verstehen, sind Sie auf dem richtigen Weg. Wenn nicht, müssen Sie die Namen in Ihrem Modell noch einmal überdenken.

Zusammenfassung

In diesem Kapitel haben Sie die folgenden Grundlagen der Datenmodellierung gelernt:

- Eine einzelne Tabelle ist bereits ein Datenmodell, wenn auch in einfachster Form.
- Wenn Sie nur eine einzige Tabelle haben, müssen Sie die Granularität der Daten festlegen. Die Wahl der richtigen Granularität macht die Berechnungen viel einfacher.
- Der Unterschied zwischen der Arbeit mit einer einzigen und mit mehreren Tabellen besteht darin, dass mehrere Tabellen durch Beziehungen verknüpft sind.
- In einer Beziehung gibt es eine *1-Seite* und eine *n-Seite*, was angibt, auf wie viele Zeilen Sie wahrscheinlich stoßen, wenn Sie der Beziehung folgen. Da es jeweils nur ein Produkt für Verkäufe gibt, ist die Produkttabelle die 1-Seite und die Verkaufstabelle die n-Seite.
- Eine Tabelle, die das Ziel einer Beziehung ist, muss über einen Primärschlüssel verfügen. Das ist eine Spalte mit eindeutigen Werten, die zur Identifizierung einer einzelnen Zeile verwendet werden können. Ist kein Schlüssel vorhanden, kann die Beziehung nicht definiert werden.
- In einem normalisierten Modell sind die Daten in den Tabellen sehr kompakt gespeichert, da ein und derselbe Wert nicht in mehreren Zeilen wiederholt wird. Allerdings erhöht sich bei dieser Struktur die Anzahl der Tabellen.
- In einem denormalisierten Modell gibt es viele Wiederholungen (z. B. wird die Bezeichnung *Rot* bei jedem roten Produkt angegeben), dafür aber weniger Tabellen.
- Normalisierte Modelle werden für OLTP verwendet, denormalisierte Modelle dagegen für die Datenanalyse.
- In einem typischen analytischen Modell wird zwischen Informationsgütern (Dimensionen) und Ereignissen (Fakten) unterschieden. Durch die Klassifizierung aller Entitäten in dem Modell als entweder Fakten oder Dimensionen erhält das Modell die Form eines Sternschemas. Sternschemata sind die am häufigsten verwendete Architektur für analytische Modelle, und das aus gutem Grunde: Sie funktionieren fast immer.

KAPITEL 2

Header/Detail-Tabellen

Da Sie nun die Grundlagen der Datenmodellierung kennen, können wir mit der ersten von vielen praktischen Anwendungen beginnen, nämlich mit dem Einsatz von Header/Detail-Tabellen, was ziemlich oft vorkommt. Diese Tabellen sind für sich genommen nicht weiter kompliziert. Allerdings gibt es einige nicht so offensichtliche Schwierigkeiten, wenn Sie Berichte mischen, die Zahlen auf den beiden unterschiedlichen Ebenen aggregieren.

Zu den Beispielen für Header/Detail-Modelle zählen Rechnungen oder Bestellungen mit ihren jeweiligen Zeilen. Auch Stücklisten werden gewöhnlich in Form von Header/Detail-Tabellen modelliert. Ein weiteres Beispiel wäre die Modellierung von Teams. Auch dabei haben Sie zwei verschiedene Ebenen, nämlich die des Teams und die der Mitglieder.

Header/Detail-Tabellen sind etwas anderes als die übliche hierarchische Ordnung von Dimensionen, etwa die natürliche Hierarchie von Produkten, Unterkategorien und Kategorien. Dabei haben Sie zwar auch drei Ebenen von Daten, aber kein Header/Detail-Muster. Eine Header/Detail-Struktur entsteht durch eine Hierarchie der Ereignisse, also der Faktentabellen. Sowohl eine Bestellung als auch ihre Zeilen sind Fakten, wenn auch mit unterschiedlichen Granularitäten, wohingegen es sich bei Produkten, Kategorien und Unterkategorien um Dimensionen handelt. Formal ausgedrückt treten Header/Detail-Tabellen bei Beziehungen zwischen zwei Faktentabellen auf.

Einführung

Als Beispiel haben wir ein Header/Detail-Muster aus der Contoso-Datenbank erstellt. Das Datenmodell sehen Sie in Abbildung 2–1.

Dieses Modell wirkt wie ein abgewandeltes Sternschema. Wenn Sie sich *SalesHeader* und *SalesDetail* jeweils für sich mit ihren zugehörigen Tabellen ansehen, dann haben Sie tatsächlich zwei Sternschemata. Bei der Kombination jedoch geht die Sternform durch die Verbindung zwischen *SalesHeader* und *SalesDetail* verloren. Diese Beziehung widerspricht dem üblichen Aufbau von Sternschemata, da sowohl die Header- als auch die Detailtabelle Faktentabellen sind. Gleichzeitig aber dient die Headertabelle auch als Dimension für die Detailtabelle.

Man könnte meinen, dass wir ein Schneeflockenschema hätten, wenn wir *SalesHeader* als Dimension und nicht als Faktentabelle ansehen. Wenn wir dann noch sämtliche Spalten von *Date*, *Customer* und *Store* in *SalesHeader* normalisierten, hätten wir wieder ein perfektes Sternschema. Es gibt jedoch zwei Dinge, die dagegen sprechen. Erstens enthält *SalesHeader* die Metrik *TotalDiscount*. Sehr wahrscheinlich werden die Werte von *TotalDiscount* nach Kunden aggregiert. Das Vorhandensein einer Metrik ist ein Zeichen dafür, dass es sich bei der Tabelle eher um eine Faktentabelle als um eine Dimension handelt. Der zweite und noch wichtigere Punkt ist, dass es einen Modellierungsfehler darstellt, *Customer*, *Date* und *Store* durch Denormalisierung ihrer Attribute in *SalesOrderHeader* alle in dieselbe Dimension zu denormalisieren. Alle drei Dimensionen haben eine Bedeutung als Geschäftsgüter von Contoso, doch wenn Sie ihre Attribute in einer einzigen Dimension vermischen, um ein Sternschema herzustellen, würde das Modell zu unübersichtlich.

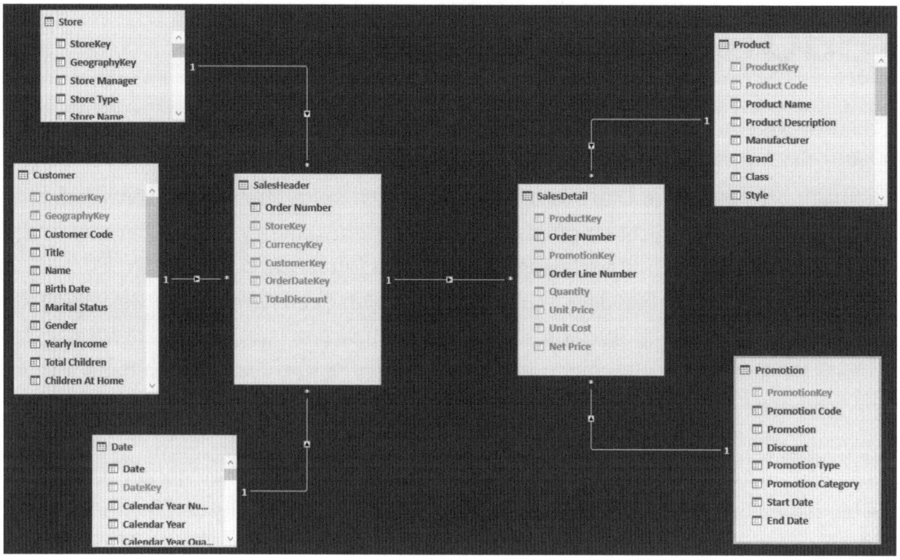

Abbildung 2–1 *SalesHeader* und *SalesDetail* als Beispiel für Header/Detail-Tabellen

Wie Sie in diesem Kapitel lernen werden, besteht die richtige Lösung bei einem solchen Schema nicht darin, die mit der Headertabelle verknüpften Dimensionen zu einer einzigen neuen Dimension zu denormalisieren, selbst wenn sich das als vermeintlich gute Idee aufträgt. Die beste Lösung ist es, den Header zu reduzieren und in die Detailtabelle aufzunehmen und dabei die Granularität zu erhöhen. Mehr darüber erfahren Sie weiter hinten in diesem Kapitel.

Werte aus dem Header aggregieren

Abgesehen von ästhetischen Problemen (kein perfektes Sternmuster) müssen Sie sich bei Header/Detail-Modellen Gedanken über die Leistung und vor allem darüber machen, wie Sie Berechnungen mit der richtigen Granularität ausführen. Sehen wir uns das Beispiel dazu etwas ausführlicher an.

Sie können problemlos beliebige berechnete Felder (*Measures*) auf Detailebene erstellen (z. B. Summe der verkauften Einheiten oder Summe der Verkaufsbeträge). Die Schwierigkeiten beginnen jedoch, wenn Sie versuchen, Werte aus der Headertabelle zu aggregieren. Beispielsweise können Sie mit dem folgenden Code ein berechnetes Feld für den Rabattwert erstellen, der in der Headertabelle gespeichert ist:

```
DiscountValue := SUM ( SalesHeader[TotalDiscount] )
```

Der Rabatt ist im Header gespeichert, da er zum Zeitpunkt des Verkaufs über die gesamte Bestellung berechnet wird. Mit anderen Worten, der Rabatt wird für die gesamte Bestellung und nicht für jede einzelne Zeile gewährt. Das berechnete Feld *DiscountValue* funktioniert so lange, wie Sie es mit Datenschnitten anhand von Attributen einer Dimension filtern, die direkt mit *SalesHeader* verknüpft ist. Die Pivottabelle aus Abbildung 2–2 funktioniert daher tadellos: Sie filtert den Rabatt nach Kontinent (Spalte *Continent* in der Tabelle *Store*, die mit *SalesHeader* verknüpft ist) und Jahr (Spalte *Year* in *Date*, ebenfalls mit *SalesHeader* verknüpft).

DiscountValue	Column Labels			
Row Labels	CY 2007	CY 2008	CY 2009	Grand Total
Asia	$56,282.74	$52,457.75	$42,562.23	$151,302.72
Europe	$52,153.03	$25,881.80	$32,700.45	$110,735.27
North America	$50,070.90	$42,118.73	$41,404.66	$133,594.29
Grand Total	**$158,506.66**	**$120,458.29**	**$116,667.34**	**$395,632.29**

Abbildung 2–2 Der Rabatt kann nach Jahr und Kontinent gefiltert werden, was diese Pivottabelle ergibt.

Sobald Sie aber ein Attribut einer Dimension verwenden, die nicht direkt mit *SalesHeader* verknüpft ist, funktioniert das berechnete Feld nicht mehr. Wenn Sie den Datenschnitt beispielsweise anhand der Farbe des Produkts durchführen, erhalten Sie das Ergebnis aus Abbildung 2–3. Der Filter nach Jahren funktioniert nach wie vor wie im vorherigen Beispiel, doch der Filter nach Farbe wiederholt in jeder Zeile denselben Wert. In gewissem Sinne ist diese Zahl korrekt, denn es handelt sich um den in der Headertabelle gespeicherten Rabatt, der schließlich keinen Bezug zu irgendeinem Produkt hat. Die Produkte sind mit der Detailtabelle verknüpft, und ein im Header gespeicherter Rabatt soll nicht nach Produkten gefiltert werden.

DiscountValue	Column Labels			
Row Labels	CY 2007	CY 2008	CY 2009	Grand Total
Azure	$158,506.66	$120,458.29	$116,667.34	$395,632.29
Black	$158,506.66	$120,458.29	$116,667.34	$395,632.29
Blue	$158,506.66	$120,458.29	$116,667.34	$395,632.29
Brown	$158,506.66	$120,458.29	$116,667.34	$395,632.29
Gold	$158,506.66	$120,458.29	$116,667.34	$395,632.29
Green	$158,506.66	$120,458.29	$116,667.34	$395,632.29
Grey	$158,506.66	$120,458.29	$116,667.34	$395,632.29
Orange	$158,506.66	$120,458.29	$116,667.34	$395,632.29
Pink	$158,506.66	$120,458.29	$116,667.34	$395,632.29
Purple	$158,506.66	$120,458.29	$116,667.34	$395,632.29
Red	$158,506.66	$120,458.29	$116,667.34	$395,632.29
Silver	$158,506.66	$120,458.29	$116,667.34	$395,632.29
Silver Grey	$158,506.66	$120,458.29	$116,667.34	$395,632.29
Transparent	$158,506.66	$120,458.29	$116,667.34	$395,632.29
White	$158,506.66	$120,458.29	$116,667.34	$395,632.29
Yellow	$158,506.66	$120,458.29	$116,667.34	$395,632.29
Grand Total	**$158,506.66**	**$120,458.29**	**$116,667.34**	**$395,632.29**

Abbildung 2–3 Wenn Sie den Rabatt nach Produktfarbe filtern, erscheint in jeder Zeile dieselbe Zahl.

Ähnliche Probleme treten bei den anderen in der Headertabelle gespeicherten Werten auf. Denken Sie beispielsweise an die Frachtkosten. Die Lieferkosten für eine Bestellung hängen nicht mit den einzelnen darin enthaltenen Produkten zusammen, sondern gelten pauschal für die Lieferung und haben daher keine Beziehung zur Detailtabelle.

In manchen Situationen ist dieses Verhalten korrekt. Die Benutzer wissen, dass manche berechnete Felder einfach nicht nach sämtlichen Dimensionen gefiltert werden können, da dies zur Berechnung falscher Werte führen würde. Allerdings wollen wir in diesem besonderen Fall den durchschnittlichen prozentualen Rabatt für jedes Produkt berechnen und dann diese Informationen aus der Headertabelle gewinnen. Das ist etwas komplizierter, als es auf den ersten Blick erscheint, und das liegt an dem Datenmodell.

Wenn Sie Power BI oder Analysis Services Tabular 2016 oder höher verwenden, können Sie eine bidirektionale Filterung einsetzen. Das bedeutet, dass Sie das Modell anweisen können, den Filter von *SalesDetail* zu *SalesHeader* weiterzuleiten. Bei der Filterung nach einem Produkt (oder einer Produktfarbe) gilt der Filter dann sowohl in *SalesHeader* als auch in *SalesDetail* und zeigt nur die Bestellungen an, die Produkte der entsprechenden Farbe enthalten. Abbildung 2–4 zeigt das Modell mit bidirektionaler Filterung für die Beziehung zwischen *SalesHeader* und *SalesDetail*.

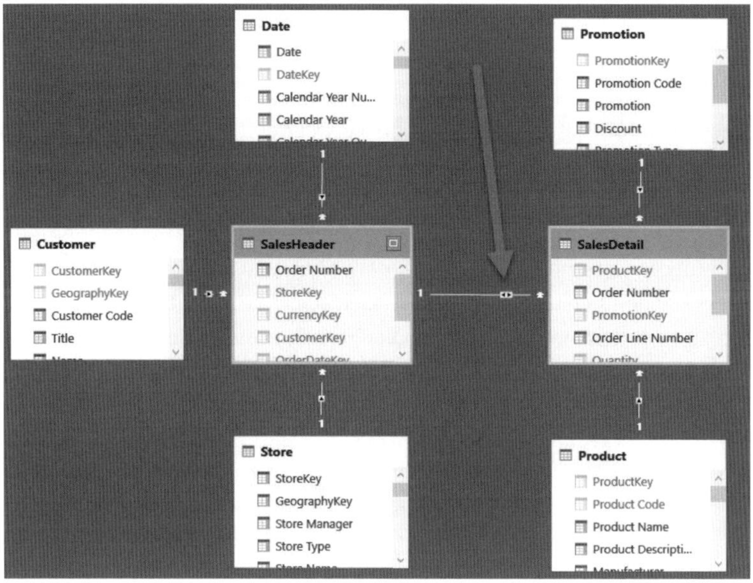

Abbildung 2–4 Mit bidirektionaler Filterung können Sie den Filter in beide Richtungen der Beziehungen weiterleiten.

In Excel können Sie im Datenmodell keine bidirektionale Filterung vornehmen. Allerdings können Sie das gleiche Ergebnis erzielen, indem Sie das berechnete Feld mit dem folgenden Code abwandeln, der einem bidirektionalen Muster folgt (mehr darüber in Kapitel 8, »m:n-Beziehungen«):

```
DiscountValue :=
CALCULATE (
   SUM ( SalesHeader[TotalDiscount] ),
   CROSSFILTER ( SalesDetail[Order Number], SalesHeader[Order Number], BOTH )
)
```

Es scheint so, als reiche eine kleine Änderung am Datenmodell (Nutzung der bidirektionalen Filterung für die Beziehung) oder der Formel (Verwendung eines bidirektionalen Musters), um das Problem zu lösen. Doch leider führen keine dieser Maßnahmen dazu, dass ein sinnvoller Wert berechnet wird. Genauer ausgedrückt, sie ergeben zwar einen sinnvollen Wert, aber einen, der eine ganz andere Bedeutung hat, als wir erwarten.

Beide Techniken verschieben den Filter von *SalesDetails* zu *SalesHeader*, aggregieren dann aber den Gesamtrabatt für alle Bestellungen, die die ausgewählten Produkte enthalten. Das Problem wird deutlich, wenn Sie einen Bericht erstellen, der eine Filterung nach Marke (ein Attribut von *Product*, indirekt verknüpft mit *SalesHeader*) und Jahr (ein Attribut von *Date*, direkt verknüpft mit *SalesHeader*) durchführt. Das Ergebnis sehen Sie in Abbildung 2–5. Wie Sie sehen, ist die Summe in den hervorgehobenen Zellen größer als die Gesamtsumme.

Das Problem ist, dass Sie für jede Marke den Gesamtrabatt aller Bestellungen berechnen, die mindestens ein Produkt dieser Marke enthalten. Umfasst eine Bestellung Produkte unterschiedlicher Marken, wird der Rabatt für jede dieser Marken gezählt. Daher stimmt die Summe der Zahlen für die einzelnen Marken nicht mit der Gesamtsumme überein. Die Gesamtsumme gibt die korrekte Summe der Rabatte wieder, doch bei den Zahlen für die einzelnen Marken erhalten Sie eine Zahl, die größer ist als erwartet.

DiscountValue	**Column Labels**			
Row Labels	**CY 2007**	**CY 2008**	**CY 2009**	**Grand Total**
A. Datum	$23,396.50	$6,625.26	$6,818.09	$36,839.84
Adventure Works	$31,014.00	$11,358.74	$10,899.31	$53,272.05
Contoso	$51,975.46	$24,946.38	$28,580.97	$105,502.81
Fabrikam	$14,426.09	$22,265.30	$17,478.13	$54,169.52
Litware	$13,876.12	$17,539.56	$14,796.98	$46,212.66
Northwind Traders	$21,013.75	$3,754.67	$5,361.97	$30,130.39
Proseware	$12,812.25	$9,740.69	$15,318.93	$37,871.87
Southridge Video	$23,171.83	$4,380.71	$4,788.64	$32,341.19
Tailspin Toys	$1,029.51	$707.81	$1,775.78	$3,513.10
The Phone Company	$4,027.90	$7,067.17	$6,330.28	$17,425.35
Wide World Importers	$7,125.39	$19,366.80	$14,494.74	$40,986.93
Grand Total	**$158,506.66**	**$120,458.29**	**$116,667.34**	**$395,632.29**

Abbildung 2–5 In dieser Pivottabelle beträgt die Summe der hervorgehobenen Zellen 458.265,70 $, was mehr ist als die Gesamtsumme.

Dies ist ein Beispiel für Fehlberechnungen, die sich nicht so leicht erkennen lassen. Bevor wir fortfahren, wollen wir uns daher genau ansehen, was hier geschieht. Nehmen wir an, Sie haben zwei Bestellungen, eine für Äpfel und Orangen, die andere für Äpfel und Pfirsiche. Wenn Sie eine bidirektionale Filterung nach Produkt durchführen, macht der Filter die Apfelzeilen beider Bestellungen sichtbar, sodass als Gesamtrabatt die Summe der beiden Bestellungen genommen wird. Bei der Filterung nach Orangen oder Pfirsichen dagegen ist nur eine Bestellung sichtbar. Gibt es für die beiden Bestellungen also einen Rabatt von 10 bzw. 20, dann sehen Sie drei Zeilen: Äpfel 30, Orangen 10 und Pfirsiche 20. Die Gesamtsumme dagegen ist 30, nämlich die Summe der Rabatte in beiden Bestellungen.

Die Formel an sich ist nicht falsch. Wenn Sie noch nicht daran gewöhnt sind, Fehler im Datenmodell zu erkennen, werden Sie gewöhnlich glauben, die Formel sei falsch, wenn sie nicht die korrekte Zahl liefert. Das mag zwar oft stimmen, aber nicht immer. In Situationen wie dieser liegt der Fehler nicht am Code, sondern am Modell. Das Problem ist, dass DAX genau das berechnet, was Sie verlangen; allerdings ist das nicht das, was Sie wirklich haben wollen.

Eine Änderung des Datenmodells lediglich durch Modifizieren der Beziehung ist nicht die richtige Vorgehensweise. Wir müssen eine andere Lösung finden. Da der Rabatt als Gesamtwert in der Headertabelle gespeichert ist, können Sie nur diesen Wert aggregieren, und das ist die eigentliche Fehlerquelle. Was fehlt, ist eine Spalte mit dem Rabatt für eine einzelne Zeile der Bestellung. Wenn es eine solche Spalte gäbe, könnten Sie nach einem Produktattribut filtern und den richtigen Wert erhalten. Wir haben es hier wieder einmal mit einem Problem der Granularität zu tun. Wenn Sie eine Filterung nach Produkt durchführen möchten, muss der Rabatt eine Granularität auf der Ebene der Bestelldetails aufweisen. Zurzeit aber hat er nur eine Granularität auf der Ebene des Bestellheaders, was für die vorgesehene Berechnung falsch ist.

Auch auf die Gefahr hin, pedantisch zu erscheinen, möchten wir noch einen wichtigen Punkt hervorheben: Der Rabattwert muss keine Granularität auf Produktebene aufweisen, sondern auf *SalesDetail*-Ebene. Das können unterschiedliche Granularitäten sein, etwa wenn es zwei Zeilen in der Detailtabelle gibt, die zu derselben Bestellung gehören und dieselbe Produkt-ID aufweisen. Wie können Sie ein solches Ergebnis erzielen? Das ist einfacher, als Sie vielleicht glauben, sobald Sie das Problem erkannt haben. Sie können in *SalesHeader* eine Spalte berechnen, die den Gesamtrabatt durch die Bestellsumme dividiert. Da die Bestellsumme in Ihrem Modell nicht in *SalesHeader* gespeichert ist, können Sie diese Berechnung im laufenden Betrieb ausführen, indem Sie die zugehörige Detailtabelle durchlaufen. Wie das geht, zeigt die folgende Formel für eine berechnete Spalte in *SalesHeader*:

```
SalesHeader[DiscountPct] =
DIVIDE (
   SalesHeader[TotalDiscount],
   SUMX (
      RELATEDTABLE ( SalesDetail ),
      SalesDetail[Unit Price] * SalesDetail[Quantity]
   )
)
```

Das Ergebnis sehen Sie in Abbildung 2–6. Die Tabelle *SalesHeader* hat hier eine neue Spalte, die als Prozentwert formatiert ist, um das Verständnis zu erleichtern.

Order Number	StoreKey	CurrencyKey	CustomerKey	OrderDateKey	TotalDiscount	DiscountPct
20080604724008	307	1	13009	20080604	€ 0.54	10.00%
200805105CS561	307	1	19098	20080510	€ 13.99	10.00%
20070605820430	307	1	9431	20070605	€ 181.80	10.00%
20070510215734	307	1	4735	20070510	€ 32.90	10.00%
200801156CS531	307	1	19092	20080115	€ 311.99	15.00%
200704013CS473	307	1	19082	20070401	€ 698.60	20.00%
20071115726159	307	1	15160	20071115	€ 1.33	15.00%
200905028CS712	307	1	19122	20090502	€ 97.80	10.00%
20070422714011	307	1	3012	20070422	€ 5.59	20.00%
200902218CS699	307	1	19116	20090221	€ 335.98	20.00%
20070213824162	307	1	13163	20070213	€ 307.36	20.00%
200902076CS697	307	1	19115	20090207	€ 12.20	20.00%
20071227722905	307	1	11906	20071227	€ 13.91	15.00%
20080414822856	307	1	11857	20080414	€ 363.78	20.00%

Abbildung 2–6 Die Spalte *DiscountPct* berechnet den prozentualen Rabatt für die Bestellung.

Wenn Sie diese Spalte haben, wissen Sie, dass die einzelnen Zeilen einer Bestellung alle denselben prozentualen Wert für den Rabatt aufweisen. Daher können Sie den Rabattbetrag für die einzelnen Zeilen dadurch berechnen, dass Sie sämtliche Zeilen der Tabelle *SalesDetail* durchlaufen. Der Rabatt für eine Zeile ergibt sich dabei jeweils durch die Multiplikation des prozentualen Rabatts im Header mit dem jeweiligen Verkaufsbetrag. Dazu verwenden Sie den folgenden Code, der die frühere Version von *DiscountValue* ersetzt:

```
[DiscountValueCorrect] =
SUMX (
   SalesDetail,
   RELATED ( SalesHeader[DiscountPct] ) * SalesDetail[Unit Price] *
             SalesDetail[Quantity]
)
```

Bei dieser Formel muss die Beziehung zwischen *SalesHeader* und *SalesDetail* auch nicht mehr bidirektional sein. In der Demodatei haben wir sie bidirektional gelassen, da wir beide Werte zusammen zeigen wollten. In Abbildung 2–7 sehen Sie die beiden berechneten Felder nebeneinander. *DiscountValueCorrect* gibt kleinere Werte aus, deren Summe auch tatsächlich die Gesamtsumme ergibt.

Row Labels	DiscountValue	DiscountValueCorrect
A. Datum	$36,839.84	$26,489.32
Adventure Works	$53,272.05	$47,608.89
Contoso	$105,502.81	$89,994.41
Fabrikam	$54,169.52	$49,618.90
Litware	$46,212.66	$43,991.90
Northwind Traders	$30,130.39	$29,794.45
Proseware	$37,871.87	$34,436.21
Southridge Video	$32,341.19	$17,100.27
Tailspin Toys	$3,513.10	$3,513.10
The Phone Company	$17,425.35	$17,287.23
Wide World Importers	$40,986.93	$35,797.62
Grand Total	**$395,632.29**	**$395,632.29**

Abbildung 2–7 Die beiden berechneten Felder nebeneinander, sodass Sie die Unterschiede erkennen können. Die Summe der korrekten Werte ist jetzt auch gleich der Gesamtsumme.

Eine andere Möglichkeit – mit einer einfacheren Berechnung – besteht darin, in *SalesDetail* eine berechnete Spalte mit dem folgenden Ausdruck zu erstellen. Dabei handelt es sich um den Rabattwert für eine einzelne Zeile, der in *SalesDetail* vorab berechnet wird:

```
SalesDetail[LineDiscount] =
   RELATED ( SalesHeader[DiscountPct] ) *
   SalesDetail[Unit Price] *
   SalesDetail[Quantity]
```

Jetzt können Sie den Rabattwert einfach dadurch berechnen, dass Sie die Einträge in der Spalte *LineDiscount* summieren, die bereits die korrekten Rabatte für die einzelnen Zeilen enthalten.

Diese Vorgehensweise zeigt noch deutlicher, was wir hier eigentlich getan haben: Wir haben den Rabatt aus der Tabelle *SalesHeader* in die Tabelle *SalesDetail* denormalisiert. Abbildung 2–8 zeigt die beiden Faktentabellen nach dem Hinzufügen der berechneten Spalte *LineDiscount*.

SalesHeader enthält jetzt keinen Wert mehr, der unmittelbar zu einem berechneten Feld aggregiert wird. Die einzigen Metriken in *SalesHeader* sind *TotalDiscount* und *DiscountPtc*, die wir zur Berechnung von *LineDiscount* in *SalesDetail* benötigen. Diese beiden Spalten sollten verborgen werden, da sie für die Analyse nicht sinnvoll sind; es sei denn, Sie wollen die Daten nach *DiscountPct* filtern. Wenn Sie das vorhaben, ist es sinnvoll, die Spalte sichtbar zu lassen.

Welche Schlussfolgerungen können wir aus diesem Modell ziehen? Denken Sie genau darüber nach. Da die Metrik, die zuvor in *SalesHeader* vorhanden war, nun in *SalesDetail* denormalisiert wurde, können wir *SalesHeader* als eine Dimension auffassen. Diese Dimension aber weist Beziehungen zu anderen Dimensionen auf, was bedeutet, dass wir das Modell in eine Schneeflocke umgewandelt haben, in der Dimensionen über andere Dimensionen mit der Faktentabelle verknüpft sind. Schneeflocken sind zwar nicht die ideale Wahl, was die Leistung und die Analyse angeht, aber sie funktionieren und stellen gültige Modelle dar. In diesem Fall ist die Schneeflocke sinnvoll, da die einzelnen Dimensionen in den Beziehungen alle Betriebsgüter des Geschäfts sind. Es mag in diesem Beispiel nicht so offensichtlich sein, aber wir haben das Problem durch eine Vereinfachung des Datenmodells gelöst.

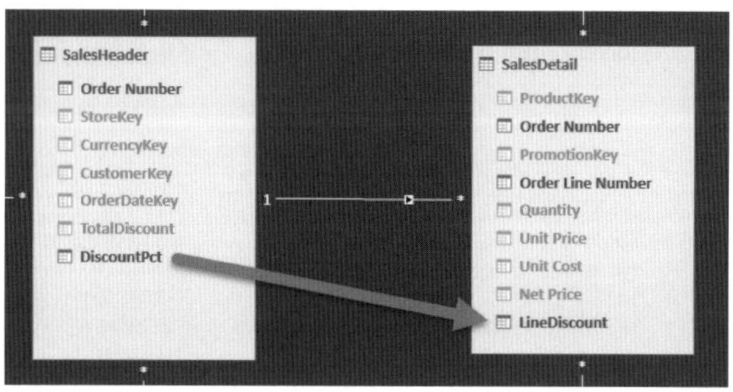

Abbildung 2–8 Die Spalten *DiscoutPct* und *TotalDiscount* dienen zur Berechnung von *LineDiscount*.

Bevor wir das Beispiel abschließen, wollen wir das Gelernte zusammenfassen:

- In Header/Detail-Modellen dient die Headertabelle gleichzeitig als Dimension zum Filtern nach Details und als Faktentabelle, wenn wir Werte mit einer Granularität auf Headerebene summieren müssen.
- Wenn Sie Headerwerte summieren, werden Filter von Dimensionen, die mit der Detailtabelle verknüpft sind, nur dann angewandt, wenn Sie die bidirektionale Filterung anwenden oder ein m:n-Muster nutzen.
- Sowohl bidirektionale Filter als auch bidirektionale DAX-Muster summieren die Werte mit Granularität auf Headerebene, was zu Einzelsummen führt, deren Summe nicht gleich der Gesamtsumme ist. Das kann unter Umständen ein Problem sein. Hier war es eines, weshalb wir es lösen mussten.
- Um das Summierungsproblem zu lösen, können Sie die in der Headertabelle gespeicherten Gesamtwerte als Prozentwerte in die Detailtabelle verschieben. Dort können sie dann auf einfache Weise summiert und nach einer beliebigen Dimension gefiltert werden. Mit anderen Worten, Sie denormalisieren den Wert mit der korrekten Granularität, um das Modell leichter verwendbar zu machen.

Erfahrene Datenmodellierer hätten dieses Problem übrigens schon vor dem Erstellen des berechneten Felds erkannt. Wie? Wie wir zu Anfang gesehen haben, enthielt das Modell eine Tabelle, die weder eine Faktentabelle noch eine Dimension war. Wenn es nicht leicht erkennbar ist, ob eine Tabelle zum Filtern oder zum Aggregieren gut ist, dann wissen Sie, dass die Gefahr komplizierter Berechnungen droht.

Header/Detail-Tabellen reduzieren

In dem vorherigen Beispiel haben wir einen einzelnen Wert (den Rabatt) aus der Header- in die Detailtabelle denormalisiert, indem wir ihn zunächst als Prozentwert im Header berechnet und diesen Wert dann von der Header- in die Detailtabelle verschoben haben. Diesen Vorgang können wir auch für alle anderen Spalten in der Headertabelle ausführen, also für *StoreKey*, *PromotionKey*, *CustomerKey* usw. Diese extreme Denormalisierung wird als *Reduzieren* bezeichnet, da Sie dabei ein Modell mit mehreren Faktentabellen (in unserem Fall zwei) in eines mit einer einzigen Faktentabelle umwandeln, die alle diese Informationen enthält.

Die Reduzierung eines Modells erfolgt gewöhnlich mithilfe von SQL-Abfragen oder M-Code im Abfrage-Editor von Excel oder Power BI Desktop, bevor die Daten in das Modell geladen werden. Wenn Sie Daten aus einem Data Warehouse laden, hat sehr wahrscheinlich schon eine Reduzierung stattgefunden, bevor sie in das Warehouse aufgenommen wurden. Es ist jedoch nützlich, sich einmal die Unterschiede zwischen dem Abfragen und Verwenden eines reduzierten und eines strukturierten Modells anzusehen.

In dem Beispiel in diesem Abschnitt haben wir etwas sehr Sonderbares getan. Das ursprüngliche Modell war nämlich bereits reduziert. Zur Demonstration haben wir daraus ein strukturiertes Header/Detail-Modell erstellt, das wir später mithilfe von M-Code in Power BI Desktop wieder in die ursprüngliche reduzierte Struktur umwandeln. Das haben wir gemacht, um den Vorgang der Reduzierung vorzuführen. In der Praxis hätten wir natürlich gleich das reduzierte Modell geladen, anstatt diesen komplizierten Umweg zu gehen.

Das Ausgangsmodell haben Sie in Abbildung 2–1 gesehen. Abbildung 2–9 zeigt das reduzierte Modell. Es ist ein reines Sternschema, bei dem praktisch alle Spalten von *SalesHeader* in *Sales* denormalisiert wurden.

In der Abfrage zum Laden der Tabelle *Sales* führen wir folgende Schritte aus:

1. Wir verknüpfen *SalesHeader* und *SalesDetail* auf der Grundlage von *OrderNumber* und fügen die zugehörigen Spalten von *SalesHeader* zu *Sales* hinzu.
2. Wir erstellen eine neue verborgene Abfrage, um aus *SalesDetail* die gesamte Bestellung zu berechnen, und verknüpfen diese Abfrage mit *Sales*, um die gesamte Bestellung abzurufen.
3. Wir fügen eine Spalte hinzu, die den Zeilenrabatt auf die gleiche Weise berechnet wie in dem vorherigen Beispiel. Diesmal jedoch verwenden wir M-Code statt DAX.

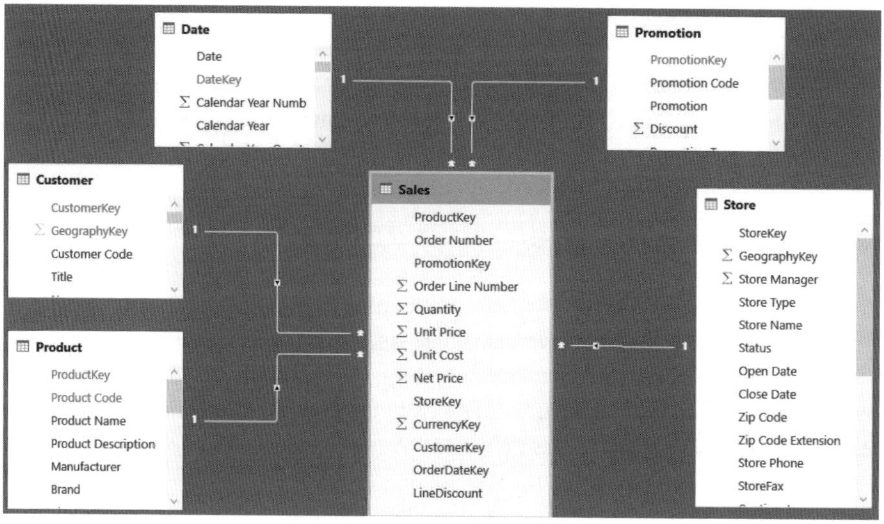

Abbildung 2–9 Nach der Reduzierung weist das Modell wieder eine reine Sternform auf.

Nach der Ausführung dieser drei Schritte haben Sie ein perfektes Sternschema mit all den damit verbundenen Vorteilen. Die Reduzierung von Fremdschlüsseln wie *CustomerKey* und *OrderDateKey* zu Dimensionen ist einfach, da Sie den Wert lediglich kopieren müssen. Dagegen ist für die Reduzierung von Metriken wie dem Rabatt gewöhnlich irgendeine Form von Neuzuordnung erforderlich. In diesem Beispiel haben wir den Rabatt als identische Prozentwerte zu allen Zeilen zugeordnet. (Anders ausgedrückt, wir haben ihn mit dem Zeilenbetrag als Gewichtung zugeordnet.)

Der einzige Nachteil dieser Architektur besteht darin, dass Sie aufpassen müssen, wenn Sie Werte auf der Grundlage der Spalten berechnen müssen, die ursprünglich im Header gespeichert waren. Was bedeutet das genau? Nehmen wir an, Sie wollen die Anzahl der Bestellungen zählen. Im ursprünglichen Modell können Sie dazu einfach wie folgt ein berechnetes Feld erstellen:

```
NumOfOrders := COUNTROWS ( SalesHeader )
```

Dieses berechnete Feld ist sehr einfach. Im Grunde genommen zählt es, wie viele Zeilen im Kontext des aktuellen Filters in der Tabelle *SalesHeader* sichtbar sind. Das funktioniert, da in *SalesHeader* die Bestellungen genau den Zeilen in der Tabelle entsprechen: Für jede Bestellung gibt es eine Zeile. Durch Zählen der Zeilen können wir deshalb die Anzahl der Bestellungen bestimmen.

Bei der Verwendung eines reduzierten Modells gibt es diese einfache Zuordnung aber nicht mehr. Wenn Sie bei dem Modell in Abbildung 2–9 die Zeilen zählen, erhalten Sie die Anzahl der Bestellzeilen, die gewöhnlich viel größer ist als die der Bestellungen. Um im reduzierten Modell die Anzahl der Bestellungen zu ermitteln, müssen Sie die diskrete Anzahl von Einträgen in der Spalte *Order Number* bestimmen, wie der folgende Code zeigt:

```
NumOfOrders := DISTINCTCOUNT ( Sales[Order Number] )
```

Diese Vorgehensweise funktioniert natürlich für jedes Attribut, das Sie von der Header- in die reduzierte Tabelle verlagert haben. Da die DAX-Funktion für die diskrete Anzahl sehr schnell läuft, ist dies bei Modellen mittlerer Größe kein Problem. (Bei sehr umfangreichen Tabellen kann es zu einem Problem werden, aber das ist nicht die typische Größe für BI-Modelle zur selbstständigen Untersuchung.)

Eine weitere Einzelheit, die wir bereits erläutert haben, ist die Zuweisung der Werte. Wenn wir den Gesamtrabatt der Bestellung von der Headertabelle in die einzelnen Zeilen verlegen, führen wir die Zuweisung mit prozentualen Werten durch. Das ist nötig, damit Sie Werte aus den Zeilen aggregieren und auf die passende Gesamtsumme kommen können, was später erforderlich sein kann. Je nach Situation können Sie dabei verschiedene Zuweisungsmethoden verwenden. Beispielsweise können Sie Frachtkosten nach dem Gewicht des Artikels zuweisen, anstatt sie gleichmäßig auf alle Bestellzeilen zu verteilen. Dazu müssen Sie die Abfragen so abwandeln, dass die Zuweisung auf die gewünschte Weise erfolgt.

Beim Thema reduzierte Modelle müssen wir abschließend auch noch auf die Leistung kommen. Die meisten Analyse-Engines (auch SQL Server Analysis Services und damit Power BI und Power Pivot) sind hochgradig optimiert für Sternschemata mit kleinen Dimensionen und großen Faktentabellen. Im ursprünglichen normalisierten Modell haben wir *SalesHeader* als Dimension genutzt, um nach Verkaufsdetails zu filtern. Dabei aber haben wir eine möglicherweise umfangreiche Tabelle als Dimension verwendet. Als Faustregel sollten Dimensionen weniger als 100.000 Zeilen enthalten. Werden sie größer, kann sich eine Verschlechterung der Leistung bemerkbar machen. Die Reduzierung von *SalesHeader* in die Details ist eine gute Möglichkeit, um die Größe der Dimensionen zu verringern. Was die Leistung betrifft, ist die Reduzierung daher immer eine gute Vorgehensweise.

Zusammenfassung

In diesem Kapitel haben wir damit begonnen, uns verschiedene Möglichkeiten für den Aufbau von Datenmodellen anzusehen. Sie haben erfahren, dass ein und dieselbe Information mit Tabellen und Beziehungen auf unterschiedliche Weise gespeichert werden kann. Die Informationen sind dabei identisch; was sich unterscheidet, sind die Anzahl der Tabellen und die Art der Beziehungen zwischen ihnen. Allerdings kann die Wahl des falschen Modells die Berechnungen komplizierter machen, was bedeutet, dass die Zahlen auf unerwartete Weise aggregiert werden können.

Eine weitere wichtige Lektion, die Sie aus diesem Kapitel ziehen können, ist die Tatsache, dass es auf die Granularität ankommt. So konnten wir bei der Filterung nach Dimensionen, die mit einer einzelnen Bestellzeile verknüpft sind, den Rabatt als absoluten Wert nicht aggregieren. Nach der Umwandlung in einen Prozentwert wurde es jedoch möglich, einen Zeilenrabatt zu berechnen, der sich dann problemlos über jede Dimension aggregieren lässt.

KAPITEL 3

Mehrere Faktentabellen

Im vorherigen Kapitel habe Sie gelernt, wie Sie mit zwei Faktentabellen, nämlich einer Header- und einer Detailtabelle umgehen, die miteinander in Beziehung stehen. Die beste Möglichkeit, das Datenmodell zu vereinfachen, bestand darin, es stärker einem Sternschema anzunähern, da sich Berechnungen darin leichter durchführen lassen.

In diesem Kapitel gehen wir noch einen Schritt weiter und beschäftigen uns mit einer Situation, in der wir mehrere Faktentabellen haben, die jedoch nicht miteinander verknüpft sind. So etwas kommt sehr häufig vor. Nehmen Sie nur Verkäufe und Einkäufe als Beispiel. Beides sind Fakten mit einigen gemeinsamen Gütern (z. B. Produkten) und einigen, die nicht miteinander zusammenhängen (wie Kunden für Verkäufe und Lieferanten für Einkäufe).

Im Allgemeinen stellt die Verwendung mehrerer Faktentabellen kein Problem dar, wenn das Modell richtig entworfen ist und alles gut funktioniert. Schwieriger wird es, wenn die Faktentabellen nicht korrekt mit Zwischendimensionen verknüpft sind, wie Sie in den ersten Beispielen sehen werden, oder wenn Sie Kreuzfilter zwischen den Faktentabellen erstellen müssen. Letzteres lernen Sie in diesem Kapitel.

Denormalisierte Faktentabellen

Als erstes Beispiel sehen wir uns zwei Faktentabellen an, die sich wegen übermäßiger Denormalisierung nicht verknüpfen lassen. Wie Sie sehen werden, ist die Lösung dafür ganz einfach: Sie erstellen aus den unzusammenhängenden Tabellen ein Sternschema, damit das Modell wieder ordnungsgemäß funktionieren kann.

Zur Veranschaulichung beginnen wir mit einem sehr einfachen Datenmodell, das nur aus zwei Tabellen besteht, nämlich *Sales* und *Purchases*. Sie weisen fast die gleiche Struktur auf, sind aber vollständig denormalisiert, was bedeutet, dass sämtliche Informationen in diesen Tabellen gespeichert sind. Sie haben keine Beziehungen zu Dimensionen. Dieses Modell sehen Sie in Abbildung 3–1.

Diese Situation tritt häufig ein, wenn Sie zwei Abfragen vereinigen wollen, die Sie bereits für andere Zwecke eingesetzt haben. Jede der beiden Tabellen ist für sich genommen ein hervorragender Kandidat für die Analyse mit einer Excel-Pivottabelle. Probleme entstehen erst, wenn Sie die beiden Tabellen zu einem einzigen Modell verschmelzen und eine Analyse anhand von Zahlen durchführen, die Sie aus beiden Tabellen gewonnen haben.

Sehen wir uns das an einem Beispiel an. Nehmen wir an, Sie definieren mit dem folgenden DAX-Code die beiden berechneten Felder *Purchase Amount* und *Sales Amount*:

```
Purchase Amount := SUMX ( Purchases, Purchases[Quantity] * Purchases[Unit Cost] )
Sales Amount := SUMX ( Sales, Sales[Quantity] * Sales[Unit Price] )
```

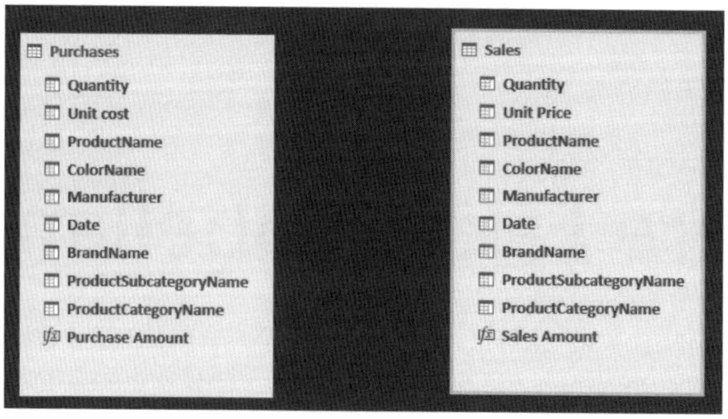

Abbildung 3–1 Die beiden Tabellen *Sales* und *Purchases* sind komplett denormalisiert und haben keinerlei Beziehung.

Sie wollen sich die Verkaufs- und Einkaufsmengen in einem einzigen Bericht ansehen und Berechnungen damit anstellen. Leider ist das nicht so einfach, wie es scheint. Wenn Sie beispielsweise den Hersteller aus *Purchases* in die Zeilen einer Pivottabelle stellen und beide berechnete Felder in die Werte, erhalten Sie das Ergebnis aus Abbildung 3–2. Der Wert von *Sales Amount* ist offensichtlich falsch, denn er ist für alle Zeilen identisch.

Row Labels	Purchase Amount	Sales Amount
A. Datum Corporation	2,533,963.42	30,202,685.54
Adventure Works	6,048,167.59	30,202,685.54
Contoso, Ltd	12,314,395.68	30,202,685.54
Fabrikam, Inc.	10,003,071.13	30,202,685.54
Litware, Inc.	6,377,548.93	30,202,685.54
Northwind Traders	1,713,836.80	30,202,685.54
Proseware, Inc.	5,305,305.29	30,202,685.54
Southridge Video	2,199,989.35	30,202,685.54
Tailspin Toys	646,571.47	30,202,685.54
The Phone Company	3,045,608.33	30,202,685.54
Wide World Importers	4,151,139.81	30,202,685.54
Grand Total	**54,339,597.80**	**30,202,685.54**

Abbildung 3–2 Die berechneten Felder *Sales Amount* und *Purchase Amount* in ein und derselben Pivottabelle führen zu falschen Ergebnissen.

Das liegt daran, dass der Filter für die Spalte *Manufacturer* in der Tabelle *Purchases* nur in dieser Tabelle aktiv ist. Die Tabelle *Sales* kann er nicht erreichen, da es keine Beziehungen zwischen diesen Tabellen gibt. Sie können auch keine Beziehung zwischen den beiden Tabellen herstellen, da es keine geeignete Spalte dafür gibt. Wie Sie wissen, muss eine Spalte für eine Beziehung der Primärschlüssel der Zieltabelle sein. Der Produktname ist jedoch in keiner der beiden Tabellen ein Schlüssel, da in beiden Tabellen Wiederholungen in dieser Spalte auftreten. Um ein Schlüssel sein zu können, muss eine Spalte jedoch eindeutige Werte enthalten.

Das können Sie ganz leicht überprüfen, indem Sie versuchen, eine Beziehung herzustellen. Dabei erhalten Sie eine Fehlermeldung, die besagt, dass es nicht möglich ist, eine Beziehung einzurichten.

Wie viele andere können Sie auch dieses Problem mit DAX-Code lösen. Wenn Sie Spalten von *Purchases* für die Filterung verwenden möchten, können Sie *Sales Amount* so umschreiben, dass das Feld den Filter von *Purchases* erkennt. Dies geschieht im folgenden Code mit dem Filter für den Hersteller:

```
Sales Amount Filtered :=
CALCULATE (
   [Sales Amount],
   INTERSECT ( VALUES ( Sales[BrandName] ), VALUES ( Purchases[BrandName] ) )
)
```

Mithilfe der Funktion `INTERSECT` berechnet dieses Feld die Menge von `Sales[BrandName]`, die in der aktuellen Auswahl von `Purchases[BrandName]` enthalten sind. Dadurch wird jeder Filter auf `Purchases[BrandName]` zu einem Filter auf `Sales[BrandName]` verschoben und filtert damit die Tabelle *Sales*. Abbildung 3–3 zeigt dieses berechnete Feld in Aktion.

BrandName	Purchase Amount	Sales Amount	Sales Amount Filtered
A. Datum	2.533.963,42	30.202.685,54	1.966.583,30
Adventure Works	6.048.167,59	30.202.685,54	4.022.462,56
Contoso	12.314.395,68	30.202.685,54	6.722.804,20
Fabrikam	10.003.071,13	30.202.685,54	5.040.864,58
Litware	6.377.548,93	30.202.685,54	3.425.045,95
Northwind Traders	1.713.836,80	30.202.685,54	1.205.185,61
Proseware	5.305.305,29	30.202.685,54	2.656.623,00
Southridge Video	2.199.989,35	30.202.685,54	1.463.471,36
Tailspin Toys	646.571,47	30.202.685,54	333.143,41
The Phone Company	3.045.608,33	30.202.685,54	1.293.603,00
Wide World Importers	4.151.139,81	30.202.685,54	2.072.898,57
Total	**54.339.597,80**	**30.202.685,54**	**30.202.685,54**

Abbildung 3–3 *Sales Amount Filtered* filtert die Tabelle *Sales* mithilfe von Filtern der Tabelle *Purchases*.

Das funktioniert zwar, ist aber aus den folgenden Gründen keine ideale Lösung:

- Die aktuelle Version funktioniert mit einem Filter für den Markennamen, aber wenn Sie noch weitere Spalten verwenden wollen, müssen Sie sie alle als eigene `INTERSECT`-Anweisungen zu der `CALCULATE`-Anweisung hinzufügen. Dadurch wird die Formel kompliziert.
- Die Leistung ist nicht optimal, da DAX im Allgemeinen besser mit Beziehungen als mit `CALCULATE`-Filtern funktioniert.
- Wenn Sie mehrere berechnete Felder haben, die Werte von *Sales* aggregieren, müssen sie alle demselben komplizierten Muster folgen. Das erschwert die Pflege der Lösung.

Um sich einen Eindruck davon zu verschaffen, wie kompliziert die Formel wird, wenn Sie dem Filter alle Produktspalten hinzufügen, schauen Sie sich den folgenden Code an:

```
Sales Amount Filtered :=
CALCULATE (
   [Sales Amount],
   INTERSECT ( VALUES ( Sales[BrandName] ), VALUES ( Purchases[BrandName] ) ),
   INTERSECT ( VALUES ( Sales[ColorName] ), VALUES ( Purchases[ColorName] ) ),
   INTERSECT ( VALUES ( Sales[Manufacturer] ), VALUES ( Purchases[Manufacturer] )
),
   INTERSECT (
      VALUES ( Sales[ProductCategoryName] ),
      VALUES ( Purchases[ProductCategoryName] )
   ),
```

```
    INTERSECT (
        VALUES ( Sales[ProductSubcategoryName] ),
        VALUES ( Purchases[ProductSubcategoryName] )
    )
)
```

Dieser Code ist fehleranfällig, und seine Pflege erfordert viel Aufwand. Wenn Sie beispielsweise die Granularität der Tabellen durch Ergänzung um eine weitere Spalte erweitern, müssen Sie sämtliche berechneten Felder anpassen und ihnen eine neue `INTERSECT`-Anweisung für die neue Spalte hinzufügen. Eine bessere Möglichkeit besteht darin, das Datenmodell zu ändern.

Um einfacheren Code schreiben zu können, müssen Sie das Datenmodell in ein Sternschema umwandeln. Bei einer Datenstruktur wie der aus Abbildung 3–4 geht alles gleich viel einfacher. Dort haben wir die Dimension *Product* hinzugefügt, nach der sowohl die Tabelle *Sales* als auch die Tabelle *Purchases* gefiltert werden kann. Auch wenn es nicht so aussieht, handelt es sich bei diesem Modell um ein perfektes Sternschema mit zwei Faktentabellen und einer einzigen Dimension.

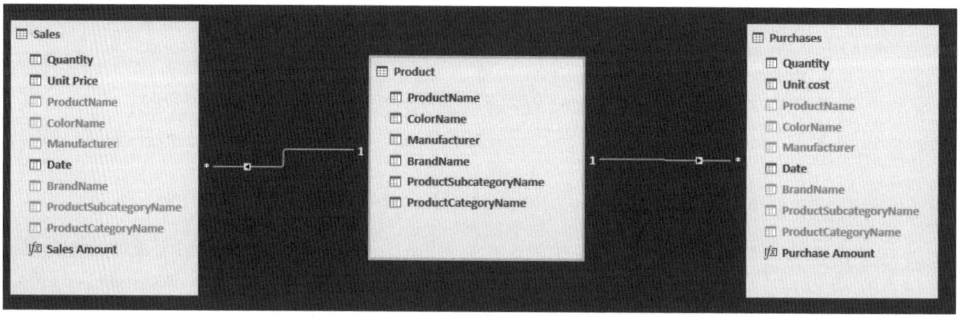

Abbildung 3–4 Mit der Dimension *Product* wird das Modell leichter verwendbar.

Die in die Tabelle *Products* normalisierten Spalten haben wir verborgen. Dadurch sind Benutzer nicht in der Lage, diese Spalten in einem Bericht zu verwenden, da sie nicht nach beiden Tabellen filtern können.

Beim Aufbau eines solchen Datenmodells sehen Sie sich gewöhnlich den beiden folgenden Problemen gegenüber:

- Sie brauchen eine Quelle für die Produkttabelle, haben aber oft keinen Zugriff auf die Originaltabellen.
- Die Produkttabelle braucht einen Schlüssel, um zum Ziel einer Beziehung werden zu können.

Das erste Problem lässt sich relativ einfach lösen. Wenn Sie Zugriff auf die ursprüngliche Produkttabelle haben, können Sie die Dimension von dort aus erstellen, indem Sie die Daten in das Modell laden. Ist es dagegen nicht möglich, die ursprüngliche Produkttabelle aus der Datenbank zu lösen, können Sie eine technische Tabelle mithilfe einer Power Query-Transformation erstellen, die *Sales* und *Purchases* lädt, die beiden Tabellen vereinigt und dann jegliche Dubletten entfernt. Dazu können Sie den folgenden M-Code verwenden:

```
let
   SimplifiedPurchases = Table.RemoveColumns(
      Purchases,
      {"Quantity", "Unit cost", "Date"}
   ),
   SimplifiedSales = Table.RemoveColumns(
      Sales,
      {"Quantity", "Unit Price", "Date"}
   ),
   ProductColumns = Table.Combine ( { SimplifiedPurchases, SimplifiedSales } ),
   Result = Table.Distinct (ProductColumns )
in
   Result
```

Wie Sie sehen, bereitet der M-Code zunächst die beiden lokalen Tabellen *SimplifiedPurchases* und *SimplifiedSales* vor, die nur die relevanten Spalten aus *Product* enthält und alle unerwünschten entfernt. Dann kombiniert er diese beiden Tabellen, indem er die Zeilen von *SimplifiedSales* zu *Simplified Purchases* hinzufügt. Im letzten Schritt ruft er nur die eindeutigen Werte ab, was eine Tabelle mit eindeutigen Produkten ergibt.

Das gleiche Ergebnis können Sie auch mit dem Abfrage-Editor in Excel oder Power BI erzielen. Dazu stellen Sie zwei Abfragen auf, die die Mengen und Stückpreise aus den ursprünglichen Quellen entfernen, und verschmelzen sie mit dem Vereinigungsoperator zu einer einzigen Abfrage. Wie Sie diese Operation durchführen, können wir in diesem Buch jedoch nicht ausführlich vorführen, denn schließlich geht es hier mehr um Datenmodellierung als um die Einzelheiten der Benutzeroberfläche.

Um eine technische Dimension zu erstellen, müssen Sie beide Abfragen mit *Sales* und *Purchases* kombinieren. Schließlich ist es möglich, dass ein Produkt nur in einer dieser beiden Tabellen vorhanden ist. Wenn Sie die eindeutigen Werte nur mit einer der beiden Abfragen abriefen, erhielten Sie eine Teildimension, die bei der Verwendung in dem Modell zu falschen Ergebnissen führen kann.

Nachdem Sie die Dimension *Product* in das Modell geladen haben, müssen Sie immer noch die Beziehungen erstellen. In diesem Fall können Sie den Produktnamen als Spalte für die Beziehungen verwenden, da dieser Name eindeutig ist. Wenn Sie keinen geeigneten Primärschlüssel für die Zwischendimension finden, haben Sie dagegen ein Problem. Falls die ursprünglichen Tabellen den Produktnamen nicht enthielten, könnten Sie keine Beziehung mit dem Produkt einrichten. Nehmen wir an, Sie hätten nur die Produktkategorie und -unterkategorie, aber keinen Produktnamen. Dann müssten Sie die Dimensionen mit dem verfügbaren Grad an Granularität erstellen. Dazu bräuchten Sie eine Dimension für die Produktkategorie und eine für die Unterkategorie. Gewinnen können Sie sie durch die gleichen Techniken, die Sie schon zuvor gesehen haben, diesmal aber für andere Tabellen.

Wie meistens lassen sich solche Transformationen am besten durchführen, bevor die Daten in das Modell geladen werden. Wenn Sie beispielsweise Daten aus einer SQL Server-Datenbank laden, können Sie auf einfache Weise SQL-Abfragen aufstellen, die all diese Operationen für Sie durchführen, und dadurch ein einfacheres Modell für die Analyse gewinnen.

In Power BI können Sie das gleiche Ergebnis auch mit berechneten Tabellen erzielen. In Excel steht diese Möglichkeit zurzeit nicht zur Verfügung, aber in Power BI und SQL Server Analysis Services 2016. Der folgende Code erstellt eine berechnete Tabelle mit der Produktdimension, und er ist sogar noch einfacher als der M-Code:

```
Products =
DISTINCT (
   UNION (
      ALL (
         Sales[ProductName],
         Sales[ColorName],
         Sales[Manufacturer],
         Sales[BrandName],
         Sales[ProductCategoryName],
         Sales[ProductSubcategoryName]
      ),
      ALL (
         Purchases[ProductName],
         Purchases[ColorName],
         Purchases[Manufacturer],
         Purchases[BrandName],
         Purchases[ProductCategoryName],
         Purchases[ProductSubcategoryName]
      )
   )
)
```

Diese berechnete Tabelle führt zwei `ALL`-Operationen auf den Produktspalten von *Sales* und *Purchases* durch, verringert die Anzahl der Spalten und berechnet die eindeutigen Kombinationen der erforderlichen Daten. Anschließend vereinigt sie sie mit `UNION` und entfernt mit `DISTINCT` weitere Dubletten, deren Vorkommen wegen der Verwendung von `UNION` sehr wahrscheinlich ist.

Ob Sie M oder DAX verwenden, ist Geschmackssache. Es gibt keine bedeutenden Unterschiede zwischen den beiden Lösungen.

Auch hier besteht die richtige Lösung wieder darin, das Modell in ein Sternschema umzuwandeln. Diese einfache Tatsache ist es wert, wiederholt zu werden: Sternschemata sind gut, alles andere kann schlecht sein. Wenn Sie ein Modellierungsproblem haben, sollten Sie sich als Erstes fragen, ob Sie das Modell zu einem Sternschema umbauen können. Dadurch werden Sie schon sehr wahrscheinlich die richtige Richtung einschlagen.

Dimensionsübergreifende Filterung

Im vorherigen Beispiel haben Sie den grundlegenden Umgang mit mehreren Dimensionen gelernt. Dort hatten Sie es mit zwei übermäßig denormalisierten Dimensionen zu tun. Um das Modell zu verbessern, mussten Sie es zu einem einfacheren Sternschema umbauen. Im nächsten Beispiel sehen wir uns eine andere Situation an, wozu wir aber erneut die Tabellen *Sales* und *Purchases* verwenden.

Nehmen wir an, Sie wollen die Einkäufe nur solcher Produkte analysieren, die während eines bestimmten Zeitraums verkauft wurden, oder allgemeiner ausgedrückt, solcher Produkte, die bestimmte Bedingungen erfüllen. Im vorherigen Abschnitt haben Sie gelernt, dass es beim Vorliegen von zwei Faktentabellen am besten ist, sie mit Dimensionen zu verknüpfen, denn dadurch erhalten Sie die Möglichkeit, eine einzelne Dimension zur Filterung beider Tabellen zu verwenden. Daher wollen wir von der Situation in Abbildung 3–5 ausgehen.

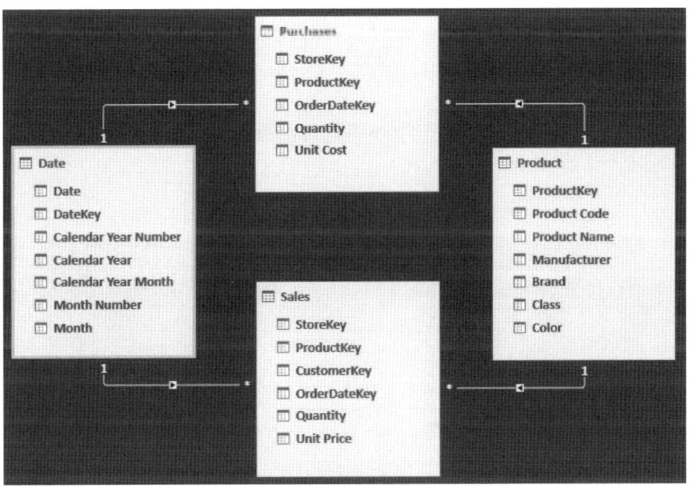

Abbildung 3–5 In diesem Modell sind zwei Faktentabellen mit zwei Dimensionen verknüpft.

Mit diesem Modell und zwei einfach berechneten Feldern können Sie leicht einen Bericht wie den aus Abbildung 3–6 aufstellen, der die Verkäufe und Einkäufe aufgeteilt nach Jahren und Marken zeigt.

Komplizierter wird die Berechnung, wenn Sie nur die Einkäufe der Produkte zeigen wollen, die auch verkauft werden. Das bedeutet, dass Sie *Sales* als Filter einsetzen wollen, um die Auswahl der Produkte noch weiter zu verfeinern. Alle Filter für die Verkäufe (z. B. nach dem Datum) sollen die Liste der Produkte einschränken, für die Sie die Einkäufe berechnen. Es gibt verschiedene Möglichkeiten, um das zu tun. Wir werden im Folgenden mehrere davon vorführen und jeweils ihre Vor- und Nachteile vorstellen.

Row Labels	Column Labels CY 2007 SalesAmount	PurchaseAmount	CY 2008 SalesAmount	PurchaseAmount	CY 2009 SalesAmount	PurchaseAmount
A. Datum	172,402.30	377,595.04	49,041.20	198,535.71	63,833.30	155,342.88
Adventure Works	314,134.24	497,009.03	104,682.71	712,240.38	91,447.12	667,970.20
Contoso	386,632.02	1,305,738.32	203,720.91	1,261,663.37	286,950.54	1,037,721.10
Fabrikam	162,562.59	1,187,357.20	246,991.46	946,301.02	240,629.62	875,143.39
Litware	96,785.49	566,904.05	229,148.47	826,981.12	212,760.01	619,481.69
Northwind Traders	143,663.45	240,835.80	24,634.61	151,027.82	37,071.35	93,302.03
Proseware	121,561.23	618,920.68	97,117.49	523,853.01	143,423.69	560,833.66
Southridge Video	109,442.64	216,844.05	44,369.98	205,290.92	70,698.45	190,134.32
Tailspin Toys	9,773.60	48,775.54	8,725.16	58,749.03	19,065.02	99,833.60
The Phone Company	41,899.00	412,052.18	65,457.00	271,149.68	70,472.00	238,469.42
Wide World Importers	58,866.05	371,410.01	169,104.35	493,992.51	122,850.85	475,717.76
Grand Total	**1,617,722.61**	**5,843,441.90**	**1,242,993.34**	**5,649,784.57**	**1,359,201.95**	**5,013,950.05**

Abbildung 3–6 In dem einfachen Sternschema lassen sich die Einkäufe und Verkäufe nach Jahr und Marke leicht berechnen.

Wenn Ihnen Möglichkeiten zur bidirektionalen Filterung zur Verfügung stehen (was zurzeit in Power BI und SQL Server Analysis Services der Fall ist, aber nicht in Excel), könnten Sie versucht sein, eine solche bidirektionale Filterung zwischen *Sales* und *Products* zu verwenden, um sich nur die verkauften Produkte anzeigen zu lassen. Doch wie Abbildung 3–7 zeigt, müssten Sie dazu die Beziehung zwischen *Products* und *Purchases* ausschalten, da Sie sonst ein mehrdeutiges Modell hätten. Die Engine lässt es nicht zu, alle Beziehungen bidirektional zu machen.

Die DAX-Engine weigert sich, ein mehrdeutiges Modell zu erstellen. Mehr darüber erfahren Sie im nächsten Abschnitt.

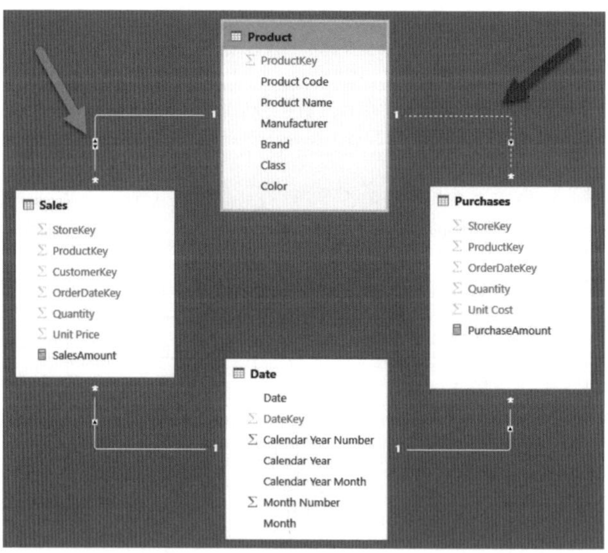

Abbildung 3–7 Um eine bidirektionale Filterung zwischen *Sales* und *Product* zu ermöglichen, müssen Sie die Beziehung zwischen *Product* und *Purchases* aufheben.

Wenn Sie die Filtermöglichkeiten für dieses Datenmodell durchgehen, werden Sie schnell feststellen, dass Sie das Problem damit nicht lösen können. Wenn Sie etwa einen Filter auf der Tabelle *Date* platzieren, wird er zu *Sales* weitergeleitet und dann (wegen der bidirektionalen Filterung) zu *Product*. Aber dort hört die Weiterleitung auf, und Sie haben keine Möglichkeit, auch *Purchases* zu filtern. Aktivieren Sie die bidirektionale Filterung auch für *Date*, zeigt das Datenmodell nicht die Einkäufe der verkauften Produkte an, sondern die Einkäufe beliebiger Produkte, die an den gleichen Daten verkauft wurden wie ausgewählte Produkte, was die intuitive Nutzung dieser Filterung erschwert. Die bidirektionale Filterung ist eine leistungsfähige Funktion, stellt in diesem Fall aber keine Alternative dar, da Sie die Anwendung der Filter genauer steuern möchten.

Der Schlüssel zur Lösung des Problems besteht darin, den Verlauf der Filterung genau zu verstehen. Kehren wir zu dem ursprünglichen Modell aus Abbildung 3–5 zurück und beginnen wir dort bei der Tabelle *Date*. Wenn Sie nach einem bestimmten Jahr in *Date* filtern, wird der Filter automatisch an *Sales* und *Purchases* weitergeleitet. Aufgrund der Richtung der Beziehung erreicht er jedoch nicht *Product*. Sie wollen die Produkte berechnen, die in *Sales* vorhanden sind, und die Liste dieser Produkte als zusätzlichen Filter für *Purchases* verwenden. Die richtige Formel für dieses berechnete Feld lautet wie folgt:

```
PurchaseOfSoldProducts :=
CALCULATE (
    [PurchaseAmount],
    CROSSFILTER ( Sales[ProductKey], Product[ProductKey], BOTH )
)
```

In diesem Code aktiviert die Funktion `CROSSFILTER` den bidirektionalen Filter zwischen *Products* und *Sales* nur für die Dauer der Berechnung. Mit Standardfilterprozessen wird dadurch *Product* nach *Sales* gefiltert und anschließend *Purchases* nach *Product*. (Weitere Informationen über die Funktion `CROSSFILTER` erhalten Sie in Anhang A.)

Um das Problem zu lösen, haben wir nur DAX-Code genutzt, aber nicht das Datenmodell geändert. Was kann uns dieses Beispiel also über Datenmodellierung sagen? In diesem Fall war die Änderung des Modells nicht die richtige Vorgehensweise, und das wollten wir mit diesem Beispiel zeigen. Im Allgemeinen ist eine Änderung des Datenmodells zwar der richtige Weg, aber in manchen Fällen – wie hier – müssen Sie zur Lösung eines bestimmten Problems DAX-Code schreiben. Daher ist es wichtig zu verstehen, wann Sie wie vorgehen müssen. Außerdem besteht das Datenmodell in diesem Fall bereits aus zwei Sternschemata, weshalb es sich nur schwer zu einem besseren umbauen ließe.

Mehrdeutigkeit von Modellen

Im vorherigen Abschnitt haben Sie gesehen, dass die Einrichtung eines bidirektionalen Filters für eine Beziehung nicht funktioniert, da das Modell dadurch mehrdeutig wird. In diesem Abschnitt wollen wir uns etwas näher damit beschäftigen, was mehrdeutige Modelle sind, und vor allem, warum sie in Tabular (der Engine von Power Pivot und Power BI) nicht zulässig sind.

Ein Modell ist *mehrdeutig*, wenn zwei Tabellen über mehr als einen Beziehungspfad miteinander verbunden sind. Die einfachste Form der Mehrdeutigkeit tritt auf, wenn Sie mehrere direkte Beziehungen zwischen zwei Tabellen einrichten. In einem solchen Fall bleibt nur eine dieser Beziehungen aktiv (standardmäßig die zuerst erstellte), während die anderen als inaktiv gekennzeichnet werden. Von den drei Beziehungen in Abbildung 3–8 wird nur eine mit einer durchgehenden Linie dargestellt, was bedeutet, dass sie aktiv ist. Die anderen sind gestrichelt gezeichnet, also inaktiv.

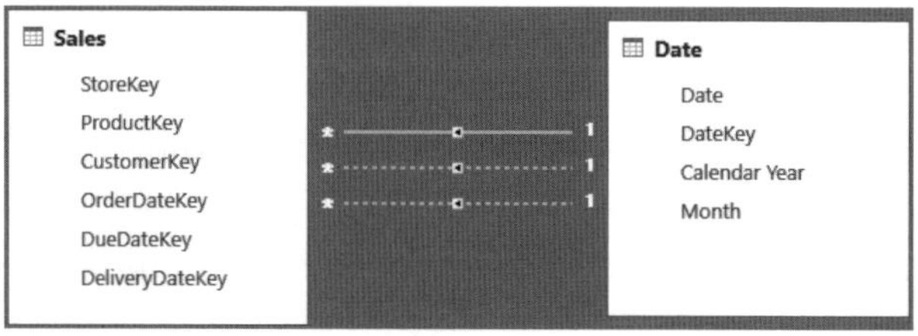

Abbildung 3–8 Es ist nicht möglich, mehrere Beziehungen zwischen zwei Tabellen gleichzeitig aktiv zu halten.

Wozu dient diese Einschränkung? Die Sprache DAX bietet verschiedene Möglichkeiten für die Arbeit mit Beziehungen. Beispielsweise können Sie mit der Funktion RELATED von *Sales* aus auf beliebige Spalten in *Date* zugreifen:

```
Sales[Year] = RELATED ( 'Date'[Calendar Year] )
```

Bei der Verwendung von RELATED müssen Sie nicht angeben, welcher Beziehung die Funktion folgen soll. DAX geht automatisch der einzigen aktiven Beziehung nach und gibt das erwartete Jahr zurück. In diesem Fall ist es das Verkaufsjahr, da die aktive Beziehung auf der Spalte *OrderDateKey* beruht. Wenn Sie mehrere aktive Beziehungen definieren könnten, dann müssten Sie bei jeder Verwendung von RELATED angeben, welche davon Sie nutzen wollen. Das Gleiche gilt auch für die automatische Weiterleitung eines Filterkontexts, den Sie z. B. mit CALCULATE definieren.

Das folgende Beispiel berechnet die Verkäufe im Jahr 2009:

```
Sales2009 := CALCULATE ( [Sales Amount], 'Date'[Calendar Year] = "CY 2009" )
```

Auch hier müssen Sie die Beziehung nicht angeben, denn im Modell ist implizit festgelegt, dass die Beziehung über *OrderDateKey* die aktive ist. (Im nächsten Kapitel lernen Sie, wie Sie sinnvoll mit mehreren Beziehungen in der Tabelle *Date* umgehen können. Dieser Abschnitt soll nur deutlich machen, warum mehrdeutige Modelle in Tabular unzulässig sind.)

Sie können jedoch für einzelne Berechnungen auch eine andere Beziehung aktivieren. Wenn Sie beispielsweise an den Verkäufen mit einem Lieferdatum von 2009 interessiert sind, können Sie diesen Wert mit der Funktion USERELATIONSHIP ermitteln:

```
Shipped2009 :=
CALCULATE (
    [Sales Amount],
    'Date'[Calendar Year] = "CY 2009",
    USERELATIONSHIP ( 'Date'[DateKey], Sales[DeliveryDateKey] )
)
```

Inaktive Beziehungen in ein Modell aufzunehmen, ist im Allgemeinen nur dann sinnvoll, wenn Sie sie begrenzt nutzen oder sie für besondere Berechnungen brauchen. Normale Benutzer haben keine Möglichkeit, solche Beziehungen bei der Arbeit mit dem Modell in der Benutzeroberfläche zu aktivieren. Es ist Sache des Datenmodellierers und nicht des Benutzers, sich um die technischen Einzelheiten wie die in einer Beziehung verwendeten Schlüssel zu kümmern. In umfangreichen Modellen mit Milliarden von Zeilen in der Faktentabelle oder mit sehr komplizierten Berechnungen kann es sinnvoll sein, inaktive Beziehungen in dem Modell zu unterhalten, um bestimmte Berechnungen zu beschleunigen. Allerdings sind solche Optimierungstechniken bei einer grundlegenden Datenmodellierung, wie wir sie hier vorstellen, nicht notwendig. Für unsere Zwecke sind inaktive Beziehungen daher fast völlig nutzlos.

Kehren wir aber wieder zum Thema der mehrdeutigen Modelle zurück. Es kann mehrere Ursachen haben, wenn ein Modell mehrdeutig ist, wobei alle diese Ursachen letztlich auf das Vorhandensein mehrerer Pfade zwischen den Tabellen zurückgehen. Ein weiteres Beispiel für ein mehrdeutiges Modell sehen Sie in Abbildung 3–9.

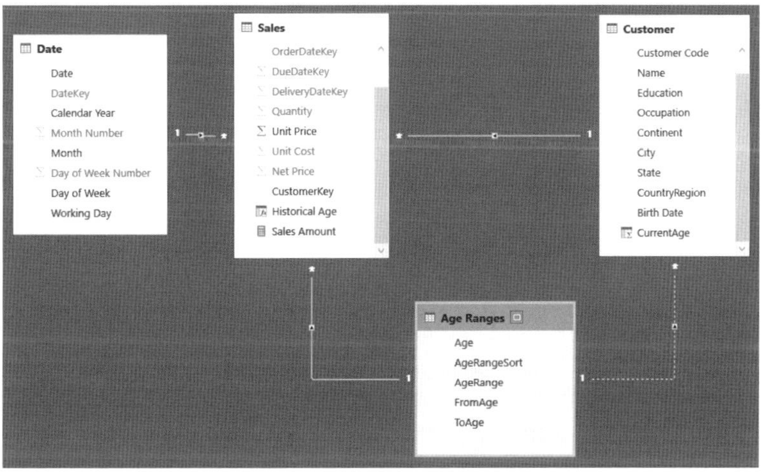

Abbildung 3–9 Auch dieses Modell ist mehrdeutig, auch wenn die Ursache weniger offensichtlich ist.

In diesem Modell gibt es zwei verschiedene Altersspalten, nämlich *Historical Age* in der Faktentabelle und *CurrentAge* in der Dimension *Customer*. Beide dienen als Fremdschlüssel in der Tabelle *Age Ranges*, aber nur eine dieser Beziehungen darf aktiv bleiben, während die andere deaktiviert wird. Die Mehrdeutigkeit ist in diesem Fall weniger offensichtlich, aber sie ist vorhanden. Stellen Sie sich vor, Sie wollen eine Pivottabelle erstellen und nach dem Altersbereich filtern. Wonach würde die Tabelle tatsächlich gefiltert – nach dem »historischen« Alter (dem Alter des Kunden zum Zeitpunkt des Verkaufs) oder dem aktuellen Alter (das der Kunde jetzt hat)? Wären beide Beziehungen aktiv, so wäre dies nicht eindeutig bestimmt, weshalb die Engine die Gestaltung eines solchen Modells nicht zulässt. Sie zwingt Sie dazu, die Mehrdeutigkeit aufzulösen, indem Sie entweder die Beziehung auswahlen, die aktiv bleiben soll, oder die Tabelle duplizieren. In letzterem Fall können Sie nach *Current Age Ranges* oder *Historical Age Ranges* filtern und geben dabei jeweils einen eindeutigen Filterpfad an. Das Modell, das Sie aus der Duplizierung der Tabelle *Age Ranges* gewinnen, sehen Sie in Abbildung 3–10.

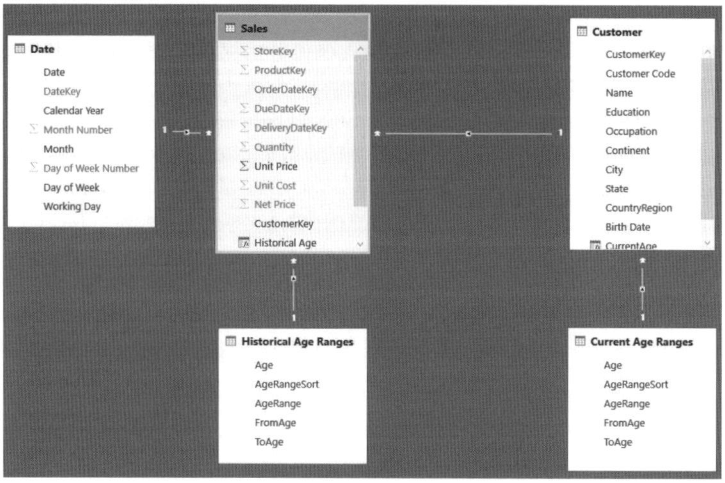

Abbildung 3–10 Jetzt enthält das Modell zwei *Age Ranges*-Tabellen.

Bestellungen und Rechnungen

Das nächste Beispiel ist sehr praxisnah und tritt häufig bei der täglichen Arbeit auf. Nehmen wir an, Sie erhalten von Ihren Kunden mehrere Bestellungen pro Monat, schreiben aber nur einmal monatlich Rechnungen für alle bis dahin aufgelaufenen Bestellungen eines Kunden. Jede Rechnung enthält also mehrere Bestellungen, aber die Beziehung zwischen den Rechnungen und den Bestellungen ist in dem Modell nicht eindeutig festgelegt. Daher müssen wir diese Beziehungen erstellen.

Unser Ausgangspunkt ist das Datenmodell aus Abbildung 3–11.

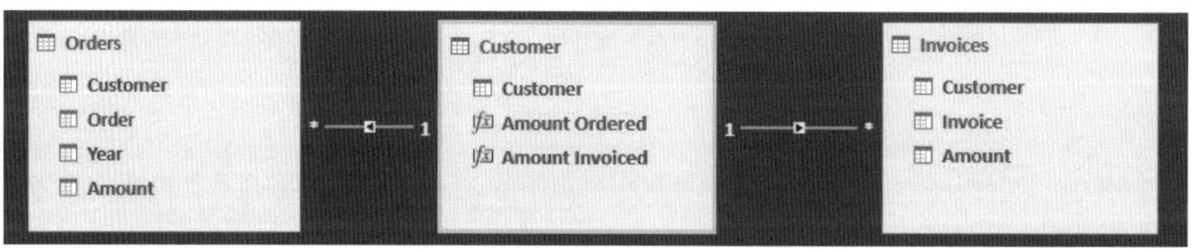

Abbildung 3–11 Das Datenmodell der Bestellungen und Rechnungen folgt einem einfachen Sternschema.

Dieses Modell ist ein einfaches Sternschema mit zwei Faktentabellen und einer Dimension in der Mitte. In der Dimension *Customer* haben wir bereits die beiden folgenden berechneten Felder definiert:

```
Amount Ordered := SUM ( Orders[Amount] )
Amount Invoiced:= SUM ( Invoices[Amount] )
```

Damit können wir auf einfache Weise einen Bericht erstellen, der die Bestellwerte und bisherigen Rechnungsbeträge für jeden einzelnen Kunden zeigt. Darin können Sie leicht erkennen, wie viel Sie jedem einzelnen Kunden noch in Rechnung stellen müssen (siehe Abbildung 3–12).

Row Labels	Amount Ordered	Amount Invoiced
John	2,000.00	1,800.00
Melanie	3,000.00	2,000.00
Paul	4,000.00	3,600.00
Grand Total	**9,000.00**	**7,400.00**

Abbildung 3–12 Der Bericht über die Bestellwerte und bisherigen Rechnungsbeträge lässt sich leicht erstellen.

Wenn Sie wie in dieser Pivottabelle nur an den Übersichtszahlen interessiert sind, ist alles in Ordnung. Doch leider werden Sie auf Probleme stoßen, wenn Sie sich die Einzelheiten ansehen. Wie ermitteln Sie beispielsweise, für welche Bestellungen noch keine Rechnungen geschrieben wurden? Schauen Sie sich zunächst das Datenmodell aus Abbildung 3–11 genau an und versuchen Sie, das Problem selbst herauszufinden. Lesen Sie erst danach weiter. Da dieses Beispiel einige komplizierte Zusammenhänge verdeckt, sind zur Lösung des Problems mehrere Versuche notwendig. Daher zeigen wir Ihnen im Folgenden zunächst auch einige falsche Vorgehensweisen und erklären, warum sie falsch sind.

Wenn Sie die Bestellnummern in die Pivottabelle aufnehmen, erhalten Sie eine ziemlich unübersichtliche und schwer verständliche Anzeige. Das können Sie in Abbildung 3–13 erkennen, wo unter John, Melanie und Paul jeweils alle Bestellungen aufgeführt sind.

Row Labels	Amount Ordered	Amount Invoiced
⊟John	**2,000.00**	**1,800.00**
1	100.00	1,800.00
2		1,800.00
3		1,800.00
4	400.00	1,800.00
5		1,800.00
6		1,800.00
7	500.00	1,800.00
8		1,800.00
9		1,800.00
10	100.00	1,800.00
11		1,800.00
12		1,800.00
13	400.00	1,800.00
14		1,800.00
15		1,800.00
16	500.00	1,800.00
17		1,800.00
18		1,800.00
⊟Melanie	**3,000.00**	**2,000.00**
1		2,000.00
2		2,000.00
3	500.00	2,000.00

Abbildung 3–13 Wenn Sie sich zur Ebene der einzelnen Bestellungen vorarbeiten, zeigt die Spalte *Amount Invoiced* die falschen Ergebnisse an.

Diese Situation ähnelt derjenigen zu Anfang dieses Kapitels mit zwei komplett denormalisierten Faktentabellen. Die Filterung nach Auftragsnummern wirkt sich nicht auf die Rechnungen aus, da Rechnungen keine Auftragsnummern haben. Daher wird bei dem Wert in *Amount Invoiced* der Filter nur auf die Kunden angewendet, sodass in allen Zeilen der Gesamtrechnungsbetrag für den jeweiligen Kunden erscheint.

Abermals müssen wir hier betonen, dass die Zahlen in der Pivottabelle durchaus korrekt sind. Sie geben genau die in dem Modell vorhandenen Informationen wieder. Bei genauerer Betrachtung wird klar, dass die Engine keine Möglichkeit hat, den Rechnungsbetrag auf die einzelnen Bestellungen aufzuteilen, da die Information, für welche Bestellung eine Rechnung gilt, in dem Modell gar nicht vorhanden ist. Um das Problem zu lösen, müssen wir daher das richtige Datenmodell aufstellen, das nicht nur Angaben zum Gesamtrechnungsbetrag enthalten muss, sondern auch Einzelheiten darüber, für welche Bestellungen Rechnungen geschrieben wurden und welche Bestellungen die Rechnungen jeweils umfassen. Auch hier sollten Sie vor dem Weiterlesen zunächst einmal selbst überlegen, wie Sie das Problem lösen würden.

Je nachdem, wie kompliziert das Datenmodell ist, gibt es mehrere mögliche Lösungen. Bevor wir uns mit den Einzelheiten beschäftigen, wollen wir uns die Daten in Abbildung 3–14 ansehen.

Customer
John
Paul
Melanie

Order	Customer	Year	Amount
1	John	2015	100
2	Paul	2015	250
3	Melanie	2015	500
4	John	2015	400
5	Paul	2015	1000
6	Melanie	2015	500
7	John	2015	500
8	Paul	2015	750
9	Melanie	2015	500
10	John	2016	100
11	Paul	2016	250
12	Melanie	2016	500
13	John	2016	400
14	Paul	2016	1000
15	Melanie	2016	500
16	John	2016	500
17	Paul	2016	750
18	Melanie	2016	500

Invoice	Customer	Amount
1	John	1000
2	Paul	2000
3	Melanie	1500
4	John	800
5	Paul	1600
6	Melanie	500

Abbildung 3–14 Die in dem Modell verwendeten Daten

Wie Sie sehen, enthalten die Tabellen *Invoices* und *Orders* beide eine Spalte namens *Customer* mit dem Kundennamen. *Customer* ist die 1-Seite von zwei n:1-Beziehungen, die von *Orders* und *Invoices* ausgehen. Was wir dem Modell hinzufügen müssen, ist eine neue Beziehung zwischen *Orders* und *Invoices*, die angibt, welche Bestellung in welcher Rechnung aufgeführt wird. Dabei gibt es zwei Möglichkeiten:

- **Für eine Bestellung gibt es immer nur eine einzige Rechnung** Das ist der Fall, wenn eine Bestellung immer komplett in Rechnung gestellt wird. Eine Rechnung kann dann mehrere Bestellungen umfassen, eine Bestellung erscheint aber immer nur in einer einzigen Rechnung. Es besteht also eine 1:n-Beziehung zwischen Rechnungen und Bestellungen.
- **Eine Bestellung kann in mehreren Rechnungen erscheinen** Wenn Teilrechnungen für eine Bestellung möglich sind, kann eine Bestellung in mehreren Rechnungen vorkommen. Gleichzeitig kann eine Rechnung nach wie vor mehrere Bestellungen umfassen. In diesem Fall haben wir eine m:n-Beziehung zwischen Bestellungen und Rechnungen, was die Situation etwas komplizierter macht.

Der erste Fall lässt sich sehr einfach lösen. Sie müssen dazu lediglich die Rechnungsnummer in einer zusätzlichen Spalte zur Tabelle *Orders* hinzufügen. Das resultierende Modell sehen Sie in Abbildung 3–15.

Customer
John
Paul
Melanie

Order	Customer	Year	Amount	Invoice
1	John	2015	100	1
2	Paul	2015	250	2
3	Melanie	2015	500	3
4	John	2015	400	1
5	Paul	2015	1000	2
6	Melanie	2015	500	3
7	John	2015	500	1
8	Paul	2015	750	2
9	Melanie	2015	500	3
10	John	2016	100	4
11	Paul	2016	250	5
12	Melanie	2016	500	6
13	John	2016	400	4
14	Paul	2016	1000	5
15	Melanie	2016	500	6
16	John	2016	500	4
17	Paul	2016	750	5
18	Melanie	2016	500	6

Invoice	Customer	Amount
1	John	1000
2	Paul	2000
3	Melanie	1500
4	John	800
5	Paul	1600
6	Melanie	500

Abbildung 3–15 Die hervorgehobene Spalte enthält die Rechnungsnummer für die jeweilige Bestellung.

Dies mag wie eine einfache Abwandlung des Modells aussehen, lässt sich aber gar nicht so leicht handhaben. Wenn Sie das neue Modell laden und versuchen, die Beziehung einzurichten, erleben Sie eine böse Überraschung: Die Beziehung wird zwar aufgebaut, bleibt aber inaktiv, wie Abbildung 3–16 zeigt.

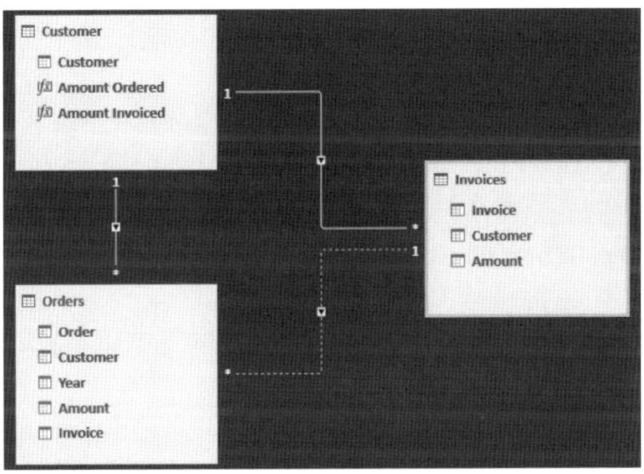

Abbildung 3–16 Die Beziehung zwischen den Tabellen *Orders* und *Invoices* ist inaktiv.

Wo ist die Mehrdeutigkeit in diesem Modell? Bei einer aktiven Beziehung zwischen *Orders* und *Invoices* gäbe es zwei Pfade von *Orders* zu *Customer*: den direkten über die Beziehung zwischen den beiden Tabellen und den indirekten über *Invoices*. In diesem Fall würden zwar beide Beziehungen zu demselben Kunden führen, doch das Modell kann das nicht wissen, sondern stützt sich nur auf die Daten. In diesem Modell gibt es nichts, das Sie daran hindern würde, eine Bestellung fälschlicherweise mit einer Rechnung zu verknüpfen, die auf einen ganz anderen Kunden zeigt als die Bestellung. Im jetzigen Zustand funktioniert das Modell daher nicht.

Das lässt sich jedoch einfacher korrigieren als erwartet. Wenn Sie sich das Modell sorgfältig anschauen, können Sie erkennen, dass es bereits eine 1:n-Beziehung zwischen *Customer* und

Invoices und eine weitere 1:n-Beziehung zwischen *Invoices* und *Orders* gibt. Den Kunden zu einer Bestellung können Sie also gefahrlos über *Invoices* als Zwischentabelle abrufen. Dadurch ist es möglich, die Beziehung zwischen *Customer* und *Orders* zu entfernen und nur noch die beiden anderen zu verwenden. Das führt zu dem Datenmodell aus Abbildung 3–17.

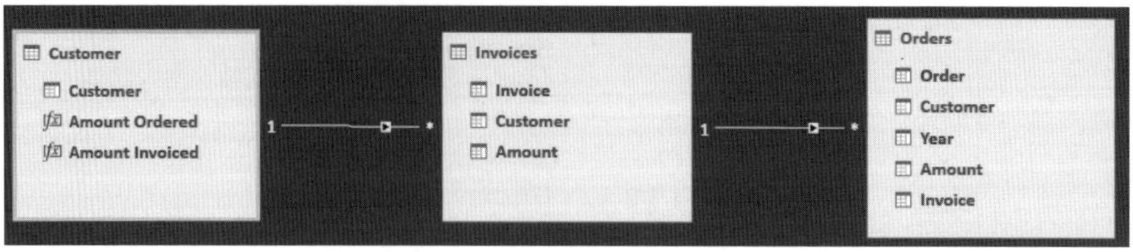

Abbildung 3–17 Ohne die Beziehung zwischen *Orders* und *Customer* ist das Modell viel einfacher.

Kommt Ihnen das Modell in Abbildung 3–17 bekannt vor? Dies ist genau das Muster, das Sie in Kapitel 2 bei Header/Detail-Modellen gesehen haben. Sie haben jetzt zwei Faktentabellen, nämlich eine für die Rechnungen und eine für die Bestellungen, wobei *Orders* als Detail- und *Invoices* als Headertabelle fungiert.

Damit erbt das Modell auch sämtliche Vor- und Nachteile von Header/Detail-Mustern. Das Problem der Beziehungen haben wir zu einem gewissen Grad gelöst, aber nicht das Problem der Beträge. Wenn Sie das Modell mit einer Pivottabelle untersuchen, erhalten Sie das gleiche Ergebnis wie in Abbildung 3–13 – unter allen Kunden sind sämtliche Auftragsnummern aufgeführt. Der Grund dafür ist, dass der Gesamtrechnungsbetrag für einen Kunden unabhängig von der gewählten Bestellung stets gleich ist. Auch wenn die Kette der Beziehungen jetzt korrekt eingerichtet ist, bleibt das Datenmodell fehlerhaft.

Die Situation ist tatsächlich noch etwas verzwickter. Welche Daten wollen Sie in Wirklichkeit abrufen, wenn Sie nach Kundennamen oder Auftragsnummern suchen? Es gibt verschiedene Möglichkeiten:

- **Gesamtrechnungsbetrag für den Kunden** Das ist die Zahl, die das System im jetzigen Zustand meldet, aber sie wirkt falsch.
- **Gesamtbetrag der Rechnungen für die ausgewählte Bestellung bzw. den ausgewählten Kunden** In diesem Fall wollen Sie den Gesamtbetrag sehen, wenn die Bestellung tatsächlich in der Rechnung erwähnt wird, ansonsten aber ein leeres Ergebnis.
- **Den Betrag der Bestellung, falls sie in Rechnung gestellt wurde** In diesem Fall soll der Gesamtbetrag der Bestellung angezeigt werden, wenn sie bereits in Rechnung gestellt wurde, und sonst 0. Es kann sein, dass dabei höhere Werte angezeigt werden als in der Rechnung, da es hier um den Betrag der gesamten Bestellung und nicht um Teilrechnungen geht.

Auch wenn unsere Liste hier zu Ende ist, müssen wir noch einen wichtigen Umstand erwähnen. Was geschieht, wenn eine Bestellung in einer Rechnung enthalten war, aber noch nicht komplett in Rechnung gestellt wurde? So etwas kann aus verschiedenen Gründen geschehen, und die Berechnungen dafür sind noch schwieriger. Diese Situation sehen wir uns weiter hinten noch an. Hier wollen wir zunächst die ersten drei Fälle lösen.

Gesamtrechnungsbetrag für einen Kunden

Die erste mögliche Berechnung ist diejenige, die bereits vorliegt. Da der Gesamtrechnungsbetrag nicht von der ausgewählten Bestellung abhängt, können Sie einfach die einzelnen Rechnungsbeträge addieren und als Ergebnis ausgeben. Ein großer Nachteil besteht darin, dass sich der Auftragsnummernfilter nicht auf die Rechnungen auswirkt, sodass unabhängig von der Auftragsnummer immer der Gesamtrechnungsbetrag für den Kunden angezeigt wird.

Gesamtbetrag der Rechnungen für die ausgewählte Bestellung bzw. den ausgewählten Kunden

Für die zweite Berechnung müssen Sie die Filterung nach Bestellungen ausdrücklich auf die Rechnungen anwenden. Das können Sie wie folgt mit dem Muster für bidirektionale Filterung tun:

```
Amount Invoiced Filtered by Orders :=
CALCULATE (
    [Amount Invoiced],
    CROSSFILTER ( Orders[Invoice], Invoices[Invoice], BOTH )
)
```

Dadurch wird *Amount Invoiced* nur für die Rechnungen ermittelt, die in der aktuellen Auswahl von Bestellungen enthalten sind. Abbildung 3–18 zeigt die resultierende Pivottabelle.

Customer	Order	Invoice	Amount Ordered	Amount Invoiced Filtered by Orders
John	1	1	100.00	1,000.00
	4	1	400.00	1,000.00
	7	1	500.00	1,000.00
	10	4	100.00	800.00
	13	4	400.00	800.00
	16	4	500.00	800.00
John Total			**2,000.00**	**1,800.00**
Melanie	3	3	500.00	1,500.00
	6	3	500.00	1,500.00
	9	3	500.00	1,500.00
	12	6	500.00	500.00
	15	6	500.00	500.00
	18	6	500.00	500.00
Melanie Total			**3,000.00**	**2,000.00**
Paul	2	2	250.00	2,000.00
	5	2	1,000.00	2,000.00
	8	2	750.00	2,000.00
	11	5	250.00	1,600.00
	14	5	1,000.00	1,600.00
	17	5	750.00	1,600.00
Paul Total			**4,000.00**	**3,600.00**

Abbildung 3–18 Verschieben des Filters von den Bestellungen zu den Rechnungen ändert das Ergebnis.

Betrag der in Rechnung gestellten Bestellungen

Wie erwartet, ist das letzte berechnete Feld nicht additiv. Da es den Gesamtrechnungsbetrag für jede Bestellung angibt, zeigt es gewöhnlich einen höheren Wert als den Bestellbetrag. Das gleiche Verhalten haben Sie schon im letzten Kapitel gesehen. Wenn wir nach den Details filtern, erhalten wir eine nicht additive Berechnung, da wir Werte von der Headertabelle aggregieren.

Um das Feld additiv zu machen, müssen wir für jede Bestellung prüfen, ob sie in Rechnung gestellt wurde. Wenn ja, ist der Rechnungsbetrag der Bestellbetrag, ansonsten ist er 0. Das können Sie auf einfache Weise mit einer berechneten Spalte oder mit einem etwas komplizierteren berechneten Feld wie dem folgenden erledigen:

```
Amount Invoiced Filtered by Orders :=
CALCULATE (
   SUMX (
      Orders,
      IF ( NOT ( ISBLANK ( Orders[Invoice] ) ), Orders[Amount] )
   ),
   CROSSFILTER ( Orders[Invoice], Invoices[Invoice], BOTH )
)
```

Dieses berechnete Feld funktioniert, solange Bestellungen immer komplett in Rechnung gestellt werden. Ist das nicht der Fall, zeigt es jedoch falsche Zahlen an, da es als Rechnungsbetrag immer den kompletten Bestellbetrag ausgibt. Ein Beispiel dafür sehen Sie in Abbildung 3–19. Hier wird als Rechnungs- und als Bestellbetrag jeweils die gleiche Zahl ausgegeben, obwohl die Werte unterschiedlich sein sollten. Das liegt daran, dass wir den Rechnungsbetrag aus den Bestellungen und nicht aus den Rechnungen ermitteln.

Es gibt keine Möglichkeit, den in Rechnung gestellten Teilbetrag zu berechnen, da diese Information im Modell nicht vorhanden ist. Wenn Sie bei Teilrechnungen für jede Bestellung nur die Nummer der zugehörigen Rechnung speichern, geht Ihnen eine wichtige Information verloren, nämlich der Rechnungsbetrag. Um ein richtiges Ergebnis zu erhalten, müssen Sie auch diesen Wert speichern und nicht wie in der vorherigen Formel den Bestellbetrag verwenden, sondern den tatsächlichen Rechnungsbetrag.

Bei diesem Punkt gehen wir gleich einen Schritt weiter und erstellen ein komplettes Modell für die Lösung des Problems. Dieses Modell ermöglicht es Ihnen, für eine Bestellung mehrere Teilrechnungen zu schreiben und für jedes Paar von Bestellungen und Rechnungen den jeweiligen Rechnungsbetrag anzugeben. Dieses Modell ist etwas vielschichtiger und benötigt eine zusätzliche Tabelle für die Rechnungsnummer, die Auftragsnummer und den jeweiligen Rechnungsbetrag. Das resultierende Modell sehen Sie in Abbildung 3–20.

Customer	Order	Invoice	Amount Ordered	Amount Invoiced Filtered by Orders
⊟John	⊟1	1	100.00	100.00
	⊟4	1	400.00	400.00
	⊟7	1	500.00	500.00
	⊟10	4	100.00	100.00
	⊟13	4	400.00	400.00
	⊟16	4	500.00	500.00
John Total			2,000.00	2,000.00
⊟Melanie	⊟3	3	500.00	500.00
	⊟6	3	500.00	500.00
	⊟9	3	500.00	500.00
	⊟12	6	500.00	500.00
	⊟15	6	500.00	500.00
	⊟18	6	500.00	500.00
Melanie Total			3,000.00	3,000.00
⊟Paul	⊟2	2	250.00	250.00
	⊟5	2	1,000.00	1,000.00
	⊟8	2	750.00	750.00
	⊟11	5	250.00	250.00
	⊟14	5	1,000.00	1,000.00
	⊟17	5	750.00	750.00
Paul Total			4,000.00	4,000.00

Abbildung 3–19 Wenn eine Bestellung nicht komplett in Rechnung gestellt wird, zeigt das letzte berechnete Feld ein falsches Ergebnis an.

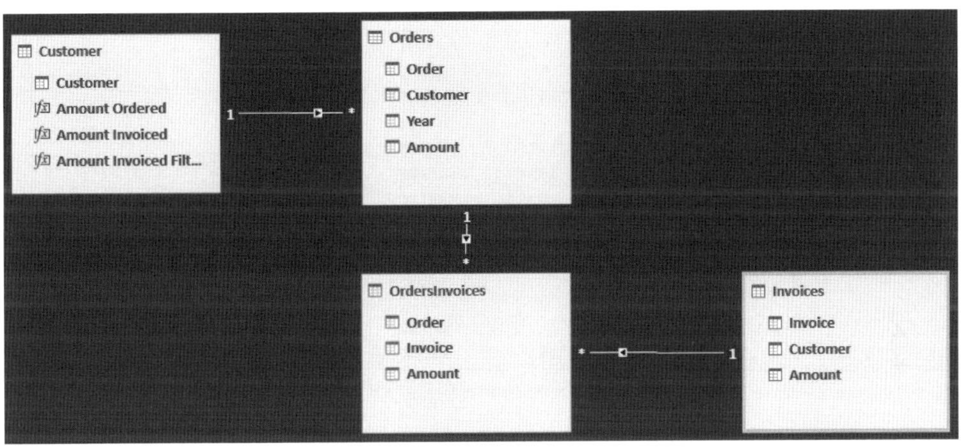

Abbildung 3–20 Diese Struktur modelliert den Fall, dass eine Bestellung mehrere Rechnungen und eine Rechnung mehrere Bestellungen haben kann, wobei die jeweiligen Rechnungsbeträge festgehalten werden.

In diesem Modell gibt es m:n-Beziehungen zwischen Bestellungen und Rechnungen. Zu einer einzigen Bestellung kann es mehrere Rechnungen geben, wobei eine Rechnung gleichzeitig mehrere Bestellungen umfassen kann. Die Rechnungsbeträge für jede Bestellung sind in der Tabelle *OrdersInvoices* gespeichert, sodass für jede Bestellung mehrere Teilrechnungen geschrieben werden können.

m:n-Beziehungen werden wir in Kapitel 8 noch ausführlicher erläutern. Es ist an dieser Stelle jedoch sinnvoll, schon einmal das richtige Modell für den Umgang mit Bestellungen und Rechnungen zu zeigen. Um dieses Modell aufzubauen, verletzen wir hier absichtlich die Sternschemaregeln. Tatsächlich handelt es sich bei *OrdersInvoices* weder um eine Faktentabelle noch um eine Dimension. Sie hat etwas von einer Faktentabelle, da sie die Metrik *Amount* enthält und mit der Dimension *Invoices* verknüpft ist. Allerdings ist sie auch mit *Orders* verknüpft, die ebenfalls gleichzeitig Faktentabelle und Dimension ist. Technisch gesehen ist *OrdersInvoices* eine *Brückentabelle*, da sie als Brücke zwischen Bestellungen und Rechnungen fungiert.

Da wir den Rechnungsbetrag nun in einer Brückentabelle gespeichert haben, weicht die Formel zur Berechnung des Rechnungsbetrags für die ausgewählten Bestellungen ein wenig von der früheren Version ab:

```
Amount Invoiced :=
CALCULATE (
   SUM ( OrdersInvoices[Amount] ),
   CROSSFILTER ( OrdersInvoices[Invoice], Invoices[Invoice], BOTH )
)
```

Hiermit summieren Sie die Spalte *Amount* in der Brückentabelle. Die Funktion `CROSSFILTER` aktiviert die bidirektionale Filterung zwischen dieser Brückentabelle und *Invoices*. Das Ergebnis, das diese Formel liefert, ist viel aussagekräftiger, da Sie jetzt den Bestell- und den Rechnungsbetrag für jede Bestellung erkennen und Berichte wie den aus Abbildung 3–21 gewinnen können.

Customer	Order	Amount Ordered	Amount Invoiced
⊟John	1	100.00	100.00
	4	400.00	400.00
	7	500.00	500.00
	10	100.00	100.00
	13	400.00	400.00
	16	500.00	300.00
John Total		**2,000.00**	**1,800.00**
⊟Melanie	3	500.00	500.00
	6	500.00	500.00
	9	500.00	500.00
	12	500.00	250.00
	15	500.00	100.00
	18	500.00	150.00
Melanie Total		**3,000.00**	**2,000.00**
⊟Paul	2	250.00	250.00
	5	1,000.00	1,000.00
	8	750.00	750.00
	11	250.00	250.00
	14	1,000.00	750.00
	17	750.00	600.00
Paul Total		**4,000.00**	**3,600.00**

Abbildung 3–21 Mit der Brückentabelle können Sie einen Bericht erstellen, der die Bestell- und die Rechnungsbeträge zeigt.

Zusammenfassung

In diesem Kapitel haben Sie gelernt, wie Sie mit verschiedenen Situationen umgehen, in denen Sie mehrere Faktentabellen haben. Diese Faktentabellen können durch Dimensionen oder Brückentabellen verbunden werden. Die wichtigsten Erkenntnisse aus diesem Kapitel sind:

- Wenn Sie Tabellen übermäßig denormalisieren, wird es unmöglich, nach mehreren Faktentabellen zu filtern. Um dieses Problem zu beheben, müssen Sie eine passende Menge von Dimensionen erstellen, um Datenschnitte nach den Werten in verschiedenen Faktentabellen durchführen zu können.
- Sie können Probleme mit übermäßig denormalisierten Tabellen zwar mit DAX-Code lösen, doch wird dieser Code schnell viel zu kompliziert. Eine Änderung des Datenmodells erlaubt die Verwendung von viel einfacherem Code.
- Vielschichtige Beziehungen zwischen Dimensionen und Faktentabellen können zu mehrdeutigen Modellen führen, was die DAX-Engine nicht zulässt. Mehrdeutigkeiten müssen durch eine Änderung des Datenmodells gelöst werden. Dazu können Sie Tabellen duplizieren oder Spalten denormalisieren.
- Komplizierte Modelle, etwa für Bestellungen und Rechnungen, weisen mehrere Faktentabellen auf. Um sie korrekt zu modellieren, müssen Sie eine Brückentabelle einrichten, damit die Informationen mit der richtigen Entität in Verbindung gebracht werden.

KAPITEL 4

Datum und Uhrzeit

In Geschäftsmodellen werden oft Werte seit Jahresbeginn, Jahresvergleiche und prozentuales Wachstum berechnet. In wissenschaftlichen Modellen kann es vorkommen, dass Voraussagen auf der Grundlage früherer Daten gemacht werden oder die Genauigkeit von Werten im Zeitverlauf untersucht wird. Zeitberechnungen sind in allen solchen Modellen erforderlich, weshalb wir ihnen ein ganzes Kapitel gewidmet haben.

Technisch behandeln wir die Zeit als Dimension, was bedeutet, dass wir gewöhnlich eine Kalendertabelle heranziehen, um Daten nach Jahr, Monat oder Tag zu filtern. Allerdings ist die Zeit eine besondere Dimension, die Sie auf richtige Weise gestalten und bei der Sie besondere Umstände berücksichtigen müssen.

In diesem Kapitel zeigen wir Ihnen verschiedene Situationen und stellen dafür jeweils ein Datenmodell vor. Einige Beispiele sind sehr einfach, während andere ziemlich komplizierten DAX-Code zur Lösung erfordern. Wir wollen Ihnen Beispiele von Datenmodellen zeigen, damit Sie eine bessere Vorstellung davon bekommen, wie Sie Datums- und Zeitangaben richtig modellieren.

Eine Datumsdimension erstellen

Zeit ist eine Dimension. Es reicht nicht aus, in Ihrer Faktentabelle eine einfache Spalte mit dem Datum des Ereignisses vorzusehen. Wenn Sie beispielsweise einen Bericht auf der Grundlage des Modells in Abbildung 4–1 erstellen müssten, würden Sie sehr schnell feststellen, dass das Datum allein nicht genug ist, um einen aussagekräftigen Bericht zu bekommen.

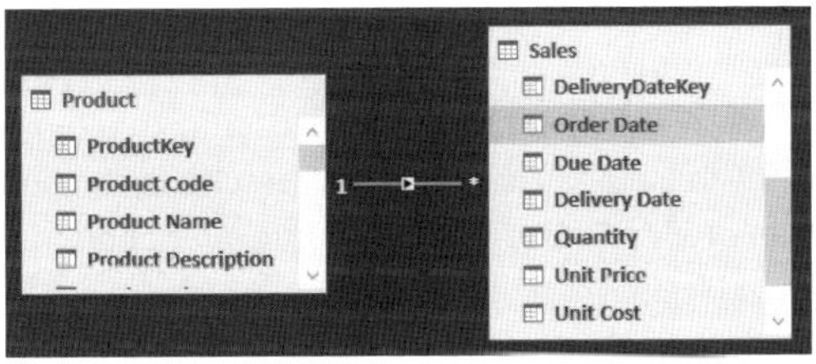

Abbildung 4–1 Die Tabelle *Sales* enthält die Spalte *Order Date* mit dem Bestelldatum.

Anhand der Datumsspalte in *Sales* können Sie die Werte nach Datum filtern. Für eine Aggregation nach Jahr oder Monat bräuchten Sie jedoch weitere Spalten. Dieses Problem können Sie einfach lösen, indem Sie einen Satz berechneter Spalten direkt in die Faktentabelle aufnehmen. (Allerdings ist dies keine ideale Lösung, da Sie dann die Zeitinformationsfunktionen nicht nutzen können.) Um etwa drei Spalten für Jahr, Monatsname und Monatsnummer zu erstellen, können Sie die folgenden einfachen Formeln verwenden:

```
Sales[Year] = YEAR ( Sales[Order Date] )
Sales[Month] = FORMAT ( Sales[Order Date], "mmmm" )
Sales[MonthNumber] = MONTH ( Sales[Order Date] )
```

Die Monatsnummern sind nützlich, um die Monatsnamen in die richtige Reihenfolge zu bekommen. Dazu können Sie die Funktion zum Sortieren von Spalten (*Sort by Column*) verwenden, die in Power BI Desktop und im Excel-Datenmodell verfügbar ist. Wie Sie in Abbildung 4–2 sehen, können Sie mit diesen Spalten Berichte erstellen, bei denen die Werte, z. B. die Verkaufsbeträge, nach der Zeit gefiltert sind.

Row Labels	Sales Amount
⊟2007	**1,459,215.95**
January	101,097.12
February	108,553.20
March	119,707.83
April	121,085.74
May	123,413.41
June	121,707.44
July	139,381.00
August	87,384.31
September	155,275.94
October	99,872.65
November	122,522.86
December	159,214.45
⊞2008	**1,122,535.05**
⊞2009	**1,242,534.61**
Grand Total	**3,824,285.61**

Abbildung 4–2 Der Bericht nutzt berechnete Spalten in der Faktentabelle, um nach Datum gefilterte Verkäufe zu zeigen.

Es gibt jedoch einige Probleme bei diesem Modell. Wenn Sie beispielsweise auch die Einkäufe nach Datum filtern wollen, müssen Sie die gleichen berechneten Spalten auch in die Tabelle *Purchases* einfügen. Da die Spalten zu den Faktentabellen gehören, können Sie die Jahre in *Sales* nicht zur Filterung von *Purchases* verwenden. Wie Sie in Kapitel 3 gelernt haben, brauchen Sie eine Dimension, um zwei Faktentabellen gleichzeitig zu filtern. Außerdem enthält eine Datumsdimension gewöhnlich viele Spalten, z. B. für Geschäftsjahr und Monate, für Feiertage und Arbeitstage. Es ist von großem Vorteil, all diese Informationen in einer einzigen, leicht zu handhabenden Tabelle zu speichern.

Es gibt noch einen wichtigeren Grund für die Verwendung von Dimensionen: Die Verwendung von Spalten in der Faktentabelle erschwert es, Zeitinformationsberechnungen zu schreiben. Mit Datumsdimensionen werden solche Formeln viel einfacher.

Sehen wir uns das an einem Beispiel an. Nehmen wir an, Sie wollen die aufgelaufenen Verkaufsbeträge seit Jahresbeginn (»year-to-date«, daher die Bezeichnung `Sales YTD` in dem folgenden Code) berechnen. Wenn Sie dazu Spalten in der Faktentabelle nutzen, wird die Formel ziemlich kompliziert:

```
Sales YTD :=
VAR CurrentYear = MAX ( Sales[Year] )
VAR CurrentDate = MAX ( Sales[Order Date] )
RETURN
CALCULATE (
    [Sales Amount],
    Sales[Order Date] <= CurrentDate,
    Sales[Year] = CurrentYear,
    ALL ( Sales[Month] ),
    ALL ( Sales[MonthNumber] )
)
```

Im Einzelnen muss der Code Folgendes tun:

1. Einen Datumsfilter anwenden, um nur die Daten vor dem letzten sichtbaren Datum auszuwählen.
2. Einen Jahresfilter anwenden, um nur das letzte sichtbare Jahr zu zeigen, falls im Filterkontext mehrere vorhanden sind.
3. Jegliche Filter für den Monat in *Sales* entfernen.
4. Jegliche Filter für die Monatsnummer in *Sales* entfernen.

Wenn Sie sich mit DAX noch nicht so gut auskennen, sollten Sie herauszufinden versuchen, wie diese Formel funktioniert, um sich besser damit vertraut zu machen, wie Filterkontexte und Variablen zusammenwirken.

Wie Abbildung 4–3 zeigt, funktioniert dieser Code durchaus korrekt – allerdings ist er unnötig kompliziert. Das größte Problem bei dieser Formel besteht darin, dass Sie die integrierten DAX-Funktionen für Zeitinformationsberechnungen nicht nutzen können, denn für diese Funktionen müssen eigene Datumstabellen vorhanden sein.

Row Labels	Sales Amount	Sales YTD
⊟ 2007	1,459,215.95	1,459,215.95
January	101,097.12	101,097.12
February	108,553.20	209,650.32
March	119,707.83	329,358.16
April	121,085.74	450,443.90
May	123,413.41	573,857.31
June	121,707.44	695,564.75
July	139,381.00	834,945.75
August	87,384.31	922,330.06
September	155,275.94	1,077,606.00
October	99,872.65	1,177,478.64
November	122,522.86	1,300,001.50
December	159,214.45	1,459,215.95
⊞ 2008	1,122,535.05	1,122,535.05
⊞ 2009	1,242,534.61	1,242,534.61
Grand Total	3,824,285.61	1,242,534.61

Abbildung 4–3 Der Bericht über die Verkaufsbeträge seit Jahresbeginn ist korrekt, aber der Code dafür ist zu kompliziert.

Wenn Sie dem Datenmodell wie in Abbildung 4–4 eine Datumsdimension hinzufügen, lässt sich die Formel viel einfacher schreiben.

Abbildung 4–4 Mit einer Datumsdimension im Modell lässt sich der Code viel einfacher schreiben.

Jetzt können Sie die vordefinierten Zeitinformationsfunktionen nutzen und die Formel damit wie folgt schreiben:

```
Sales YTD :=
CALCULATE (
   [Sales Amount],
    DATESYTD ( 'Date'[Date] )
)
```

Dies gilt nicht nur für die Berechnung von seit Jahresbeginn aufgelaufenen Beträgen. Alle Zeitinformationsformeln lassen sich leichter schreiben, wenn eine Datumsdimension vorhanden ist.

Durch die Verwendung einer Datumsdimension haben Sie Folgendes erreicht:

- Sie haben das Schreiben von berechneten Feldern vereinfacht.
- Sie haben alle für Ihre Berichte erforderlichen Spalten mit Zeitinformationen an einer zentralen Stelle gespeichert.
- Sie haben die Leistung der Abfragen verbessert.
- Sie haben das Modell übersichtlicher gemacht.

Das sind die Vorteile. Gibt es aber auch Nachteile? Nein. Verwenden Sie stets eine Zeitdimension, denn dies bringt nur Vorteile. Gewöhnen Sie es sich an, bei jedem Datenmodell auch eine Kalenderdimension anzulegen, und lassen Sie sich nicht zu der vermeintlich einfacheren Lösung verführen, berechnete Spalten zu verwenden, denn das werden Sie schon sehr bald bereuen.

Automatische Zeitdimensionen

Sowohl in Excel 2016 als auch Power BI Desktop hat Microsoft ein automatisches System für den Umgang mit Zeitinformationen eingebaut. Allerdings verwenden die beiden Programme dafür unterschiedliche Mechanismen. Wir werden uns beide in diesem Abschnitt ansehen.

Wie Sie in diesem Abschnitt sehen werden, raten wir davon ab, diese Systeme zu verwenden, da sie weder die Flexibilität noch die Benutzerfreundlichkeit bieten, die Sie für Ihre Modelle benötigen.

Automatische Zeitgruppierung in Excel

Wenn Sie eine Pivottabelle für ein Excel-Datenmodell verwenden und ihr eine Datumsspalte hinzufügen, erstellt Excel automatisch eine Reihe von Spalten für automatische Datumsberechnungen in der Tabelle. Nehmen wir an, Sie haben das Modell aus Abbildung 4–5, in dem die Tabelle *Sales* nur eine einzige Datumsspalte hat, nämlich *Order Date*.

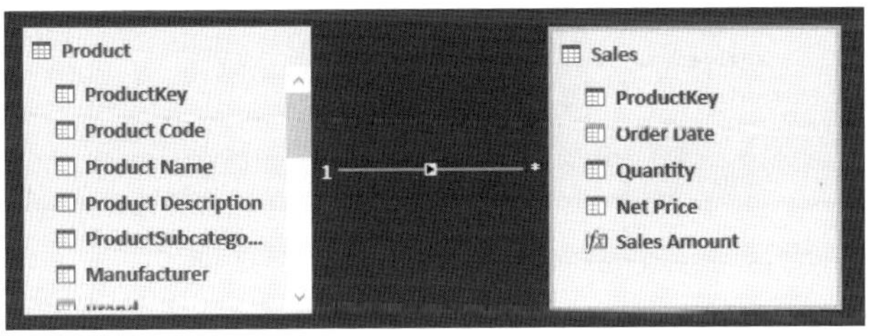

Abbildung 4–5 Die Tabelle *Sales* enthält nur eine einzige Datumsspalte, nämlich *Order Date*, und keine Spalten für Jahr oder Monat.

Wenn Sie nun eine Pivottabelle mit *Sales Amount* im Wertebereich und *Order Date* in den Spalten erstellen, verzögert sich der Vorgang ein wenig. Zu Ihrer Überraschung sehen Sie anschließend nicht etwa eine Pivottabelle mit *Order Date*, sondern die aus Abbildung 4–6.

Row Labels	Sales Amount
⊟2007	1,459,215.95
⊞Qtr1	329,358.16
⊞Qtr2	366,206.60
⊞Qtr3	382,041.25
⊞Qtr4	381,609.95
⊞2008	1,122,535.05
⊞2009	1,242,534.61
Grand Total	3,824,285.61

Abbildung 4–6 Diese Pivottabelle filtert das Datum nach Jahr und Quartal, auch wenn es gar keine entsprechenden Spalten in dem Modell gibt.

Damit diese Pivottabelle einen Datenschnitt nach dem Jahr vornehmen kann, hat Excel automatisch einige Spalten zur Tabelle *Sales* hinzugefügt, was Sie sehen können, wenn Sie das Datenmodell erneut öffnen. In Abbildung 4–7 sind die von Excel hinzugefügten neuen Spalten hervorgehoben.

Excel macht hier genau das, wovon wir Ihnen abgeraten haben: Es erstellt einen Satz von Spalten für die Zeitfilterung direkt in der Tabelle mit der Datumsspalte. Wenn Sie die gleiche Operation an einer anderen Faktentabelle durchführen, erhalten Sie einen weiteren Satz von Spalten. Es ist allerdings nicht möglich, einen dieser beiden Sätze von Spalten zur Filterung für beide Tabellen einzusetzen. Da die Spalten in der Faktentabelle angelegt werden, erfordert dieser Vorgang bei großen Datenmengen viel Zeit und nimmt auch viel Platz in der Excel-Datei ein. Weitere Informationen über diese Funktion finden Sie auf *https://blogs.office.com/2015/10/13/time-grouping-enhancements-in-excel-2016*. Dieser Artikel enthält auch einen Link zu einer Anleitung, mit der Sie die Funktion in der Registrierung ausschalten können. Sofern Sie nicht ausschließlich mit sehr einfachen Modellen arbeiten, empfehlen wir Ihnen, die automatische Zeitgruppierung nach dieser Anleitung auszuschalten und die korrekte manuelle Vorgehensweise zu erlernen, die wir Ihnen in diesem Kapitel zeigen.

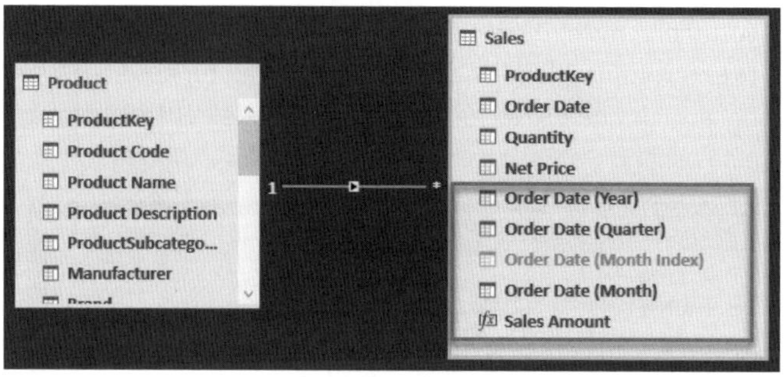

Abbildung 4–7 Die Tabelle *Sales* enthält neue Spalten, die Excel automatisch erstellt hat.

Automatische Zeitgruppierung in Power BI Desktop

Power BI Desktop versucht, Zeitberechnungen durch Automatisierung einiger Schritte zu vereinfachen. Das funktioniert hier schon ein wenig besser als bei Excel, doch ist Power Bi Desktop trotzdem nicht die ideale Lösung für Zeitinformationen.

Wenn Sie in Power BI Desktop ebenfalls das Datenmodell aus Abbildung 4–5 verwenden und eine Matrix mit der Spalte *Order Date* bilden, erhalten Sie die Visualisierung aus Abbildung 4-8.

Year ▼	Quarter	Month	Day	Sales Amount
2009	Qtr 1	January	1	2.198,95
			2	1.325,89
			3	1.775,52
			4	2.167,90
			5	511,70
			6	907,89
			7	332,37
			8	4.605,52
			9	4.442,14
			10	82,70
			11	60,44

Abbildung 4–8 Die Matrix zeigt Spalten für Jahr, Quartal und Monat an, die gar nicht zu dem Modell gehören.

Ebenso wie Excel baut auch Power BI Desktop eine Kalenderhierarchie auf, allerdings mit einer anderen Technik. In der Tabelle *Sales* werden Sie keine neuen berechneten Spalten finden. Stattdessen legt Power BI Desktop für jede Spalte mit einem Datum eine verborgene Tabelle an und richtet die erforderlichen Beziehungen ein. Wenn Sie nun einen Datenschnitt nach dem

Datum durchführen, nutzt das Programm die Hierarchie in der verborgenen Tabelle. Diese Vorgehensweise ist zwar etwas geschickter als die von Excel, weist aber die folgenden Nachteile auf:

- Die automatisch generierte Tabelle ist verborgen, weshalb Sie keine Möglichkeit haben, ihren Inhalt zu ändern, also z. B. die Spaltennamen, die Sortierung der Daten oder den Beginn des Geschäftsjahrs.
- Power BI Desktop legt eine Tabelle pro Spalte an. Wenn Sie mehrere Faktentabellen haben, werden diese daher mit verschiedenen Datumstabellen verknüpft, weshalb es nicht möglich ist, mehrere Tabellen mithilfe eines einzigen Kalenders zu filtern.

Mit der Zeit haben wir uns angewöhnt, die automatische Kalendergenerierung in Power BI Desktop auszuschalten. (Klicken Sie dazu auf die Registerkarte *Datei* und dann auf *Optionen und Einstellungen*, um das Dialogfeld *Optionen* zu öffnen. Wählen Sie die Seite *Daten laden* und deaktivieren Sie das Kontrollkästchen *Autom. Datum/Uhrzeit*.) Wir sind immer bereit, eine eigene Kalendertabelle einzurichten, die voll und ganz unserer Kontrolle unterliegt, um damit alle Faktentabellen im Modell zu filtern. Diese Vorgehensweise empfehlen wir Ihnen ebenfalls.

Mehrere Datumsdimensionen

Eine Faktentabelle kann mehrere Datumsangaben enthalten. Das kommt sogar recht häufig vor. Beispielsweise gibt es in der Contoso-Datenbank zu jeder Bestellung drei verschiedene Datumsangaben: Bestelldatum (*OrderDate*), Fälligkeitsdatum (*DueDate*) und Lieferdatum (*DeliveryDate*). Außerdem können auch mehrere Faktentabellen Datumsangaben enthalten. Daher ist die Anzahl der Datumsangaben in einem Datenmodell oft ziemlich hoch. Was ist die richtige Möglichkeit, um ein solches Modell zu gestalten? Die Antwort darauf lautet schlicht: Abgesehen von einigen Ausnahmefällen sollte es im ganzen Modell nur eine einzige Datumsdimension geben. In diesem Abschnitt wollen wir den Grund dafür erklären.

Wie bereits erwähnt, gibt es in *Sales* drei Datumsangaben, die Sie verwenden können, um *Sales* mit *Date* zu verknüpfen. Sie könnten versucht sein, für die drei Spaltenpaare drei Beziehungen zwischen den Tabellen einzurichten, doch dabei wird nur die erste Beziehung aktiviert, während die beiden anderen inaktiv bleiben (siehe Abbildung 4–9).

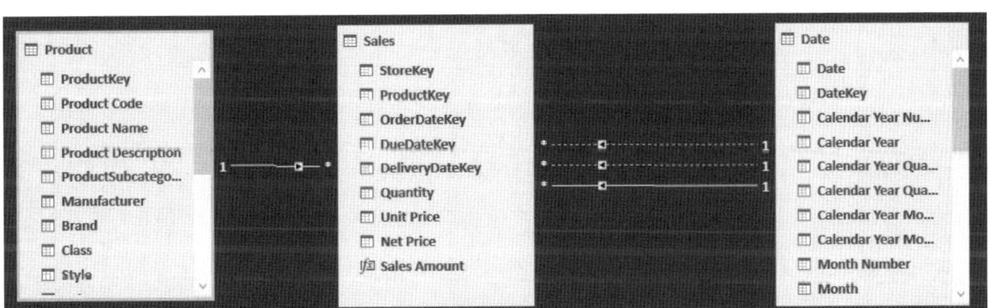

Abbildung 4–9 Von den drei Beziehungen zwischen *Sales* und *Date* ist nur eine aktiv (durchgezogene Linie). Die beiden anderen sind inaktiv (gestrichelt).

Mit der Funktion `USERELATIONSHIP` können Sie inaktive Beziehungen vorübergehend aktivieren, aber das ist eine Technik, die wir für einige besondere Formeln reservieren. Wenn Sie dieses Datenmodell für eine Pivottabelle oder einen Report verwenden, werden die inaktiven Beziehungen für keine Ihrer Formeln genutzt. Ein Benutzer kann Excel nicht anweisen, eine bestimmte Beziehung etwa in einer Pivottabelle zu aktivieren.

Es ist nicht möglich, alle Beziehungen zu aktivieren, da die Engine keine mehrdeutigen Datenmodelle zulässt. Solche Mehrdeutigkeiten treten auf, wenn es mehrere Pfade von einer Tabelle (hier *Sales*) zu einer anderen (hier *Date*) gibt. Nehmen wir an, Sie wollten in *Sales* eine berechnete Spalte mit der Formel `RELATED ( Date[Calendar Year] )` aufnehmen. Wären dann alle drei Beziehungen aktiv, könnte DAX nicht erkennen, welche davon verwendet werden soll. Daher kann immer nur eine Beziehung aktiv sein. Dadurch wird das Verhalten von `RELATED`, `RELATEDTABLE` und der automatischen Weiterleitung des Filterkontexts bestimmt.

Die Verwendung inaktiver Beziehungen ist nicht die richtige Vorgehensweise. Daher versuchen wir, das Modell zu ändern, indem wir die Dimension duplizieren. In unserem Beispiel laden wir dazu die Tabelle *Date* drei Mal: einmal für das Bestelldatum, einmal für das Fälligkeitsdatum und einmal für das Lieferdatum. Dadurch erhalten Sie das eindeutige Modell aus Abbildung 4–10.

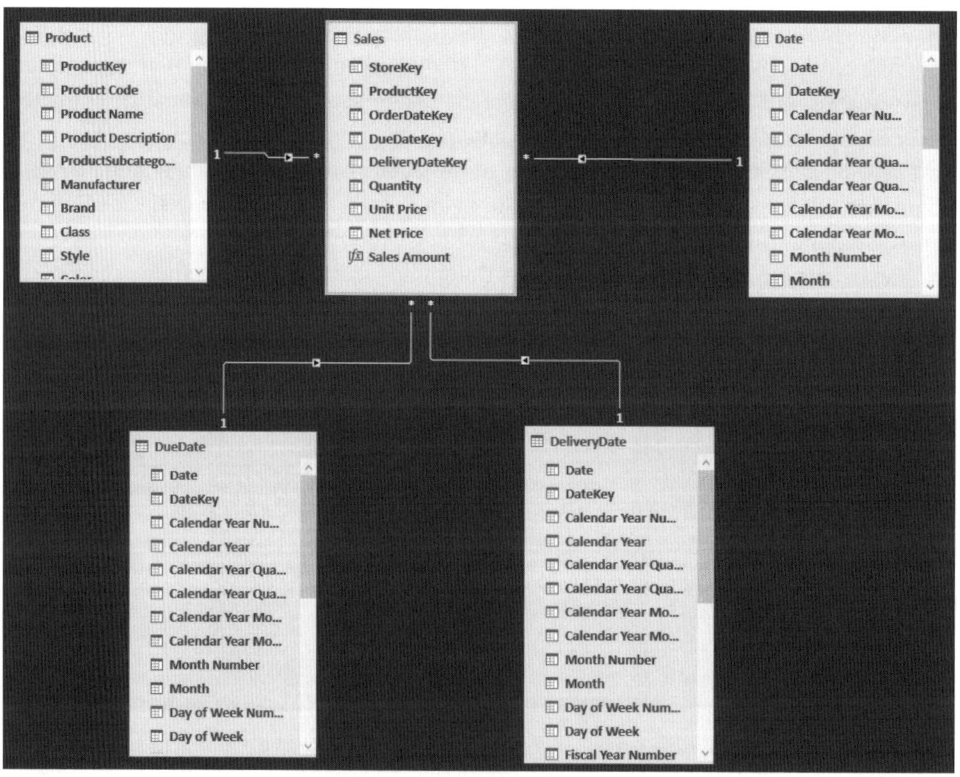

Abbildung 4–10 Durch dreifaches Laden der Datumstabelle wird das Modell eindeutig.

Mit diesem Modell können wir jetzt Berichte erstellen, die beispielsweise die Beträge der Verkäufe anzeigen, die in einem Jahr bestellt, aber in einem anderen geliefert wurden (siehe Abbildung 4–11).

Sales Amount	Column Labels				
Row Labels	2007	2008	2009	2010	Grand Total
2007	1,412,267.47	46,948.48			1,459,215.95
2008		1,092,620.19	29,914.86		1,122,535.05
2009			1,193,051.71	49,482.90	1,242,534.61
Grand Total	**1,412,267.47**	**1,139,568.67**	**1,222,966.57**	**49,482.90**	**3,824,285.61**

Abbildung 4–11 Der Bericht zeigt die Beträge der Verkäufe, die in einem Jahr bestellt, aber in einem anderen geliefert wurden.

Die Pivottabelle in Abbildung 4–11 ist auf den ersten Blick unübersichtlich. Es ist schwer zu erkennen, ob das Lieferjahr in den Spalten oder den Zeilen angegeben wird. Dass das Lieferjahr in den Spalten steht, können Sie herausfinden, indem Sie sich die Zahlen genauer ansehen, da die Lieferung grundsätzlich nach der Bestellung erfolgt. Allerdings ist der Aufbau dieser Tabelle nicht so offensichtlich, wie er in einem guten Bericht sein sollte.

Um die Übersichtlichkeit zu erhöhen, können wir einfach den Zeilen- und Spaltenbezeichnungen für die Jahre die Präfixe *OY* für das Bestelljahr bzw. *DY* für das Lieferjahr voranstellen. Dazu muss die Abfrage der Tabelle *Calendar* geändert werden, es macht aber den Bericht viel übersichtlicher, wie Sie in Abbildung 4–12 sehen.

Sales Amount	Column Labels				
Row Labels	DY 2007	DY 2008	DY 2009	DY 2010	Grand Total
OY 2007	1,412,267.47	46,948.48			1,459,215.95
OY 2008		1,092,620.19	29,914.86		1,122,535.05
OY 2009			1,193,051.71	49,482.90	1,242,534.61
Grand Total	**1,412,267.47**	**1,139,568.67**	**1,222,966.57**	**49,482.90**	**3,824,285.61**

Abbildung 4–12 Mit Präfixen für das Bestell- und das Lieferjahr wird der Bericht viel übersichtlicher.

Das mag bis jetzt so aussehen, als könnten Sie zur Handhabung von mehreren Datumsangaben einfach die Datumsdimension so oft wie nötig kopieren, sofern Sie darauf achten, die Spalten umzubenennen und Präfixe für die Spaltenwerte zu verwenden, um den Bericht übersichtlich zu halten. In gewisser Weise stimmt das auch. Aber wenn Sie dem Datenmodell eine weitere Faktentabelle hinzufügen, beispielsweise *Purchases*, wird die Situation viel komplizierter, wie Sie in Abbildung 4–13 sehen.

Allein durch Hinzufügen der Tabelle *Purchases* erhält das Modell drei weitere Datumsangaben, da es auch für Einkäufe ein Bestell-, ein Liefer- und ein Fälligkeitsdatum gibt. Die richtige Modellierung ist jetzt schon viel kniffliger. Sie könnten dem Modell jetzt drei weitere Datumsdimensionen hinzufügen, sodass es insgesamt sechs hätte. Diese Vielzahl von Datumsangaben aber ist für Benutzer verwirrend. Auch wenn das Modell sehr leistungsfähig sein mag, ist es schwer zu verwenden und nicht benutzerfreundlich. Versuchen Sie sich außerdem vorzustellen, was passiert, wenn Sie irgendwann noch eine weitere Faktentabelle hinzufügen müssen! Diese explosionsartige Vermehrung von Datumsdimensionen ist keine gute Sache.

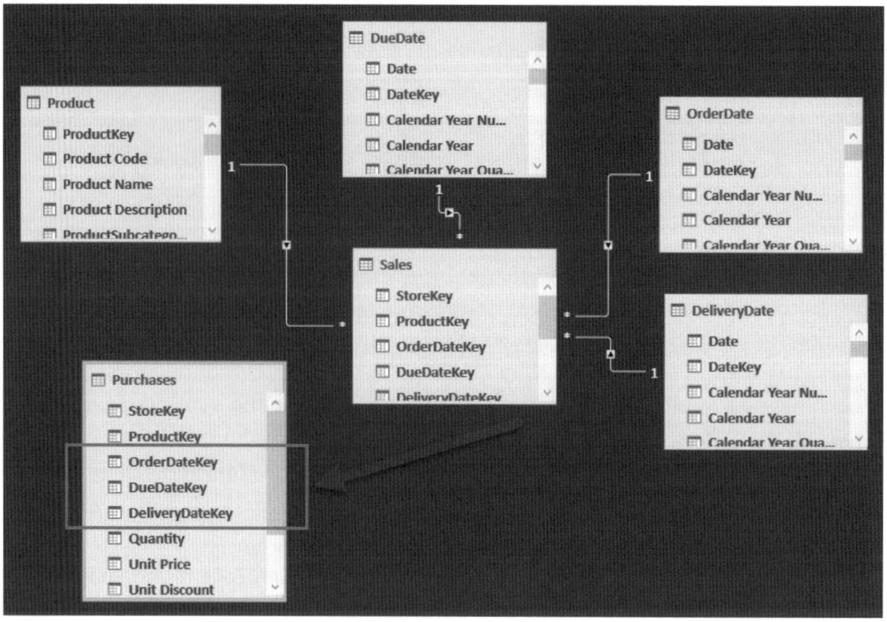

Abbildung 4–13 Die Tabelle *Purchases* weist drei weitere Datumsangaben auf.

Eine andere Möglichkeit besteht darin, die drei bereits in dem Modell vorhandenen Dimensionen zur Filterung sowohl der Einkäufe als auch der Verkäufe zu verwenden. Das bedeutet, dass *OrderDate*, *DueDate* und *DeliveryDate* sowohl *Sales* als auch *Purchases* nach dem Bestell-, Fälligkeits- bzw. Lieferdatum filtern können. Dadurch erhalten wir das Datenmodell aus Abbildung 4–14.

Das Modell in Abbildung 4–14 lässt sich schon viel leichter handhaben, ist aber immer noch zu kompliziert. Vor allem aber haben wir bei den neuen Dimensionen unverschämtes Glück gehabt, denn *Purchases* verwendet die gleichen Datumsangaben wie *Sales*, was in der Praxis nicht so häufig vorkommt. Es ist viel wahrscheinlicher, dass neue Faktentabellen mit Datumsangaben keine Gemeinsamkeiten mit bereits vorhandenen Faktentabellen haben. In einem solchen Fall müssten Sie entscheiden, ob Sie weitere Datumsdimensionen erstellen wollen, was das Modell unübersichtlicher macht, oder die neue mit einer verknüpfen möchten, die die vorhandenen Datumsangaben enthält. Da die Namen aber wahrscheinlich nicht hundertprozentig übereinstimmen, kann das die Verwendung durch die Benutzer erschweren.

Das Problem lässt sich viel einfacher lösen, wenn Sie der Versuchung widerstehen, mehrere Datumsdimensionen in dem Modell anzulegen. Wenn Sie bei einer einzigen Datumsdimension bleiben, ist das Modell viel übersichtlicher und verständlicher, wie Sie in Abbildung 4–15 sehen.

Durch die Verwendung einer einzigen Datumsdimension wird das Modell sehr leicht zu handhaben. Es ist unmittelbar einsichtig, dass *Date* sowohl *Sales* als auch *Purchases* jeweils nach deren Hauptdatumsspalte filtert, nämlich dem Bestelldatum. Auf den ersten Blick mag dieses Modell weniger leistungsfähig aussehen als das vorherige, und in gewissem Sinne ist dieser Eindruck auch korrekt. Bevor wir jedoch verkünden, dass das Modell tatsächlich weniger leistungsfähig ist, sollten wir uns zunächst einmal genauer ansehen, welche Unterschiede es bei den Analysemöglichkeiten zwischen einem Modell mit mehreren und einem Modell mit einer einzigen Datumsdimension gibt.

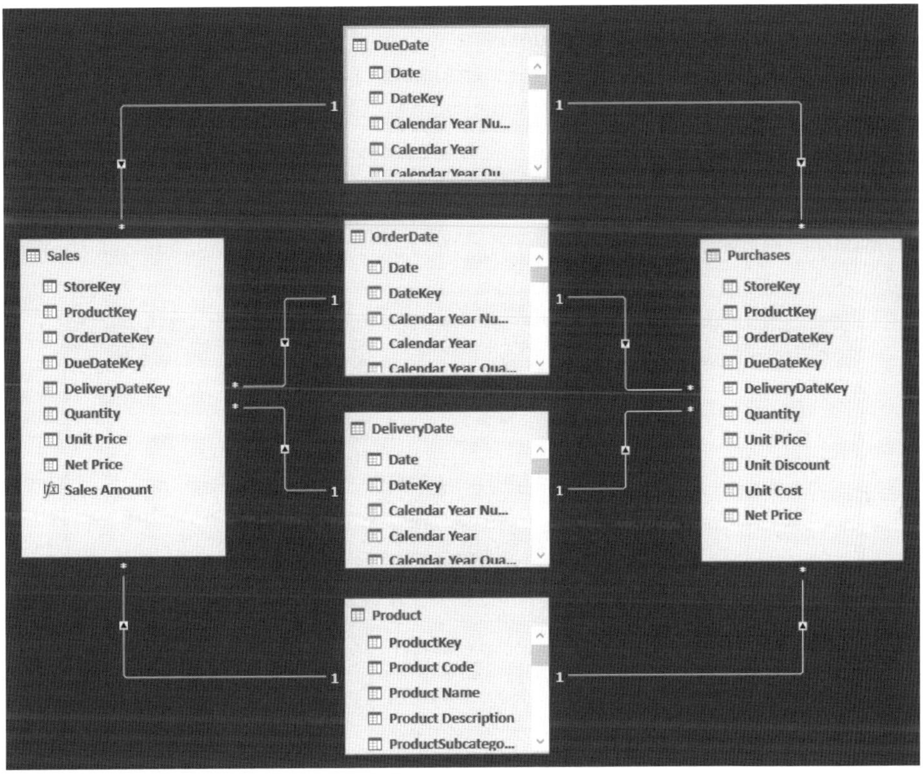

Abbildung 4–14 Mit der Verwendung derselben Dimensionen zur Filterung beider Faktentabellen ist das Modell leichter zu handhaben.

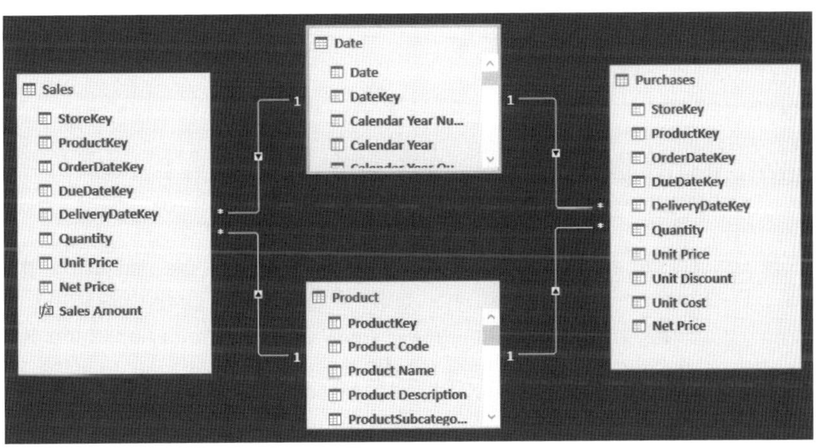

Abbildung 4–15 In diesem einfacheren Modell gibt es eine einzige Datumsdimension, die mit *OrderDate* in beiden Faktentabellen verknüpft ist.

Den Benutzern mehrere Datumstabellen zur Verfügung zu stellen, ermöglicht es, Berichte zu erstellen, die mehrere Datumsangaben auf einmal verwenden. Im vorherigen Beispiel haben Sie gesehen, dass das praktisch sein kann, um die Bestellbeträge mit den Beträgen der tatsächlich gelieferten Waren zu vergleichen. Allerdings müssen Sie sich hier fragen, ob wirklich mehrere Datumsangaben notwendig sind, um diese Information zu gewinnen. Die Antwort lautet nein. Sie können die gleiche Aufgabe mit berechneten Feldern lösen, die die erforderlichen Werte bestimmen, ohne dass dazu eine Änderung des Datenmodells notwendig ist.

Wenn Sie beispielsweise die Bestell- und die Lieferbeträge vergleichen wollen, können Sie eine inaktive Beziehung zwischen *Sales* und *Date* auf der Grundlage von *DeliveryDateKey* aufrechterhalten und für ein einzelnes berechnetes Feld aktivieren. Mit dieser zusätzlichen inaktiven Beziehung zwischen *Sales* und *Date* erhalten wir das Datenmodell aus Abbildung 4–16.

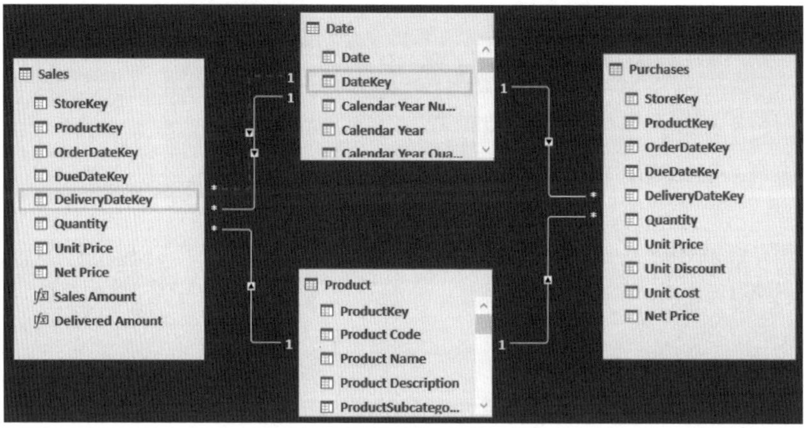

Abbildung 4–16 Die Beziehung zwischen *DeliveryDateKey* und *DateKey* ist im Modell vorhanden, aber inaktiv.

Wenn diese Beziehung vorhanden ist, können Sie das berechnete Feld *Delivered Amount* wie folgt schreiben:

```
Delivered Amount :=
CALCULATE (
    [Sales Amount],
    USERELATIONSHIP ( Sales[DeliveryDateKey], 'Date'[DateKey] )
)
```

Dieser Code aktiviert die inaktive Beziehung zwischen *Sales* und *Date* nur für die Dauer der Berechnung. Dadurch können Sie Ihre Daten anhand der Tabelle *Date* filtern und trotzdem Informationen mit Bezug zum Lieferdatum gewinnen, wie der Bericht in Abbildung 4–17 zeigt. Durch die Wahl eines geeigneten Namens für das berechnete Feld beseitigen Sie auch alle Unklarheiten bei der Verwendung.

Die einfache Regel lautet daher, eine einzige Datumsdimension für das gesamte Modell zu erstellen. Dies ist natürlich keine strenge Regel. Es gibt Situationen, in denen es durchaus sinnvoll ein kann, mehrere Datumsdimensionen zu verwenden. Die Gründe dafür müssen aber gewichtig genug sein, um die Schwierigkeiten beim Umgang mit mehreren Datumstabellen zu rechtfertigen.

Row Labels	Sales Amount	Delivered Amount
CY 2007	1,459,215.95	1,410,787.80
CY 2008	1,122,535.05	1,145,421.73
CY 2009	1,242,534.61	1,221,566.90
CY 2010		46,509.18
Grand Total	**3,824,285.61**	**3,824,285.61**

Abbildung 4–17 Das berechnete Feld *Delivered Amount* nutzt die Beziehung auf der Grundlage des Lieferdatums. Die Logik dahinter ist allerdings in dem berechneten Feld verborgen.

Nach unserer Erfahrung sind mehrere Datumstabellen in den meisten Datenmodellen nicht erforderlich. Eine reicht. Wenn Sie Berechnungen durchführen müssen, die unterschiedliche Datumsangaben nutzen, können Sie dafür berechnete Felder erstellen und inaktive Beziehungen nutzen. Meistens werden zusätzliche Datumsdimensionen nur hinzugefügt, weil die Erfordernisse des Modells nicht richtig erkannt sind. Wenn Sie vorhaben, das Modell um eine neue Datumsdimension zu ergänzen, sollten Sie sich daher immer fragen, ob Sie sie *wirklich* brauchen oder ob Sie dieselben Werte auch mit DAX-Code berechnen können. Wenn Letzteres der Fall ist, sollten Sie sich für mehr DAX-Code und weniger Datumsdimensionen entscheiden. Diese Entscheidung werden Sie nie bereuen.

Umgang mit Datum und Uhrzeit

In fast jedem Modell ist eine Datumsdimension erforderlich, doch eine Uhrzeitdimension ist viel weniger häufig. Es gibt jedoch Situationen, in denen sowohl Datum als auch Uhrzeit wichtige Dimensionen sind, und in solchen Fällen müssen Sie genau wissen, wie Sie damit umzugehen haben.

Der erste wichtige Punkt ist, dass eine Datumstabelle keine Uhrzeitangaben enthalten kann. Wenn Sie eine Tabelle als Datumstabelle kennzeichnen (was Sie tun müssen, um die Zeitinformationsfunktionen nutzen zu können), müssen Sie die Anforderungen von DAX dafür erfüllen. Dazu gehört es auch, dass die Spalte, die den `datetime`-Wert enthält, nur eine Granularität bis zur Ebene einzelner Tage aufweisen darf, aber keine Uhrzeitangaben. Wenn Sie eine Datumstabelle mit Uhrzeitangaben nutzen wollen, erhalten Sie eine Fehlermeldung von der Engine. Allerdings kann die Engine die Zeitinformationsfunktionen auch nicht korrekt nutzen, wenn ein Datum mehrmals auftaucht.

Was können Sie also tun, um auch mit Uhrzeitangaben zu arbeiten? Die einfachste und effizienteste Lösung besteht darin, eine Dimension für das Datum und eine weitere für die Uhrzeit zu erstellen. Letztere können Sie mit dem folgenden einfachen M-Code in Power Query anlegen:

```
Let
   StartTime = #datetime(1900,1,1,0,0,0),
   Increment = #duration(0,0,1,0),
   Times = List.DateTimes(StartTime, 24*60, Increment),
   TimesAsTable = Table.FromList(Times,Splitter.SplitByNothing()),
   RenameTime = Table.RenameColumns(TimesAsTable,{{"Column1", "Time"}}),
```

```
    ChangedDataType = Table.TransformColumnTypes(RenameTime,{{"Time", type time}}),
    AddHour = Table.AddColumn(
       ChangedDataType,
       "Hour",
       each Text.PadStart(Text.From(Time.Hour([Time])), 2, "0" )
    ),
    AddMinute = Table.AddColumn(
       AddHour,
       "Minute",
       each Text.PadStart(Text.From(Time.Minute([Time])), 2, "0" )
    ),
    AddHourMinute = Table.AddColumn(
       AddMinute,
       "HourMinute", each [Hour] & ":" & [Minute]
    ),
    AddIndex = Table.AddColumn(
       AddHourMinute,
       "TimeIndex",
       each Time.Hour([Time]) * 60 + Time.Minute([Time])
    ),
    Result = AddIndex
in
    Result
```

Dieses Skript erstellt eine Tabelle wie die in Abbildung 4–18. Sie enthält die Spalte *TimeIndex* (mit den Zahlen von 0 bis 1439), die Sie zur Verknüpfung mit der Faktentabelle nutzen können, und einige weitere Spalten zur Filterung Ihrer Daten. Wenn in Ihrer Tabelle eine andere Spalte für die Uhrzeit verwendet wird, können Sie das vorstehende Skript einfach abwandeln, um eine Zeitspalte als Primärschlüssel zu erstellen.

Time	Hour	Minute	TimeIndex	HourMinute
00.00.00	00	00	0	00:00
00.01.00	00	01	1	00:01
00.02.00	00	02	2	00:02
00.03.00	00	03	3	00:03
00.04.00	00	04	4	00:04
00.05.00	00	05	5	00:05
00.06.00	00	06	6	00:06
00.07.00	00	07	7	00:07
00.08.00	00	08	8	00:08
00.09.00	00	09	9	00:09
00.10.00	00	10	10	00:10
00.11.00	00	11	11	00:11
00.12.00	00	12	12	00:12
00.13.00	00	13	13	00:13
00.14.00	00	14	14	00:14
00.15.00	00	15	15	00:15

Abbildung 4–18 Eine einfache Uhrzeittabelle, erstellt mit Power Query

Zur Berechnung des Zeitindex wird die Stunde mit 60 multipliziert und die Anzahl der Minuten addiert. Dadurch können Sie den Zeitindex leicht als Schlüssel in Ihre Faktentabelle aufnehmen. Diese Berechnung sollte in der Datenquelle erfolgen, die die Tabelle speist.

Durch die Verwendung einer eigenen Uhrzeittabelle können Sie Ihre Daten nach Stunden, Minuten oder sonstigen Spalten filtern, die Sie dieser Tabelle hinzufügen. Sehr häufig werden auch Tageszeiten (Vormittag, Nachmittag, Nacht) oder Zeiträume, z. B. Stundenintervalle, verwendet (wie in Abbildung 4–19).

Sales Amount	**Column Labels**			
Row Labels	**CY 2007**	**CY 2008**	**CY 2009**	**Grand Total**
From 06:00 to 07:00	79,518.54	47,981.26	67,825.28	195,325.08
From 07:00 to 08:00	27,692.12	39,036.69	37,788.93	104,517.75
From 08:00 to 09:00	54,368.20	52,602.75	56,441.84	163,412.79
From 09:00 to 10:00	69,017.22	55,524.44	55,657.92	180,199.58
From 10:00 to 11:00	63,355.05	49,343.90	44,823.41	157,522.37
From 11:00 to 12:00	51,625.55	49,563.19	42,184.88	143,373.62
From 12:00 to 13:00	52,189.03	29,557.34	45,533.05	127,279.42
From 13:00 to 14:00	47,517.66	35,557.72	46,450.37	129,525.75
From 14:00 to 15:00	74,327.75	52,080.15	45,249.45	171,657.35
From 15:00 to 16:00	48,098.40	46,725.44	37,985.21	132,809.04
From 16:00 to 17:00	43,919.20	36,328.50	53,859.38	134,107.08
From 17:00 to 18:00	62,586.62	47,388.08	47,082.21	157,056.92
From 18:00 to 19:00	64,856.62	40,480.32	74,347.68	179,684.62
From 19:00 to 20:00	68,391.58	32,012.46	52,723.16	153,127.20
Grand Total	**807,463.55**	**614,182.24**	**707,952.78**	**2,129,598.57**

Abbildung 4–19 Die Uhrzeitdimension ist praktisch für Berichte, die beispielsweise Verkäufe nach Stunden anzeigen.

Es gibt jedoch auch Situationen, in denen es nicht nötig ist, Zahlen auf Zeiträume zu verteilen. Das ist beispielsweise der Fall, wenn Sie Werte basierend auf dem Zeitunterschied zwischen zwei Ereignissen berechnen wollen oder wenn Sie an der Anzahl der Ereignisse zwischen zwei Uhrzeiten interessiert sind, etwa an der Anzahl der Kunden, die Ihr Geschäft zwischen 8.00 Uhr am 1. Januar und 13.00 Uhr am 7. Januar betreten haben. Solche Fälle sind etwas anspruchsvoller und werden in Kapitel 7 behandelt.

Zeitinformationsberechnungen

Wenn Sie Ihr Datenmodell auf die richtige Weise vorbereitet haben, lassen sich Zeitinformationsberechnungen leicht schreiben. Dazu müssen Sie auf die Kalendertabelle einen Filter anwenden, der die Zeilen für die gewünschten Zeiträume zeigt. Es gibt eine Menge von Funktionen, die Sie einsetzen können, um solche Filter zu erstellen. Beispielsweise können Sie aufgelaufene Beträge seit Jahresbeginn wie folgt schreiben:

```
Sales YTD :=
CALCULATE (
   [Sales Amount],
   DATESYTD ( 'Date'[Date] )
)
```

DATESYTD gibt die Menge der Datumsangaben vom 1. Januar des zurzeit ausgewählten Zeitraums bis zum letzten Datum in dem Kontext zurück. Weitere praktische Funktionen sind SAMEPERIODLASTYEAR, PARALLELPERIOD und LASTDAY. Durch die Kombination dieser Funktionen können Sie noch vielschichtigere Aggregationen erreichen.

Wenn Sie beispielsweise die aufgelaufenen Beträge im Vergleichszeitraum des vorherigen Jahres berechnen wollen, können Sie dazu die folgende Formel verwenden:

```
Sales PYTD :=
CALCULATE (
   [Sales Amount],
   DATESYTD ( SAMEPERIODLASTYEAR ( 'Date'[Date] ) )
)
```

Eine weitere praktische Zeitinformationsfunktion ist DATESINPERIOD, die die Datumsangaben in einem bestimmten Zeitraum zurückgibt. Das können Sie wie im folgenden Beispiel für die Berechnung gleitender Durchschnitte nutzen. Hier gibt DATESINPERIOD die letzten zwölf Monate zurück, wobei das letzte Datum im Filterkontext als Bezugspunkt fungiert.

```
Sales Avg12M :=
CALCULATE (
   [Sales Amount] / COUNTROWS ( VALUES ( 'Date'[Month] ) ),
   DATESINPERIOD (
      'Date'[Date],
      MAX ( 'Date'[Date] ),
      -12,
      MONTH
   )
)
```

Das Ergebnis sehen Sie in Abbildung 4–20.

Row Labels	Sales Amount	Sales Avg12M
⊞2007	**1,459,215.95**	**121,601.33**
⊞2008	**1,122,535.05**	**93,544.59**
⊟2009	**1,242,534.61**	**103,544.55**
January	71,828.15	94,146.79
February	59,980.01	94,048.68
March	71,327.93	94,596.90
April	103,551.11	93,559.09
May	160,137.28	96,306.46
June	93,484.82	96,631.05
July	145,604.22	101,094.13
August	98,972.35	97,565.15
September	90,457.03	95,765.51
October	91,665.16	98,482.67
November	133,481.80	100,581.92
December	122,044.75	103,544.55
Grand Total	**3,824,285.61**	

Abbildung 4–20 Das berechnete Feld ermittelt den Durchschnitt über zwölf Monate.

Geschäftskalender

Ein weiterer sehr guter Grund, aus dem es sinnvoll ist, Ihre eigene Kalendertabelle aufzustellen, besteht darin, dass Sie dadurch sehr leicht mit einem Geschäftskalender arbeiten können. Es ist damit sogar möglich, noch anspruchsvollere Sonderformen wie Wochen- oder Saisonkalender zu nutzen.

Für einen Geschäftskalender fügen Sie nicht der Faktentabelle weitere Spalten hinzu, sondern der Datumstabelle, sodass Sie Datenschnitte sowohl nach dem Kalender- als auch nach dem Geschäftsjahr durchführen können. Nehmen wir als Beispiel an, Sie brauchen einen Geschäftskalender mit dem Juli als ersten Monat. Er geht also vom 1. Juli bis zum 30. Juni. In diesem Fall müssen Sie den Kalender so abändern, dass er die Geschäftsmonate zeigt, und einige Berechnungen anpassen, damit sie den Geschäftskalender nutzen.

Als Erstes müssen Sie geeignete Spalten für die Geschäftsmonate hinzufügen (falls sie noch nicht vorhanden sind). Manche verwenden die Monatsnamen wie hier Juli als Bezeichnungen für die Geschäftsmonate, während andere lieber Zahlen angeben, also *Geschäftsmonat 01* statt *Juli*. In diesem Beispiel bleiben wir jedoch bei den üblichen Monatsnamen.

In jedem Fall aber brauchen Sie zur Sortierung eine zusätzliche Spalte mit der Bezeichnung des Geschäftsmonats. In Standardkalendern haben Sie eine Spalte für den Monatsnamen, die nach der Monatsnummer sortiert wird, sodass Januar an der ersten Stelle steht und Dezember an der letzten. In unserem Geschäftskalender soll jedoch Juli der erste Monat sein und Juni der letzte. Da es nicht möglich ist, eine Spalte nach unterschiedlichen Aspekten zu sortieren, müssen Sie die Spalte mit dem Monatsnamen für die Geschäftsmonate duplizieren und eine neue Sortierungsspalte für die gewünschte Anordnung erstellen.

Anschließend können Sie das Modell nach den Spalten in der Kalendertabelle durchsuchen und die Monate auf die gewünschte Weise sortieren lassen. Allerdings funktionieren einige Berechnungen dabei nicht wie erwartet. Schauen Sie sich beispielsweise die Berechnung der aufgelaufenen Verkäufe seit Jahresbeginn (*Sales YTD*) in Abbildung 4–21 an.

Wenn Sie sich die Pivottabelle genau ansehen, können Sie erkennen, dass die Werte für die aufgelaufenen Beträge im Januar 2008 zurückgesetzt werden statt im Juli. Das liegt daran, dass die Zeitinformationsfunktionen mit dem Standard- und nicht mit dem Geschäftskalender arbeiten. Einige Funktionen verfügen über einen zusätzlichen Parameter, mit dem Sie festlegen können, ob ein Geschäftskalender verwendet werden soll. Dazu gehört auch die Funktion `DATESYTD` zur Berechnung aufgelaufener Beträge seit Jahresbeginn. Damit sie den Geschäftskalender nutzt, fügen Sie ihr einen zweiten Parameter hinzu, der angibt, an welchem Tag welchen Monats der Kalender endet:

```
Sales YTD Fiscal :=
CALCULATE (
    [Sales Amount],
    DATESYTD ( 'Date'[Date], "06/30" )
)
```

Row Labels	Sales Amount	Sales YTD
FY 2007	**695,564.75**	**695,564.75**
January	101,097.12	101,097.12
February	108,553.20	209,650.32
March	119,707.83	329,358.16
April	121,085.74	450,443.90
May	123,413.41	573,857.31
June	121,707.44	695,564.75
FY 2008	**1,286,923.00**	**523,271.80**
July	139,381.00	834,945.75
August	87,384.31	922,330.06
September	155,275.94	1,077,606.00
October	99,872.65	1,177,478.64
November	122,522.86	1,300,001.50
December	159,214.45	1,459,215.95
January	64,601.67	64,601.67
February	61,157.39	125,759.06
March	64,749.27	190,508.33
April	116,004.84	306,513.17
May	127,168.83	433,682.00
June	89,589.80	523,271.80
FY 2009	**1,159,572.55**	**560,309.30**
FY 2010	**682,225.31**	
Grand Total	**3,824,285.61**	

Abbildung 4–21 Die Berechnung aufgelaufener Beträge seit Jahresbeginn funktioniert im Geschäftskalender nicht richtig.

Die Pivottabelle in Abbildung 4–22 zeigt nebeneinander die aufgelaufenen Beträge seit Beginn des Kalenderjahres und seit Beginn des Geschäftsjahres.

Row Labels	Sales Amount	Sales YTD	Sales YTD Fiscal
FY 2007	**695,564.75**	**695,564.75**	**695,564.75**
January	101,097.12	101,097.12	101,097.12
February	108,553.20	209,650.32	209,650.32
March	119,707.83	329,358.16	329,358.16
April	121,085.74	450,443.90	450,443.90
May	123,413.41	573,857.31	573,857.31
June	121,707.44	695,564.75	695,564.75
FY 2008	**1,286,923.00**	**523,271.80**	**1,286,923.00**
July	139,381.00	834,945.75	139,381.00
August	87,384.31	922,330.06	226,765.31
September	155,275.94	1,077,606.00	382,041.25
October	99,872.65	1,177,478.64	481,913.89
November	122,522.86	1,300,001.50	604,436.75
December	159,214.45	1,459,215.95	763,651.19
January	64,601.67	64,601.67	828,252.87
February	61,157.39	125,759.06	889,410.25
March	64,749.27	190,508.33	954,159.53
April	116,004.84	306,513.17	1,070,164.36
May	127,168.83	433,682.00	1,197,333.20
June	89,589.80	523,271.80	1,286,923.00
FY 2009	**1,159,572.55**	**560,309.30**	**1,159,572.55**
FY 2010	**682,225.31**		**682,225.31**
Grand Total	**3,824,285.61**		

Abbildung 4–22 `Sales YTD Fiscal` setzt die Beträge jetzt korrekt auf Ende Juni zurück.

Die verschiedenen möglichen Berechnungen erfordern natürlich jeweils eine eigene Vorgehensweise, aber die in DAX enthaltenen Standardfunktionen für Zeitinformationen lassen sich leicht an Geschäftskalender anpassen. Im letzten Abschnitt dieses Kapitels werden wir uns mit einer weiteren nützlichen Variante beschäftigen, nämlich mit Wochenkalendern. Wenn Sie andere Bedürfnisse haben oder noch anspruchsvollere Kalender benötigen, ist wahrscheinlich eine aufwendigere Vorgehensweise notwendig. Schauen Sie sich dazu die Zeitinformationsmuster auf *http://www.daxpatterns.com/time-patterns* an.

Der wichtige Punkt im Hinblick auf das Thema dieses Buches ist jedoch, dass Sie keine zusätzlichen Tabellen brauchen, um Geschäftskalender nutzen zu können. Wenn Sie Ihre Datumstabelle auf die richtige Weise gestaltet haben und verwenden, ist die Handhabung verschiedener Kalender sehr simpel und kann einfach durch Anpassung der Kalendertabelle erreicht werden.

Wenn Sie zulassen, dass Power BI Desktop oder Excel die Zeitinformationsspalten für Sie erstellen, können Sie diese einfachen Techniken jedoch nicht einsetzen. Sie müssen dann ganz auf sich allein gestellt herausfinden, wie Sie die richtigen Formeln schreiben.

Berechnungen mit Arbeitstagen

Nicht alle Tage sind Arbeitstage, und sehr oft müssen Sie diesen Unterschied in Ihren Berechnungen berücksichtigen, etwa wenn Sie die Anzahl der Arbeitstage zwischen zwei Kalenderdaten oder in einem bestimmten Zeitraum bestimmen müssen. In diesem Abschnitt beschäftigen wir uns mit der Datenmodellierung für Berechnungen mit Arbeitstagen.

Die erste (und wichtigste) Überlegung ist die Frage, ob ein bestimmter Tag immer ein Arbeitstag ist oder ob das von anderen Faktoren abhängt. Wenn Sie beispielsweise mehrere Bundesländer oder andere Staaten berücksichtigen müssen, kann es sein, dass ein bestimmter Tag in einer Region ein Arbeitstag ist und in der anderen ein Feiertag. Wie Sie noch sehen werden, brauchen Sie für die Berücksichtigung von Feiertagen nach Land oder Region aufwendigere Modelle. Zu Anfang wollen wir uns jedoch mit einem einfacheren Modell befassen, in dem wir nur mit den Feiertagen für eine einzige Region zu tun haben.

Arbeitstage in einer einzigen Region

Als Ausgangspunkt verwenden wir ein einfaches Datenmodell mit den Tabellen *Date*, *Product* und *Sales*, wobei wir uns jedoch auf *Date* konzentrieren. Diese Tabelle sieht zu Anfang so aus wie in Abbildung 4–23.

Date	DateKey	Calendar Year	Month Number	Month	Day of Week Number	Day of Week
1/1/05	20050101	CY 2005	1	January	7	Saturday
2/1/05	20050102	CY 2005	1	January	1	Sunday
3/1/05	20050103	CY 2005	1	January	2	Monday
4/1/05	20050104	CY 2005	1	January	3	Tuesday
5/1/05	20050105	CY 2005	1	January	4	Wednesday
6/1/05	20050106	CY 2005	1	January	5	Thursday
7/1/05	20050107	CY 2005	1	January	6	Friday
8/1/05	20050108	CY 2005	1	January	7	Saturday
9/1/05	20050109	CY 2005	1	January	1	Sunday
10/1/05	20050110	CY 2005	1	January	2	Monday
11/1/05	20050111	CY 2005	1	January	3	Tuesday
12/1/05	20050112	CY 2005	1	January	4	Wednesday
13/1/05	20050113	CY 2005	1	January	5	Thursday

Abbildung 4–23 Ausgangspunkt für die Arbeitstaganalyse ist eine einfache Datumstabelle.

Diese Tabelle enthält keine Angaben darüber, ob ein Tag ein Arbeitstag ist oder nicht. Für unsere Zwecke gibt es zwei Arten von arbeitsfreien Tagen, nämlich Wochenenden und Feiertage. Wenn das Wochenende in Ihrem Land auf Samstag und Sonntag fällt, können Sie mit dem folgenden Code ganz einfach eine berechnete Spalte erstellen, die besagt, ob der jeweilige Tag zum Wochenende gehört oder nicht. Fällt das Wochenende auf andere Tage, müssen Sie die Formel entsprechend anpassen.

```
'Date'[IsWorkingDay] =
INT (
   AND (
      'Date'[Day of Week Number] <> 1,
      'Date'[Day of Week Number] <> 7
   )
)
```

Wir haben die boolesche Bedingung in einen Integer umgewandelt, damit wir ihren Wert summieren und damit die Anzahl der Arbeitstage zählen können. Diese Anzahl können Sie mit dem folgenden berechneten Feld auf einfache Weise für gegebene Zeiträume ermitteln:

```
NumOfWorkingDays = SUM ( 'Date'[IsWorkingDay] )
```

Dieses berechnete Feld gibt uns schon eine gute Übersicht, wie Sie in Abbildung 4–24 sehen.

Calendar Year	Month	NumOfWorkingDays
CY 2005	January	21
	February	20
	March	23
	April	21
	May	22
	June	22
	July	21
	August	23
	September	22
	October	21
	November	22
	December	22
	Total	**260**

Abbildung 4–24 `NumOfWorkingDays` berechnet die Anzahl der Arbeitstage in dem ausgewählten Zeitraum.

Damit haben wir die Samstage und Sonntage berücksichtigt, aber noch nicht die Feiertage. Für das folgende Beispiel haben wir die US-Bundesfeiertage des Jahres 2009 von *www.timeanddate.com* bezogen und anschließend die Tabelle aus Abbildung 4–25 mit dem Abfrage-Editor von Power BI Desktop erstellt.

Date	Weekday	Holiday name	Holiday type
01/01/2009	Thursday	New Year's Day	Federal Holiday
19/01/2009	Monday	Martin Luther King Day	Federal Holiday
16/02/2009	Monday	Presidents' Day	Federal Holiday
25/05/2009	Monday	Memorial Day	Federal Holiday
03/07/2009	Friday	Independence Day observed	Federal Holiday
04/07/2009	Saturday	Independence Day	Federal Holiday
07/09/2009	Monday	Labor Day	Federal Holiday
12/10/2009	Monday	Columbus Day	Federal Holiday
11/11/2009	Wednesday	Veterans Day	Federal Holiday
26/11/2009	Thursday	Thanksgiving Day	Federal Holiday
25/12/2009	Friday	Christmas Day	Federal Holiday

Abbildung 4–25 Die Tabelle *Holidays* zeigt eine Liste der US-Bundesfeiertage.

Je nachdem, ob die Spalte *Date* in der Tabelle *Holidays* ein Schlüssel ist oder nicht, haben Sie jetzt zwei Möglichkeiten. Ist sie ein Schlüssel, so können Sie eine Beziehung zwischen *Date* und *Holidays* einrichten, um das Modell aus Abbildung 4–26 zu erstellen.

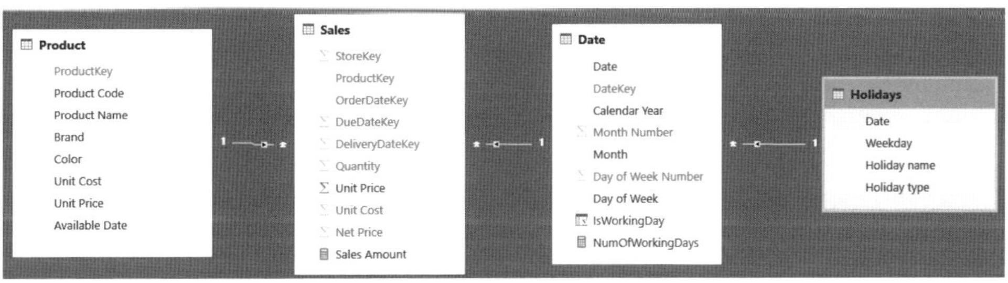

Abbildung 4–26 Wenn *Date* ein Primärschlüssel ist, kann *Holidays* auf einfache Weise mit dem Modell verknüpft werden.

Nach dem Einrichten der Beziehung können Sie den Code für die berechnete Spalte *IsWorkingDay* um eine zusätzliche Überprüfung erweitern. Dadurch wird ein Tag als Arbeitstag gekennzeichnet, wenn er nicht auf einen Samstag oder Sonntag fällt und nicht in der Tabelle *Holidays* erscheint. Dazu dient der folgende Code:

```
'Date'[IsWorkingDay] =
INT (
   AND (
      AND (
         'Date'[Day of Week Number] <> 1,
         'Date'[Day of Week Number] <> 7
      ),
      ISBLANK ( RELATED ( Holidays[Date] ) )
   )
)
```

Das Modell ähnelt sehr stark einem Sternschema. Es ist eine Schneeflocke, aber da sowohl *Date* als auch *Holidays* klein sind, gibt es keine Leistungsprobleme.

Es kann jedoch auch vorkommen, dass die Spalte *Date* in *Holidays* kein Schlüssel ist. Wenn mehrere Feiertage auf denselben Tag fallen, dann enthält *Holidays* mehrere Spalten mit demselben Datum. In diesem Fall müssen Sie eine 1:n-Beziehung mit *Date* als Ziel und *Holidays* als Quelle einrichten (in der Tabelle *Date* ist die Spalte *Date* definitiv ein Primärschlüssel) und den Code wie folgt ändern:

```
'Date'[IsWorkingDay] =
INT (
   AND (
      AND (
         'Date'[Day of Week Number] <> 1,
         'Date'[Day of Week Number] <> 7
      ),
      ISEMPTY ( RELATEDTABLE ( Holidays ) )
   )
)
```

Die einzige Änderung betrifft die Zeile, in der geprüft wird, ob das Datum in der Tabelle *Holidays* aufgeführt ist. Anstatt der schnelleren Funktion RELATED müssen Sie hier RELATEDTABLE verwenden und prüfen, ob *Holidays* leer ist. Da wir hier mit einer berechneten Spalte arbeiten, ist der geringe Leistungsverlust völlig akzeptabel.

Arbeitstage in mehreren Regionen

Wie Sie gesehen haben, ist die Modellierung von Feiertagen ziemlich einfach, solange Sie es nur mit einer einzigen Region zu tun haben. Es wird jedoch komplizierter, wenn Sie Feiertage in unterschiedlichen Ländern berücksichtigen müssen, denn dann können Sie sich nicht mehr auf berechnete Spalten verlassen. Je nach gewähltem Land kann die Spalte *IsHoliday* unterschiedliche Werte aufweisen.

Wenn Sie nur zwei Länder berücksichtigen müssen, ist es am einfachsten, zwei Spalten für *IsHoliday* zu erstellen, z. B. *IsHolidayGermany* und *IsHolidayChina*, und für die berechneten Felder dann jeweils die passende Spalte zu nehmen. Bei mehr als zwei Ländern geht das jedoch nicht mehr. Sehen wir uns eine solche Situation einmal ausführlich an. Beachten Sie, dass die Tabelle *Holidays* jetzt einen anderen Inhalt hat als zuvor, nämlich den aus Abbildung 4–27. Insbesondere enthält sie die neue Spalte *CountryRegion*, die die Region angibt, in der der Feiertag abgehalten wird. Das Datum ist jetzt auf jeden Fall kein Schlüssel mehr, da auf ein und dasselbe Datum Feiertage in mehreren Ländern fallen können.

Das neue Datenmodell in Abbildung 4–28 stellt eine leichte Abwandlung des vorherigen Modells dar. Der Hauptunterschied besteht darin, dass die Beziehung zwischen *Date* und *Holidays* jetzt in umgekehrter Richtung verläuft.

Date	Weekday	Holiday name	Holiday type	CountryRegion
01/01/2009	Thursday	New Year's Day	National holiday	China
01/01/2009	Thursday	New Year's Day	Federal Holiday	United States
01/01/2009	Thursday	New Year's Day	National holiday	Germany
01/05/2009	Friday	Labour Day	National holiday	China
01/05/2009	Friday	May Day	National holiday	Germany
01/06/2009	Monday	Whit Monday	National holiday	Germany
01/10/2009	Thursday	National Day	National holiday	China
02/10/2009	Friday	National Day Golden Week holiday	National holiday	China
03/07/2009	Friday	Independence Day observed	Federal Holiday	United States
03/10/2009	Saturday	National Day Golden Week holiday	National holiday	China
03/10/2009	Saturday	Mid-Autumn Festival	National holiday	China
03/10/2009	Saturday	Day of German Unity	National holiday	Germany
04/07/2009	Saturday	Independence Day	Federal Holiday	United States

Abbildung 4–27 Die Tabelle *Holidays* mit Feiertagen verschiedener Länder

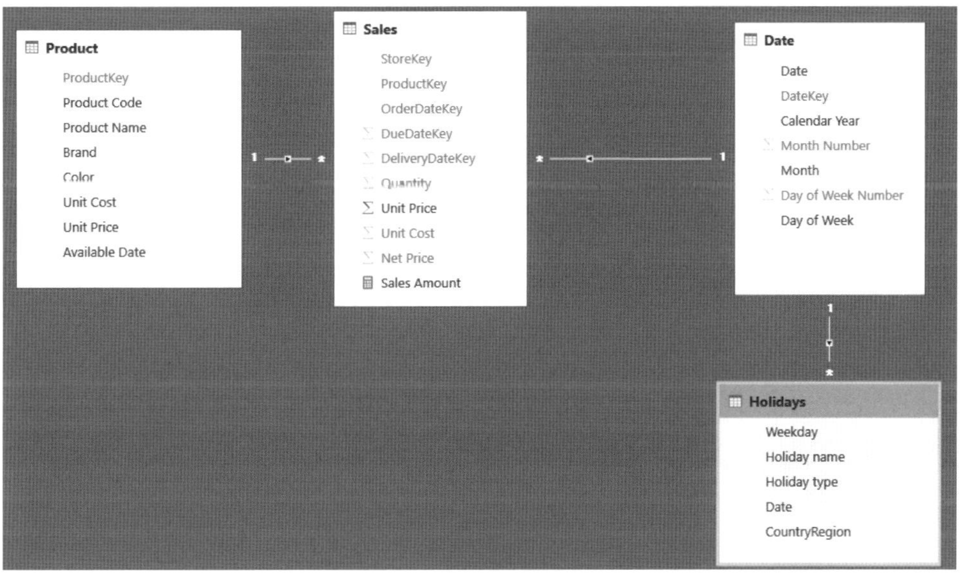

Abbildung 4–28 Das Datenmodell für mehrere Länder sieht dem Modell für ein einziges Land sehr ähnlich.

Das Problem bei der Berücksichtigung mehrerer Länder besteht darin, dass wir genau wissen müssen, was die produzierten Zahlen bedeuten sollen. Die einfache Frage: »Wie viele Arbeitstage gibt es im Januar?«, hat keine klare Bedeutung mehr. Die Anzahl der Arbeitstage können Sie jetzt nur berechnen, wenn Sie auch das Land angeben.

Um die Problematik besser zu verstehen, schauen Sie sich Abbildung 4–29 an. Das berechnete Feld in diesem Bericht zählt (mithilfe von `COUNTROWS`) die Zeilen in der Tabelle *Holidays* und berechnet damit die Anzahl der Feiertage in jedem Land.

Die Zahlen für die einzelnen Länder sind korrekt, aber die Summe pro Monat gibt lediglich die Summe der Werte in den einzelnen Zellen an, ohne zu berücksichtigen, dass ein Tag in einem Land ein Feiertag sein mag und in einem anderen nicht. So gibt es beispielsweise im Februar einen Feiertag in den USA, aber nicht in China und Deutschland. Wie viele Feiertage gibt es also insgesamt im Februar? Diese Frage ist nicht sehr sinnvoll, die Gesamtzahl an Feiertagen über alle betrachteten Länder hinweg sagt überhaupt nichts aus. Eine sinnvolle Antwort muss jeweils auf ein Land bezogen sein.

Month	China	Germany	United States	Total
January	4	1	2	**7**
February			1	**1**
April	1	1		**2**
May	2	2	1	**5**
June		1		**1**
July			2	**2**
September			1	**1**
October	4	1	1	**6**
November			2	**2**
December		2	1	**3**
Total	**11**	**8**	**11**	**30**

Abbildung 4–29 Anzahl der Feiertage pro Monat in den einzelnen Ländern

Bei der Definition des Modells müssen Sie jetzt die Bedeutung der Frage, ob ein Tag ein Arbeitstag ist oder nicht, genauer festlegen. Mit dem Muster `IF ( HASONEVALUE () )` von DAX können Sie vor der Berechnung prüfen, ob in dem Bericht ein einzelnes Land ausgewählt wurde.

Es gibt jedoch noch einen weiteren Punkt, den Sie beachten müssen, bevor Sie die endgültige Formel schreiben können. Sie berechnen die Anzahl der Arbeitstage, indem Sie die Anzahl der Feiertage (aus der Tabelle *Holidays*) von der Gesamtzahl der Tage ohne die Samstage und Sonntage subtrahieren. Wenn ein Feiertag aber auf ein Wochenende fällt, dürfen Sie ihn nicht berücksichtigen. Dieses Problem können Sie dadurch lösen, dass Sie eine bidirektionale Filterung vornehmen und die Tage zählen, die weder Samstage oder Sonntage sind noch in der Tabelle *Holidays* aufgeführt sind. Die Formel lautet daher wie folgt:

```
NumOfWorkingDays :=
IF (
   OR (
      HASONEVALUE ( Holidays[CountryRegion] ),
      ISEMPTY ( Holidays )
   ),
   CALCULATE (
      COUNTROWS ( 'Date' ),
      AND (
         'Date'[Day of Week Number] <> 1,
         'Date'[Day of Week Number] <> 7
      ),
      EXCEPT ( VALUES ( 'Date'[Date] ), VALUES ( Holidays[Date] ) )
   )
)
```

In der Formel sind zwei bemerkenswerte Punkte in Fettdruck hervorgehoben:

- Sie müssen prüfen, ob es einen einzelnen Wert für *CountryRegion* gibt, um zu verhindern, dass das berechnete Feld Werte anzeigt, wenn mehrere Länder oder Regionen ausgewählt wurden. Außerdem müssen Sie prüfen, ob die Tabelle *Holidays* leer ist, denn für Monate ohne Feiertage enthält die Spalte *CountryValue* keine Werte, sodass `HASONEVALUE` den Wert `False` zurückgibt.
- Als Filter für `CALCULATE` können Sie die Funktion `EXCEPT` verwenden, um die Kalenderdaten abzurufen, die keine Feiertage sind. Diese Tage werden über `AND` mit den Tagen verknüpft, die nicht zum Wochenende gehören, sodass wir schließlich das korrekte Ergebnis erhalten.

Das Modell ist jedoch noch nicht perfekt. Wir setzen hier voraus, dass das Wochenende immer auf Samstag und Sonntag fällt, doch das ist nicht in allen Ländern der Fall. Wenn Sie diesen Umstand ebenfalls berücksichtigen müssen, wird das Modell noch etwas aufwendiger. Sie brauchen dann eine weitere Tabelle mit den Wochentagen, die in den verschiedenen Ländern jeweils das Wochenende bilden. Da Sie damit zwei verschiedene Tabellen haben, die nach dem Land gefiltert werden, müssen Sie die Länder zu einer eigenen Dimension machen. Das vollständige Modell sehen Sie in Abbildung 4–30.

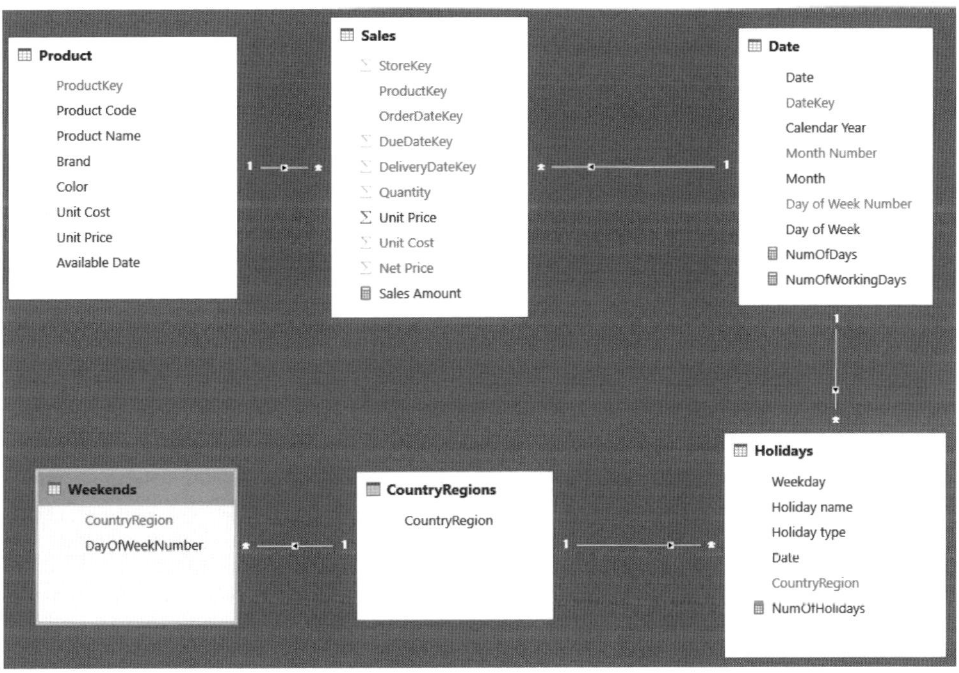

Abbildung 4–30 Das vollständige Modell mit einer eigenen Tabelle für die Wochenenden und einer Dimension für die Länder und Regionen

Der Code wird sogar etwas einfacher, auch wenn er etwas schwieriger zu lesen ist:

```
NumOfWorkingDays :=
IF (
   HASONEVALUE ( CountryRegions[CountryRegion] ),
   CALCULATE (
      COUNTROWS ( 'Date' ),
      EXCEPT (
         VALUES ( 'Date'[Day of Week Number] ),
         VALUES ( Weekends[Day of Week Number] )
      ),
      EXCEPT ( VALUES ( 'Date'[Date] ), VALUES ( Holidays[Date] ) )
   )
)
```

Diese Formel nutzt das EXCEPT-Muster für die Feiertage nun auch für die Wochenenden. Dabei berücksichtigt sie, welche Wochentage in dem ausgewählten Land nicht als Arbeitstage gelten.

Wenn das Modell komplizierter wird, müssen Sie auch komplizierteren DAX-Code schreiben. Vor allem aber müssen Sie genau klären, wie die Zahlen berechnet werden. Wenn Sie mehrere Länder berücksichtigen müssen, funktionieren die einfachen Formeln für einzelne Länder nicht mehr. Als Datenmodellierer müssen Sie sich stärker anstrengen, um sinnvolle Formeln zu finden.

Besondere Zeiträume im Jahr

Im Rahmen von Zeitinformationen müssen Sie oft besondere Zeiträume im Jahr berücksichtigen. Für die Analyse von Hotelbuchungen kann beispielsweise die Osterzeit von Bedeutung sein, sodass Sie die Zahlen für Ostern in verschiedenen Jahren vergleichen wollen. Das Problem ist jedoch, dass Ostern jedes Jahr auf ein anderes Datum fällt. Um Vergleiche anstellen zu können, müssen Sie daher einen variablen Zeitraum definieren.

Eine weitere häufige Anforderung besteht darin, Berichte oder Dashboards zu erstellen, deren Inhalt automatisch an einem bestimmten Datum aktualisiert wird. Nehmen wir an, Sie haben ein Dashboard, das die Verkäufe des laufenden Monats mit denen des vorherigen vergleicht. Was der »aktuelle Monat« ist, hängt jedoch vom laufenden Datum ab. Heute kann der aktuelle Monat der April sein, aber einen Monat später ist es der Mai. Es wäre jedoch ziemlich lästig, die Filter des Dashboards jeden Monat anzupassen.

Wie bei den Arbeitstagen gibt es Unterschiede in den Datenmodellen je nachdem, ob die zu analysierenden Zeiträume sich überlappen oder nicht.

Sich nicht überlappende Zeiträume

Wenn sich die Zeiträume, die Sie analysieren wollen, nicht überlappen, lässt sich das Datenmodell relativ einfach erstellen. Ähnlich wie bei den Feiertagen in den vorhergehenden Abschnitten brauchen Sie zunächst eine Konfigurationstabelle, in der Sie die zu analysierenden Zeiträume speichern. Als Beispiel haben wir eine Tabelle mit den Oster- und Weihnachtsterminen der Jahre 2008 bis 2010 erstellt. Im Gegensatz zu den Feiertagen geht es hier nicht um einzelne Tagesdaten, sondern um Zeiträume. Die Konfigurationstabelle sehen Sie in Abbildung 4–31.

Date	DaysBefore	DaysAfter	Description
April 12, 2009	4	3	Easter
March 23, 2008	4	3	Easter
April 4, 2010	4	3	Easter
December 25, 2009	2	1	Christmas
December 25, 2008	2	1	Christmas
December 25, 2010	2	1	Christmas

Abbildung 4–31 Definition der besonderen Zeiträume in der Tabelle *SpecialPeriods*

Jeder der Zeiträume beginnt einige Tage vor einem gegebenen Datum und endet einige Tage danach. Auch wenn die Tabelle *SpecialPeriods* ein Datum als Primärschlüssel enthält, wäre es nicht sinnvoll, eine Beziehung darüber aufzubauen. Die einzig relevante Information in der Tabelle ist der Name des Zeitraums, den wir analysieren würden. Daher ist es besser, die Bezeichnung des Zeitraums in eine berechnete Spalte in der Tabelle *Date* zu denormalisieren. Das erledigen Sie mit dem folgenden Code:

```
'Date'[SpecialPeriod] =
CALCULATE (
   VALUES ( SpecialPeriods[Description] ),
   FILTER (
      SpecialPeriods,
      AND (
         SpecialPeriods[Date] - SpecialPeriods[DaysBefore] <= 'Date'[Date],
         SpecialPeriods[Date] + SpecialPeriods[DaysAfter] > 'Date'[Date]
      )
   )
)
```

Diese Spalte enthält den Namen eines der besonderen Zeiträume, wenn das aktuelle Datum zwischen die beiden folgenden Zeitpunkte fällt:

- Das Datum des Zeitraums abzüglich der Anzahl der Tage davor
- Dasselbe Datum plus die Anzahl der Tage danach

In Abbildung 4–32 sehen Sie das Ergebnis dieser berechneten Spalte für Ostern 2008.

Diese Spalte dient als Filter für verschiedene Zeiträume in verschiedenen Jahren. Damit ist es möglich, etwa die Verkäufe in einem vergleichbaren Zeitraum mehrerer Jahre zu vergleichen, ohne sich Gedanken darüber zu machen, wann dieser Zeitraum jeweils aufgetreten ist. Das können Sie in Abbildung 4–33 erkennen.

Date	DateKey	Calendar Year	Month Number	Month	Day of Week Number	Day of Week	SpecialPeriod
3/11/2008	20080311	CY 2008	3	March	3	Tuesday	
3/12/2008	20080312	CY 2008	3	March	4	Wednesday	
3/13/2008	20080313	CY 2008	3	March	5	Thursday	
3/14/2008	20080314	CY 2008	3	March	6	Friday	
3/15/2008	20080315	CY 2008	3	March	7	Saturday	
3/16/2008	20080316	CY 2008	3	March	1	Sunday	
3/17/2008	20080317	CY 2008	3	March	2	Monday	
3/18/2008	20080318	CY 2008	3	March	3	Tuesday	
3/19/2008	20080319	CY 2008	3	March	4	Wednesday	Easter
3/20/2008	20080320	CY 2008	3	March	5	Thursday	Easter
3/21/2008	20080321	CY 2008	3	March	6	Friday	Easter
3/22/2008	20080322	CY 2008	3	March	7	Saturday	Easter
3/23/2008	20080323	CY 2008	3	March	1	Sunday	Easter
3/24/2008	20080324	CY 2008	3	March	2	Monday	Easter
3/25/2008	20080325	CY 2008	3	March	3	Tuesday	Easter
3/26/2008	20080326	CY 2008	3	March	4	Wednesday	
3/27/2008	20080327	CY 2008	3	March	5	Thursday	

Abbildung 4–32 Fällt ein Datum in einen der besonderen Zeiträume, wird es mit der Bezeichnung dieses Zeitraums gekennzeichnet.

SpecialPeriod	CY 2008	CY 2009	Total
Christmas	6,940.20	30,625.28	**37,565.48**
Easter	18,426.43	32,875.65	**51,302.07**
Total	**25,366.63**	**63,500.93**	**88,867.55**

Abbildung 4–33 Dieser Bericht zeigt die Verkäufe für Weihnachten und Ostern in den Jahren 2008 und 2009.

Diese Technik funktioniert sehr gut und lässt sich einfach einrichten, allerdings weist sie eine bedeutende Einschränkung auf: Die Zeiträume dürfen sich nicht überlappen. Wenn Sie versuchen, sich überlappende Zeiträume in der Konfigurationstabelle zu speichern, gibt die Spalte eine Fehlermeldung für alle Zeilen an, die zu mehreren Zeiträumen gehören. In Situationen, in denen diese Einschränkung keine Rolle spielt, ist diese Vorgehensweise jedoch die einfachste Möglichkeit zur Handhabung besonderer Zeiträume. Wie Sie mit sich überlappenden Zeiträumen umgehen, erfahren Sie im übernächsten Abschnitt, »Sich überlappende Zeiträume«.

Zeiträume relativ zu heute

Im vorherigen Abschnitt haben Sie gesehen, wie Sie sich nicht überlappende Zeiträume handhaben, indem Sie die entsprechenden Angaben in einer Konfigurationstabelle speichern. Eine ähnliche Technik können Sie anwenden, um Berichte zu erstellen, deren Inhalte dynamisch aktualisiert werden. Nehmen wir an, Sie wollen ein Dashboard wie das aus Abbildung 4–34 erstellen, das die Verkäufe für verschiedene Marken über verschiedene Zeiträume hinweg anzeigt und ein Diagramm ausgibt, das die Verkäufe von heute mit denen von gestern vergleicht.

Brand	Today	Yesterday	Last 7 days	Last 30 days	Older	Total
A. Datum			241,20	1.800,00	176.431,21	**178.472,41**
Adventure Works				2.819,82	345.706,27	**348.526,09**
Contoso	25,11	1.327,50	5.353,07	10.887,87	432.935,37	**450.528,93**
Fabrikam		3.604,50	10.015,20	568,80	276.107,04	**290.295,54**
Litware				5.700,87	160.370,70	**166.071,57**
Northwind Traders				9.822,06	133.477,20	**143.299,26**
Proseware	2.548,80			7.059,00	164.721,10	**174.328,90**
Southridge Video			198,78	4.121,90	116.785,81	**121.106,49**
Tailspin Toys			67,36	1.069,47	14.273,33	**15.410,16**
The Phone Company				6.012,00	59.671,20	**65.683,20**
Wide World Importers			2.483,89	20.291,25	128.311,48	**151.086,62**
Total	**2.573,91**	**4.932,00**	**18.359,51**	**70.153,03**	**2.008.790,71**	**2.104.809,17**

Abbildung 4–34 Der Bericht enthält ein Diagramm, das die Verkäufe von heute mit denen von gestern vergleicht.

Was »heute« bedeutet, hängt davon ab, wann der Bericht zuletzt aktualisiert wurde. Selbstverständlich wollen Sie das Datum nicht direkt in die Formeln hineinschreiben. Stattdessen soll das Modell bei jeder Aktualisierung automatisch prüfen, was das letzte verfügbare Datum ist, und seinen Inhalt entsprechend anpassen. Dazu können Sie eine Variante des vorherigen Datenmodells verwenden, wobei die Zeiträume diesmal jedoch dynamisch berechnet werden.

Als Erstes müssen Sie dazu die Konfigurationstabelle aus Abbildung 4–35 aufstellen. Darin sind die Bezeichnungen der Zeiträume und die Abstände von heute in Tagen enthalten.

Description	DaysTo	DaysFrom	Code
Today	*0*	*-1*	*1*
Yesterday	*1*	*0*	*2*
Last 7 days	*7*	*1*	*3*
Last 30 days	*30*	*7*	*4*
Older	*99999999*	*30*	*5*

Abbildung 4–35 Die Konfigurationstabelle *RelativePeriods* zeigt die besonderen Zeiträume relativ zum heutigen Tag.

Für jeden Zeitraum sind die Anzahl der Tage vor dem heutigen Datum, eine Bezeichnung und ein Code angegeben. Die Tage, die relativ zum aktuellen Datum zwischen *DatesFrom* und *DaysTo* fallen, werden mit der Bezeichnung markiert. Der Code dient hauptsächlich zur Sortierung. Aus dieser Tabelle können Sie den Code (zum Sortieren) und die Bezeichnung abrufen, um alle Kalenderdaten zu markieren, die zu dem entsprechenden Zeitraum gehören. Das lässt sich leicht durch zwei berechnete Spalten in *Date* erreichen. Die erste bestimmt den Code des relativen Zeitraums:

```
'Date'[RelPeriodCode] =
VAR LastSalesDateKey =
   MAX ( Sales[OrderDateKey] )
VAR LastSaleDate =
   LOOKUPVALUE( 'Date'[Date], 'Date'[DateKey], LastSalesDateKey )
VAR DeltaDays =
   INT ( LastSaleDate - 'Date'[Date] )
VAR ValidPeriod =
   CALCULATETABLE(
      RelativePeriods,
```

```
        RelativePeriods[DaysTo] >= DeltaDays,
        RelativePeriods[DaysFrom] < DeltaDays
    )
RETURN
    CALCULATE ( VALUES ( RelativePeriods[Code] ), ValidPeriod )
```

Dieser Code nutzt für alle Schritte Variablen. Am Anfang ruft er mit dem letzten Eintrag der Spalte *OrderDateKey* in *Sales* den Schlüssel für das letzte verfügbare Datum ab. Dieses Datum wird als »heute« angesehen. Anschließend bestimmt er mit `LOOKUPVALUE` das Datum, das zu dem Schlüssel gehört. `DeltaDays` gibt den Abstand zwischen heute und dem vorliegenden Datum an. All diese Werte werden schließlich in `CALCULATETABLE` genutzt, um die Zeile der Tabelle *RelativePeriods* zu bestimmen, bei der `DeltaDays` zwischen *DaysFrom* und *DaysTo* liegt. Diese Zeile wird dann in der Variablen `ValidPeriod` gespeichert.

Das Ergebnis dieser Formel ist der Code für den relativen Zeitraum, zu dem das gegebene Datum gehört. Mit dieser berechneten Spalte können Sie die Bezeichnung des Zeitraums nun wie folgt ermitteln:

```
'Date'[RelPeriod] =
VAR RelPeriod =
    LOOKUPVALUE(
        RelativePeriods[Description],
        RelativePeriods[Code],
        'Date'[RelPeriodCode]
    )
RETURN
    IF ( ISBLANK ( RelPeriod ), "Future", RelPeriod )
```

Die beiden Spalten *RelPeriodCode* und *RelPeriod* in der Tabelle *Date* sehen Sie in Abbildung 4-36.

Date	DateKey	Calendar Year	Month Number	Month	Day of Week Number	Day of Week	RelPeriodCode	RelPeriod
15/8/08	20080815	CY 2008	8	August	6	Friday		Future
14/8/08	20080814	CY 2008	8	August	5	Thursday		Future
13/8/08	20080813	CY 2008	8	August	4	Wednesday		Future
12/8/08	20080812	CY 2008	8	August	3	Tuesday		Future
11/8/08	20080811	CY 2008	8	August	2	Monday	1	Today
10/8/08	20080810	CY 2008	8	August	1	Sunday	2	Yesterday
9/8/08	20080809	CY 2008	8	August	7	Saturday	3	Last 7 days
8/8/08	20080808	CY 2008	8	August	6	Friday	3	Last 7 days
7/8/08	20080807	CY 2008	8	August	5	Thursday	3	Last 7 days
6/8/08	20080806	CY 2008	8	August	4	Wednesday	3	Last 7 days
5/8/08	20080805	CY 2008	8	August	3	Tuesday	3	Last 7 days
4/8/08	20080804	CY 2008	8	August	2	Monday	3	Last 7 days
3/8/08	20080803	CY 2008	8	August	1	Sunday	4	Last 30 days
2/8/08	20080802	CY 2008	8	August	7	Saturday	4	Last 30 days
1/8/08	20080801	CY 2008	8	August	6	Friday	4	Last 30 days
31/7/08	20080731	CY 2008	7	July	5	Thursday	4	Last 30 days

Abbildung 4–36 Die beiden letzten Spalten werden mit den in den vorstehenden Absätzen beschriebenen Formeln berechnet.

Da es sich um berechnete Spalten handelt, werden sie bei jeder Aktualisierung des Datenmodells neu berechnet. Dadurch ändern sich entsprechend die Bezeichnungen, die den Tagen zugewiesen werden. Den Bericht müssen Sie nicht aktualisieren, da er stets den zuletzt verarbeiteten Tag als heute anzeigt, den Tag davor als gestern usw.

Sich überlappende Zeiträume

Die Techniken aus den vorherigen Abschnitten funktionieren tadellos, weisen aber eine bedeutende Einschränkung auf: Die Zeiträume dürfen sich nicht überlappen. Das liegt daran, dass Sie das Attribut zur Definition des Zeitraums in einer berechneten Spalte speichern und der Spalte nur ein Wert zugewiesen werden kann.

Es gibt jedoch Situationen, in denen diese Vorgehensweise nicht ausreicht. Nehmen wir an, Sie haben Produktkategorien, die jeweils in unterschiedlichen Zeiträumen im Jahr zum Verkauf angeboten werden. In einem Zeitraum können dabei mehrere Produktkategorien verfügbar sein, es kann aber auch sein, dass eine Kategorie in mehreren Zeiträumen zum Verkauf steht. In einer solchen Situation können Sie die Verkaufszeiträume nicht in *Products* oder *Date* speichern.

Wenn viele Zeilen (Kategorien) mit vielen anderen Zeilen (Kalenderdaten) in Beziehung stehen, haben wir ein *m:n-Modell*. Solche Modelle lassen sich nicht so leicht handhaben, sind aber äußerst nützlich für die Analyse und eine Beschreibung wert. Eine ausführlichere Erörterung von m:n-Modellen finden Sie in Kapitel 8. In diesem Abschnitt wollen wir lediglich zeigen, dass der Code schwieriger zu schreiben ist, wenn wir es mit m:n-Beziehungen zu tun haben.

Als Beispiel verwenden wir die Konfigurationstabelle *Discounts*, die Sie in Abbildung 4-37 sehen.

Description	DateStart	DateEnd	Category
January Sales	1/1/2007	1/31/2007	Computers
January Sales	1/1/2008	1/31/2008	Computers
Start with Audio	1/1/2007	1/15/2007	Audio
Start with Audio	1/1/2008	1/15/2008	Audio
Summer Music	8/1/2007	8/15/2007	Audio
Summer Music	8/1/2008	8/15/2008	Audio
Holidays calls home	7/15/2007	8/15/2007	Cell phones
Holidays calls home	7/15/2007	8/15/2007	Cell phones

Abbildung 4–37 Die Konfigurationstabelle *Discounts* mit verschiedenen Verkaufszeiträumen für verschiedene Kategorien

Wie Sie sehen, werden in der ersten Januarwoche von 2007 und 2008 mehrere Kategorien zum Verkauf angeboten (Computer und Audio). Das Gleiche gilt für die ersten beiden Augustwochen (hier mit Audiogeräten und Mobiltelefonen). In einer solchen Situation können Sie keine Beziehungen mehr verwenden, sondern müssen DAX-Code schreiben, der den aktuellen Filter des Verkaufszeitraums mit dem bereits vorhandenen Filter in *Sales* kombiniert. Das erreichen Sie mit der folgenden Formel:

```
SalesInPeriod :=
SUMX (
   Discounts,
```

```
CALCULATE (
    [Sales Amount],
    INTERSECT (
        VALUES ( 'Date'[Date] ),
        DATESBETWEEN ( 'Date'[Date], Discounts[DateStart], Discounts[DateEnd] )
    ),
    INTERSECT (
        VALUES ( 'Product'[Category] ),
        CALCULATETABLE ( VALUES ( Discounts[Category] ) )
    )
  )
)
```

Mit dieser Formel können Sie den Bericht aus Abbildung 4–38 aufstellen.

Category	Description	CY 2007	CY 2008	Total
Computers	January Sales	$9,842.11	$20,450.43	**$30,292.54**
	Total	**$9,842.11**	**$20,450.43**	**$30,292.54**
Cell phones	Holidays calls home	$1,556.69		**$1,556.69**
	Total	**$1,556.69**		**$1,556.69**
Audio	Start with Audio	$492.22		**$492.22**
	Summer Music	$35.07		**$35.07**
	Total	**$527.30**		**$527.30**
Total		**$11,926.09**	**$20,450.43**	**$32,376.53**

Abbildung 4–38 Bei der Verwendung sich überlappender Zeiträume können Sie verschiedene Zeiträume im selben Jahr untersuchen.

Der Bericht in Abbildung 4–38 zeigt die Verkäufe in verschiedenen Kategorien über mehrere Jahre, auch mit sich überlappenden Zeiträumen. In diesem Fall ist das Modell relativ einfach geblieben, da es keine möglichen Änderungen gab, mit denen wir für einfacheren Code hätten sorgen können. In Kapitel 7 werden Sie weitere Beispiele dieser Art finden, aber auch andere Arten von Datenmodellen, die es erlauben, einfacheren (und möglicherweise schnelleren) Code zu schreiben. m:n-Beziehungen sind im Allgemeinen sehr leistungsfähig und leicht verwendbar, aber Code dafür zu schreiben ist manchmal (wie hier) schwierig.

Wir zeigen Ihnen dieses Beispiel nicht, um Sie abzuschrecken oder um Ihnen eine Situation vorzuführen, in der das Modell keinen einfacheren Code zulässt. Es ist einfach so, dass Sie früher oder später auch anspruchsvollen DAX-Code schreiben müssen, wenn Sie anspruchsvolle Berichte aufstellen wollen.

Wochenkalender

Wenn Sie mit Standardkalendern arbeiten, können Sie berechnete Felder wie aufgelaufene Beträge seit Jahres- oder Monatsbeginn oder Zeiträume im Jahresvergleich leicht aufstellen, da DAX einen Satz vordefinierter Funktionen dafür bietet. Bei anderen Arten von Kalendern werden solche Berechnungen jedoch etwas schwieriger.

Das betrifft alle Kalender, die nicht der üblichen Unterteilung in zwölf Monate mit einer eigenen Tageszählung pro Monat folgen. Beispielsweise arbeiten viele Unternehmen mit

Wochen statt mit Monaten. Leider lassen sich Wochen nicht einfach zu Monaten oder Jahren aggregieren, denn die einzelnen Monate und Jahre setzen sich aus unterschiedlich vielen Wochen zusammen. Obwohl es verschiedene übliche Techniken zur Handhabung von Jahren auf der Grundlage von Wochen gibt, ist keine davon ein Standard, der sich in eine DAX-Funktion übertragen ließe. Daher bietet DAX keine Funktionen für solche abweichenden Kalender an. Wenn Sie damit arbeiten müssen, sind Sie auf sich allein gestellt.

Glücklicherweise gibt es einige Modellierungstechniken, mit denen Sie Zeitinformationsberechnungen auch in anderen als Standardkalendern durchführen können. In diesem Abschnitt werden wir jedoch nicht alle davon behandeln, sondern wollen Ihnen einfach einige Beispiele zeigen, die Sie wahrscheinlich noch an Ihre eigenen Bedürfnisse anpassen müssen. Wenn Sie an weiteren Informationen zu diesem Thema interessiert sind, schauen Sie sich die vollständige Darstellung auf *http://www.daxpatterns.com/time-patterns* an.

Als Beispiel erläutern wir im Folgenden Berechnungen in einem Wochenkalender nach ISO 8601. Wenn Sie mehr über diese Art von Wochenangaben erfahren wollen, schlagen Sie auf *https://en.wikipedia.org/wiki/ISO_week_date* nach.

Der erste Schritt besteht darin, eine ISO-Kalendertabelle zu erstellen. Dazu gibt es mehrere Möglichkeiten. Wahrscheinlich haben Sie bereits einen wohldefinierten ISO-Kalender in Ihrer Datenbank. In diesem Beispiel jedoch erstellen wir selbst einen ISO-Kalender mithilfe von DAX-Standardcode und einer Nachschlagetabelle, denn dabei können Sie noch einige weitere Modellierungstricks lernen.

Unser Kalender beruht auf Wochen. Eine Woche beginnt immer am Montag, und ein Jahr beginnt immer mit dem Anfang der ersten Woche. Daher kann es durchaus am 29. Dezember des kalendarischen Vorjahrs oder erst am 2. Januar des laufenden Kalenderjahrs beginnen. Dazu fügen Sie einer Standardkalendertabelle berechnete Spalten hinzu, um die ISO-Wochennummer und die ISO-Jahresnummer zu bestimmen. Mit den folgenden Definitionen erstellen Sie die Tabelle aus Abbildung 4–39 mit den Spalten *Calender Week*, *ISO Week* und *ISO Year*:

```
'Date'[Calendar Week] = WEEKNUM ( 'Date'[Date], 2 )

'Date'[ISO Week] = WEEKNUM ('Date'[Date], 21 )

'Date'[ISO Year] =
CONCATENATE (
   "ISO ",
   IF (
      AND ( 'Date'[ISO Week] < 5, 'Date'[Calendar Week] > 50 ),
      YEAR ( 'Date'[Date] ) + 1,
      IF (
         AND ( 'Date'[ISO Week] > 50, 'Date'[Calendar Week] < 5 ),
         YEAR ( 'Date'[Date] ) - 1,
         YEAR ( 'Date'[Date] )
      )
   )
)
```

Date	DateKey	Calendar Year	Month Number	Month	Day of Week Number	Day of Week	ISO Week	Calendar Week	ISO Year
1/1/2005	20050101	CY 2005	1	January	7	Saturday	53	1	ISO 2004
1/2/2005	20050102	CY 2005	1	January	1	Sunday	53	1	ISO 2004
1/3/2005	20050103	CY 2005	1	January	2	Monday	1	2	ISO 2005
1/4/2005	20050104	CY 2005	1	January	3	Tuesday	1	2	ISO 2005
1/5/2005	20050105	CY 2005	1	January	4	Wednesday	1	2	ISO 2005
1/6/2005	20050106	CY 2005	1	January	5	Thursday	1	2	ISO 2005
1/7/2005	20050107	CY 2005	1	January	6	Friday	1	2	ISO 2005
1/8/2005	20050108	CY 2005	1	January	7	Saturday	1	2	ISO 2005
1/9/2005	20050109	CY 2005	1	January	1	Sunday	1	2	ISO 2005
1/10/2005	20050110	CY 2005	1	January	2	Monday	2	3	ISO 2005
1/11/2005	20050111	CY 2005	1	January	3	Tuesday	2	3	ISO 2005
1/12/2005	20050112	CY 2005	1	January	4	Wednesday	2	3	ISO 2005
1/13/2005	20050113	CY 2005	1	January	5	Thursday	2	3	ISO 2005
1/14/2005	20050114	CY 2005	1	January	6	Friday	2	3	ISO 2005
1/15/2005	20050115	CY 2005	1	January	7	Saturday	2	3	ISO 2005
1/16/2005	20050116	CY 2005	1	January	1	Sunday	2	3	ISO 2005

Abbildung 4–39 Da das ISO-Jahr immer an einem Montag beginnt, kann es vom Kalenderjahr abweichen.

Wochen und Monate lassen sich leicht in einfachen berechneten Spalten bestimmen, aber der ISO-Monat erfordert etwas mehr Arbeit. Im ISO-Standard gibt es verschiedene Möglichkeit, um die Monatsnummer zu berechnen. Eine besteht darin, die vier Quartale aufzuteilen. Jedes Quartal besteht aus drei Monaten, wobei die Monate nach einer der drei möglichen Gruppierungen 445, 454 oder 544 aufgebaut sind. Die Ziffern stehen dabei jeweils für die Anzahl der Wochen in jedem Monat. So umfassen bei 445 die ersten beiden Monate im Quartal jeweils vier Wochen und der dritte fünf. Anstatt nach einer komplizierten mathematischen Formel zu suchen, um die Monate zu berechnen, zu denen eine Woche je nach verwendetem Standard gehört, ist es einfacher, eine Nachschlagetabelle wie die aus Abbildung 4–40 aufzustellen.

Week	Period445	Period454	Period544
1	1	1	1
2	1	1	1
3	1	1	1
4	1	1	1
5	2	2	1
6	2	2	2
7	2	2	2
8	2	2	2
9	3	2	2
10	3	3	3
11	3	3	3
12	3	3	3
13	3	3	3
14	4	4	4
15	4	4	4
16	4	4	4
17	4	4	4
18	5	5	4
19	5	5	5
20	5	5	5

Abbildung 4–40 Die Nachschlagetabelle *Weeks To Months* ordnet die Wochennummern den Monatsnummern zu. Dabei werden für die drei verschiedenen Verteilungsmuster drei verschiedene Spalten verwendet.

Um in dieser Tabelle nachzuschlagen, verwenden Sie den folgenden Code mit der Funktion `LOOKUPVALUE`:

```
'Date'[ISO Month] =
CONCATENATE
   "ISO M",
   RIGHT (
      CONCATENATE (
         "00",
         LOOKUPVALUE(
            'Weks To Months'[Period445],
            'Weks To Months'[Week],
            'Date'[ISO Week]
         ),
      2
   )
)
```

Die resultierende Tabelle enthält das Jahr und den Monat (siehe Abbildung 4–41).

Date	DateKey	Calendar Year	Month Number	Month	Day of Week Number	Day of Week	ISO Week	Calendar Week	ISO Year	ISO Month
1/1/2005	20050101	CY 2005	1	January	7	Saturday	53	1	ISO 2004	ISO M12
1/2/2005	20050102	CY 2005	1	January	1	Sunday	53	1	ISO 2004	ISO M12
1/3/2005	20050103	CY 2005	1	January	2	Monday	1	2	ISO 2005	ISO M01
1/4/2005	20050104	CY 2005	1	January	3	Tuesday	1	2	ISO 2005	ISO M01
1/5/2005	20050105	CY 2005	1	January	4	Wednesday	1	2	ISO 2005	ISO M01
1/6/2005	20050106	CY 2005	1	January	5	Thursday	1	2	ISO 2005	ISO M01
1/7/2005	20050107	CY 2005	1	January	6	Friday	1	2	ISO 2005	ISO M01
1/8/2005	20050108	CY 2005	1	January	7	Saturday	1	2	ISO 2005	ISO M01
1/9/2005	20050109	CY 2005	1	January	1	Sunday	1	2	ISO 2005	ISO M01
1/10/2005	20050110	CY 2005	1	January	2	Monday	2	3	ISO 2005	ISO M01
1/11/2005	20050111	CY 2005	1	January	3	Tuesday	2	3	ISO 2005	ISO M01
1/12/2005	20050112	CY 2005	1	January	4	Wednesday	2	3	ISO 2005	ISO M01
1/13/2005	20050113	CY 2005	1	January	5	Thursday	2	3	ISO 2005	ISO M01
1/14/2005	20050114	CY 2005	1	January	6	Friday	2	3	ISO 2005	ISO M01
1/15/2005	20050115	CY 2005	1	January	7	Saturday	2	3	ISO 2005	ISO M01
1/16/2005	20050116	CY 2005	1	January	1	Sunday	2	3	ISO 2005	ISO M01
1/17/2005	20050117	CY 2005	1	January	2	Monday	3	4	ISO 2005	ISO M01

Abbildung 4–41 Der ISO-Monat lässt sich leicht mit einer Nachschlagetabelle bestimmen.

Da Sie nun alle erforderlichen Spalten haben, können Sie eine Hierarchie aufbauen und das Modell durch eine Aufteilung nach ISO-Jahren, -Monaten und -Wochen untersuchen. Allerdings sind die Bestimmung von Werten wie den seit Jahres- oder Monatsanfang aufgelaufenen Beträgen und andere Zeitinformationsberechnungen in einem solchen Kalender eine ziemliche Herausforderung. Die integrierten DAX-Funktionen sind nur für gregorianische Standardkalender gedacht und lassen sich nicht auf andere Kalender anwenden.

Daher müssen Sie Zeitinformationsberechnungen auf andere Weise durchführen, also ohne auf vordefinierte Funktionen zurückzugreifen. Um beispielsweise die aufgelaufenen Beträge seit ISO-Jahrebeginn zu ermitteln, können Sie das folgende berechnete Feld verwenden:

```
Sales ISO YTD :=
IF (
   HASONEVALUE ( 'Date'[ISO Year] ),
```

```
        CALCULATE (
            [Sales Amount],
            ALL ('Date' ),
            FILTER ( ALL ( 'Date'[Date] ), 'Date'[Date] <= MAX ( 'Date'[Date] ) ),
            VALUES ( 'Date'[ISO Year] )
        )
    )
```

Das Herz dieses berechneten Feldes bilden die Filter, die Sie auf die Kalendertabelle anwenden müssen, um die richtigen Datumsangaben für die Bestimmung der aufgelaufenen Beträge seit Jahresbeginn zu finden. Abbildung 4–42 zeigt das Ergebnis.

ISO Year	ISO Month	Sales Amount	Sales ISO YTD
ISO 2007	ISO M01	97,104.79	97,104.79
ISO 2007	ISO M02	97,133.79	194,238.58
ISO 2007	ISO M03	144,911.08	339,149.66
ISO 2007	ISO M04	106,741.46	445,891.12
ISO 2007	ISO M05	118,319.01	564,210.13
ISO 2007	ISO M06	131,504.47	695,714.60
ISO 2007	ISO M07	115,924.73	811,639.33
ISO 2007	ISO M08	96,647.19	908,286.52
ISO 2007	ISO M09	169,319.47	1,077,606.00
ISO 2007	ISO M10	91,261.55	1,168,867.54
ISO 2007	ISO M11	117,902.14	1,286,769.69
ISO 2007	ISO M12	169,009.75	1,455,779.43
ISO 2008	ISO M01	67,106.83	67,106.83
ISO 2008	ISO M02	49,376.15	116,482.98

Abbildung 4–42 Das berechnete Feld *ISO YTD* berechnet die aufgelaufenen Beträge seit Jahresbeginn für den ISO-Kalender.

Es ist tatsächlich sehr einfach, die aufgelaufenen Beträge seit Monats- oder Quartalsbeginn oder berechnete Felder zu bestimmen, die einem ähnlichen Muster folgen. Komplizierter wird es jedoch bei Berechnungen, die beispielsweise identische Zeiträume über mehrere Jahre hinweg vergleichen. Da Sie die Funktion `SAMEPERIODLASTYEAR` nicht nutzen können, müssen Sie mehr Arbeit in das Datenmodell und in den DAX-Code investieren.

Um den identischen Vorjahreszeitraum zu berechnen, müssen Sie das Datum bestimmen, das zurzeit im Filterkontext ausgewählt ist, und die gleiche Menge von Datumsangaben im Vorjahr finden. Dazu können Sie nicht die Spalte *Date* verwenden, da das ISO-Datum eine ganz andere Struktur aufweist als das Kalenderdatum. Daher müssen Sie als Erstes eine neue Spalte mit der ISO-Tagesnummer für das Jahr in die Kalendertabelle aufnehmen. Das können Sie ganz leicht mit der folgenden berechneten Spalte erreichen:

```
Date[ISO Day Number] = ( 'Date'[ISO Week] - 1 ) * 7 + WEEKDAY( 'Date'[Date], 2 )
```

Die resultierende Spalte sehen Sie in Abbildung 4–43.

Date	DateKey	Calendar Year	Month Number	Month	Day of Week Number	Day of Week	ISO Week	ISO Year	ISO Day Number
1/1/05	20050101	CY 2005	1	January	7	Saturday	53	ISO 2004	370
2/1/05	20050102	CY 2005	1	January	1	Sunday	53	ISO 2004	371
3/1/05	20050103	CY 2005	1	January	2	Monday	1	ISO 2005	1
4/1/05	20050104	CY 2005	1	January	3	Tuesday	1	ISO 2005	2
5/1/05	20050105	CY 2005	1	January	4	Wednesday	1	ISO 2005	3
6/1/05	20050106	CY 2005	1	January	5	Thursday	1	ISO 2005	4
7/1/05	20050107	CY 2005	1	January	6	Friday	1	ISO 2005	5
8/1/05	20050108	CY 2005	1	January	7	Saturday	1	ISO 2005	6
9/1/05	20050109	CY 2005	1	January	1	Sunday	1	ISO 2005	7
10/1/05	20050110	CY 2005	1	January	2	Monday	2	ISO 2005	8

Abbildung 4–43 Die Spalte *ISO Day Number* zeigt die inkrementelle Tagesnummer im Jahr laut ISO-Standard.

Um den identischen Zeitraum im Vorjahr zu finden, können Sie dank dieser Spalte nun den folgenden Code nutzen:

```
Sales SPLY :=
IF (
   HASONEVALUE ( 'Date'[ISO Year Number] ),
   CALCULATE (
      [Sales Amount],
      ALL ( 'Date' ),
      VALUES ( 'Date'[ISO Day Number] ),
      'Date'[ISO Year Number] = VALUES ( 'Date'[ISO Year Number] ) - 1
   )
)
```

Die Formel entfernt alle Filter von der Tabelle *Date* und ersetzt sie durch zwei neue Bedingungen:

- Die ISO-Jahresnummer muss das aktuelle Jahr minus 1 sein.
- Die ISO-Tagesnummer muss identisch sein.

Unabhängig von der Auswahl im aktuellen Filterkontext – ob Tag, Woche oder Monat – gehen Sie dadurch ein Jahr zurück.

In Abbildung 4–44 sehen Sie das berechnete Feld *Sales SPLY* (»same period last year«) in einem Bericht, der nach Jahr und Monat filtert.

Mit sehr ähnlichen Techniken können Sie auch vergleichbare Berechnungen für den Vormonat oder für das prozentuale Wachstum gegenüber dem identischen Zeitraum im Vorjahr schreiben. In letzterem Fall wird es extrem einfach, die Werte zu berechnen, wenn Sie dem Modell eine Spalte für die ISO-Tagesnummer hinzufügen. Ohne diese Spalte dagegen wird es nahezu unmöglich, eine Formel aufzustellen. Weitere Informationen zu diesem Thema erhalten Sie auf *http://www.sqlbi.com/articles/week-based-time-intelligence-in-dax*.

ISO Year	ISO Month	Sales Amount	Sales SPLY
ISO 2007	ISO M01	97.104,79	
ISO 2007	ISO M02	97.133,79	
ISO 2007	ISO M03	144.911,08	
ISO 2007	ISO M04	106.741,46	
ISO 2007	ISO M05	118.319,01	
ISO 2007	ISO M06	131.504,47	
ISO 2007	ISO M07	115.924,73	
ISO 2007	ISO M08	96.647,19	
ISO 2007	ISO M09	169.319,47	
ISO 2007	ISO M10	91.261,55	
ISO 2007	ISO M11	117.902,14	
ISO 2007	ISO M12	169.009,75	
ISO 2008	ISO M01	67.106,83	97.104,79
ISO 2008	ISO M02	49.376,15	97.133,79
ISO 2008	ISO M03	72.586,47	144.911,08
ISO 2008	ISO M04	111.633,80	106.741,46
ISO 2008	ISO M05	98.019,09	118.319,01
ISO 2008	ISO M06	125.591,98	131.504,47
ISO 2008	ISO M07	87.074,22	115.924,73
ISO 2008	ISO M08	114.295,00	96.647,19
ISO 2008	ISO M09	137.011,56	169.319,47
ISO 2008	ISO M10	60.111,91	91.261,55
ISO 2008	ISO M11	96.580,97	117.902,14
ISO 2008	ISO M12	101.328,95	169.009,75

Abbildung 4–44 Das berechnete Feld *Sales SPLY* zeigt für die Monate im ISO-Jahr 2008 jeweils die Verkaufszahlen für die identischen Zeiträume von 2007 an.

Zusammenfassung

Zeitinformationen bilden ein sehr umfangreiches und interessantes Thema. In nahezu jeder BI-Lösung, die Sie schreiben müssen, wird es wenigstens einen Teil geben, der damit zu tun hat. In diesem Kapitel haben wir die folgenden wichtigen Punkte vorgestellt:

- Die meisten (wenn nicht gar alle) Zeitinformationsberechnungen erfordern das Vorhandensein einer Datumstabelle in dem Modell.
- Beim Erstellen einer Kalendertabelle müssen Sie Einzelheiten wie die Reihenfolge der Monate beachten.
- Enthält das Modell mehrere Datumsangaben, so bedeutet das nicht, dass Sie auch mehrere Datumstabellen brauchen. Die Verwendung einer einzigen Datumstabelle im Modell macht alle Berechnungen viel einfacher. Wenn Sie mehrere Datumsangaben brauchen, müssen Sie die Datumstabelle wahrscheinlich mehrfach laden.
- Aus Gründen der Leistung und der Modellierung müssen Datum und Uhrzeit voneinander getrennt werden.

Die weiteren Abschnitte dieses Kapitels waren verschiedenen Situationen gewidmet, auf die Sie bei Zeitberechnungen stoßen können: Ermitteln der Arbeitstage in einem oder mehreren Ländern, Berechnen der Werte für besondere Zeiträume im Jahr mithilfe neuer Spalten in der Datumstabelle oder neuen Tabellen im Modell sowie Berechnungen in ISO-Kalendern.

Aufgrund der Vielzahl der Möglichkeiten bei Zeitinformationsberechnungen wird wahrscheinlich keines der Beispiele genau dem entsprechen, was Sie für Ihre Arbeit benötigen. Allerdings können Sie diese Beispiele als Anregung für Ihre eigenen Berechnungen nutzen. Gewöhnlich müssen Sie dabei zusätzliche Spalten in die Datumstabelle aufnehmen und DAX-Code mittlerer Komplexität schreiben.

KAPITEL 5

Historische Attribute

Daten ändern sich mit der Zeit. Bei manchen Modellen und Berichten ist es sinnvoll, sowohl die aktuellen als auch die historischen Werte einiger Attribute festzuhalten – beispielsweise um den Überblick über die verschiedenen Adressen zu bewahren, die ein Kunde im Laufe der Zeit hat, um die Verkäufe und den geschäftlichen Erfolg eines Produkts vor und nach einer Änderung der technischen Daten zu bestimmen oder um die Gesamtverkaufszahlen für ein Produkt oder eine Dienstleistung vor und nach einer Preisänderung zu ermitteln. All dies sind häufig vorkommende Aufgaben, für deren Lösung es Standardmethoden gibt.

Wann immer es notwendig ist, die veränderliche Natur eines Wertes zu berücksichtigen, müssen Sie mit historischen Attributen arbeiten – oder, technisch ausgedrückt, mit langsam veränderlichen Dimensionen. Das Thema ist an sich nicht kompliziert, aber vielschichtiger, als es auf den ersten Blick erscheint.

In diesem Kapitel untersuchen wir mehrere Modelle, um zu zeigen, warum dies ein wichtiger Aspekt bei der Gestaltung von Berichtssystemen ist. Außerdem führen wir Ihnen anhand dieser Modelle vor, wie Sie mit verschiedenen Situationen umgehen müssen.

Einführung in langsam veränderliche Dimensionen

Es gehört zu den typischen Aufgaben, die Attribute von Dimensionen zu verfolgen. Beispielsweise müssen Sie auch die frühere Adresse eines Kunden kennen, um seine Käufe sowohl an seinem alten als auch an seinem neuen Wohnort analysieren zu können, oder den früheren Hersteller eines Bestandteils Ihres Produkts, um die Qualität und Zuverlässigkeit zu untersuchen. Da diese Attribute zu Dimensionen gehören und sich gewöhnlich langsam mit der Zeit ändern, werden sie als *langsam veränderliche Dimensionen* (Slowly Changing Dimensions, SCDs) bezeichnet.

Bevor wir in die Einzelheiten gehen, wollen wir kurz erläutern, wann und warum Sie eine SCD benötigen. Nehmen wir an, jedem Ihrer Kunden sei ein Vertriebsleiter zugewiesen. Die einfachste Möglichkeit, um diese Information festzuhalten, besteht darin, den Namen des Vertriebsleiters als Attribut des Kunden zu speichern. Mit der Zeit kann sich diese Beziehung jedoch ändern, z. B. wenn ein Kunde einem anderen Vertriebsleiter zugewiesen wird. Nehmen wir an, für den Kunden Nicholas war bis letztes Jahr Paul zuständig, nun aber Louise. Wenn Sie jetzt einfach den Namen des Vertriebsleiters in der Kundentabelle ändern und dann die Verkäufe von Louise analysieren, sieht es so aus, als wäre Louise für all diese Verkäufe verantwortlich – auch für diejenigen, die in Wirklichkeit Paul gemacht hat. Die Zahlen sind also nicht korrekt. Daher benötigen Sie ein Datenmodell, das die Verkäufe dem Vertriebsleiter zuweist, der zu dem betreffenden Zeitpunkt dafür zuständig war.

SCDs werden je nachdem, wie mit den Änderungen umgegangen wird, in verschiedene Kategorien eingeteilt. Die Experten haben sich jedoch noch nicht auf eine eindeutige Terminologie dafür geeinigt. Abgesehen von sehr einfachen Situationen erfordert die Handhabung von Änderungen gewöhnlich eine gewisse Kreativität, und wer eine neue Möglichkeit dafür findet, vergibt gewöhnlich einen neuen Namen dafür. Datenmodellierer erfinden liebend gern neue Namen für alles Mögliche.

Um Verwirrung zu vermeiden, halten wir uns in diesem Buch an die ursprünglichen Definitionen für SCDs:

- **Typ 1** In SCDs vom Typ 1 ist der in einer Dimension gespeicherte Wert immer der aktuelle. Wenn Sie feststellen, dass sich während der Verarbeitung des Modells etwas geändert hat, überschreiben Sie den alten Wert einfach mit dem neuen. In einer Spalte wird immer nur der letzte Wert gespeichert. Da Änderungen in Wirklichkeit nicht verfolgt werden, sind SCDs vom Typ 1 keine echten SCDs.
- **Typ 2** SCDs vom Typ 2 sind *echte SCDs*. Hier speichern Sie die Informationen mehrmals, nämlich für jede einzelne Version. Ändert sich beispielsweise die Adresse eines Kunden, dann speichern Sie zwei Zeilen für diesen Kunden, nämlich eine mit der alten und eine mit der neuen Adresse. Die Zeilen in der Faktentabelle verweisen dabei jeweils auf die richtige Version des Kunden. Bei der Filterung beispielsweise nach dem Kundennamen sehen Sie nur eine Adresse. Filtern Sie dagegen nach dem Land, werden die Zahlen dem Land zugeschlagen, in dem der Kunde zum Zeitpunkt des Ereignisses gewohnt hat.

SCDs vom Typ 1 sind extrem einfach, da sie keine historischen Informationen verfolgen. Aus diesem Grund beschreiben wir in diesem Kapitel nur SCDs vom Typ 2 und nennen sie einfach SCDs.

Als Beispiel für SCDs sehen wir den bereits beschriebenen Fall der wechselnden Vertriebsleiter und die Umsetzung in der Contoso-Datenbank an. Das Unternehmen Contoso beschäftigt mehrere Landesvertriebsleiter, wobei jeder für mehrere Länder zuständig sein kann. Diese Informationen sind in einer Tabelle mit den beiden Spalten *CountryRegion* und *Manager* aus Abbildung 5–1 gespeichert.

CountryRegion	Manager
Australia	Louise
Germany	Raoul
United Kingdom	Paul
France	Mark
the Netherlands	Louise
Greece	Raoul
Switzerland	Paul
Ireland	Mark

Abbildung 5–1 Die Tabelle *CountryManagers* enthält die Beziehung zwischen einem Land oder einer Region und dem zuständigen Vertriebsleiter.

Mit dieser Tabelle können Sie das Datenmodell auf einfache Weise aufstellen. Wenn Sie eine Beziehung zwischen *CountryRegion* in *Customer* und *CountryRegion* in *CountryManagers* einrichten, erhalten Sie das Modell aus Abbildung 5–2.

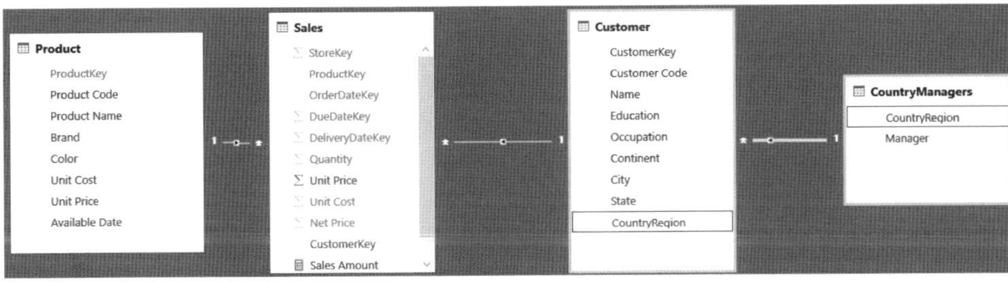

Abbildung 5–2 Die Beziehung zwischen den Tabellen *Customer* und *CountryManagers*

Jetzt können Sie den Report aus Abbildung 5–3 erstellen, der die Verkäufe nach Vertriebsleiter und Kontinent zeigt.

Manager	Continent	CY 2007	CY 2008	CY 2009	**Total**
Louise	Asia	488.792,75	419.828,25	131.572,42	**1.040.193,42**
	Europe		21.331,60	70.311,61	**91.643,21**
	North America	61.577,18	39.782,80	11.658,93	**113.018,92**
	Total	**550.369,94**	**480.942,65**	**213.542,96**	**1.244.855,55**
Mark	Asia			65.381,46	**65.381,46**
	Europe	53.587,61	40.480,90	66.078,71	**160.147,22**
	North America	457.710,49	444.308,45	405.745,64	**1.307.764,58**
	Total	**511.298,10**	**484.789,36**	**537.205,81**	**1.533.293,26**
Paul	Asia			60.640,05	**60.640,05**
	Europe	249.495,88	101.363,69	168.773,28	**519.632,85**
	Total	**249.495,88**	**101.363,69**	**229.413,33**	**580.272,90**
Raoul	Asia			205.557,35	**205.557,35**
	Europe	148.052,02	55.439,35	56.815,17	**260.306,54**
	Total	**148.052,02**	**55.439,35**	**262.372,52**	**465.863,90**
Total		**1.459.215,95**	**1.122.535,05**	**1.242.534,61**	**3.824.285,61**

Abbildung 5–3 Der Bericht mit den Verkäufen nach Vertriebsleiter und Kontinent

Die Landesvertriebsleiter haben zwar mit der Zeit gewechselt, aber unser aktuelles Modell kann mit dieser Information nicht richtig umgehen. Beispielsweise war für die USA im Jahr 2007 Louise zuständig, im Jahr 2008 Paul und im Jahr 2009 Mark. Der Bericht aber zeigt die Verkäufe in diesen Jahren so an, als wäre Mark dafür verantwortlich, da er der bisher letzte Manager für das Land war.

Anstatt den Vertriebsleiter in der Tabelle *CountryManagers* einfach dem Land zuzuweisen, können wir diese Beziehung auch von der Zeit abhängig machen, wie Sie in Abbildung 5–4 sehen.

Jede Zeile gibt jetzt das Anfangs- und Endjahr der Beziehung an. Mit dieser neuen Information ist es nicht mehr möglich, die Spalte *CountryRegion* für den Aufbau der Beziehung zwischen Kunden und Vertriebsleitern zu verwenden, da *CountryRegion* in *CountryManagers* jetzt kein Schlüssel mehr ist. Ein Land kann mehrmals genannt werden, nämlich einmal für jeden der zugewiesenen Vertriebsleiter.

CountryRegion	Manager	FromYear	ToYear
Australia	Paul	2007	2007
United States	Louise	2007	2008
Canada	Louise	2007	2008
United States	Paul	2008	2009
Australia	Mark	2008	2008
United States	Louise	2009	2010
Canada	Raoul	2009	2010
Australia	Louise	2009	2010
Germany	Raoul	2007	2010
United Kingdom	Paul	2007	2010
France	Mark	2007	2010
the Netherlands	Louise	2007	2010
Greece	Raoul	2007	2010
Switzerland	Paul	2007	2010
Ireland	Mark	2007	2010
Portugal	Louise	2007	2010
Spain	Raoul	2007	2010

Abbildung 5–4 Die Tabelle zeigt jetzt an, dass Vertriebsleiter für die USA mit der Zeit gewechselt haben.

Damit wird der Fall etwas komplizierter, aber es gibt verschiedene Möglichkeiten, um damit umzugehen. In diesem Kapitel zeigen wir Ihnen einige davon. Damit lässt sich ein Analysebericht aufstellen, in dem Sie verfolgen können, wer zum Zeitpunkt eines Verkaufs als Vertriebsleiter zuständig war. Nehmen wir an, das Modell wurde bereits von der IT-Abteilung erstellt, die sich um das Data Warehouse kümmert, und an Sie weitergeleitet. Wenn alles richtig gemacht wurde, enthält die Tabelle *Customer* jetzt die beiden folgenden Spalten:

- *Historical Manager* Der Vertriebsleiter für den Kunden zum Zeitpunkt des Ereignisses (Verkaufs)
- *Current Manager* Der aktuelle Vertriebsleiter für den Kunden unabhängig davon, wer zum Zeitpunkt des Ereignisses für den Kunden zuständig war

Mit dieser Datenstruktur können Sie Analyseberichte wie den aus Abbildung 5–5 aufstellen, die die Verkäufe jeweils zusammen mit damals zuständigen (»historischen«) statt dem aktuellen Vertriebsleiter aufführen.

Sie können auch Berichte wie den aus Abbildung 5–6 aufstellen, die sowohl den aktuellen als auch den historischen Vertriebsleiter zeigen. In diesem Beispiel sehen Sie die Verkäufe in Nordamerika (USA und Kanada) jeweils mit dem aktuellen und dem historischen Vertriebsleiter.

Die Verwendung von SCDs in Berichten ist nicht einfach. Sehen Sie sich die vorstehenden Zahlen genau an, um ein Gefühl für die Daten zu bekommen und zu erkennen, welche Zahlen jeweils den aktuellen und den historischen Attributen zugeordnet sind.

Continent	Historical Manager	CY 2007	CY 2008	CY 2009	**Total**
Asia	Louise			131.572,42	**131.572,42**
	Mark		419.828,25	65.381,46	**485.209,71**
	Paul	488.792,75		60.640,05	**549.432,80**
	Raoul			205.557,35	**205.557,35**
	Total	**488.792,75**	**419.828,25**	**463.151,29**	**1.371.772,29**
Europe	Louise		21.331,60	70.311,61	**91.643,21**
	Mark	53.587,61	40.480,90	66.078,71	**160.147,22**
	Paul	249.495,88	101.363,69	168.773,28	**519.632,85**
	Raoul	148.052,02	55.439,35	56.815,17	**260.306,54**
	Total	**451.135,51**	**218.615,55**	**361.978,75**	**1.031.729,82**
North America	Louise	519.287,68			**519.287,68**
	Mark			405.745,64	**405.745,64**
	Paul		444.308,45		**444.308,45**
	Raoul		39.782,80	11.658,93	**51.441,74**
	Total	**519.287,68**	**484.091,26**	**417.404,57**	**1.420.783,51**
Total		**1.459.215,95**	**1.122.535,05**	**1.242.534,61**	**3.824.285,61**

Abbildung 5–5 In den nach historischem Vertriebsleiter gefilterten Verkäufen wird Nordamerika für das Jahr 2007 korrekt Louise zugeschlagen.

Continent
- ☐ Asia
- ☐ Europe
- ■ North America

CountryRegion
- ☐ Canada
- ☐ United States

Actual Manager	Historical Manager	CY 2007	CY 2008	CY 2009	**Total**
Mark	Louise	457.710,49			**457.710,49**
	Mark			405.745,64	**405.745,64**
	Paul		444.308,45		**444.308,45**
	Total	**457.710,49**	**444.308,45**	**405.745,64**	**1.307.764,58**
Raoul	Louise	61.577,18			**61.577,18**
	Raoul		39.782,80	11.658,93	**51.441,74**
	Total	**61.577,18**	**39.782,80**	**11.658,93**	**113.018,92**
Total		**519.287,68**	**484.091,26**	**417.404,57**	**1.420.783,51**

Abbildung 5–6 Mit aktuellen und historischen Attributen können Sie sehr detaillierte Berichte aufstellen.

Die Verkäufe können Sie nach aktuellem oder nach historischem Vertriebsleiter filtern. Wie zu erwarten, erhalten Sie dabei jeweils unterschiedliche Zahlen. Beispielsweise können Sie einen dramatischen Einbruch der Verkäufe in dem Land sehen, für das zurzeit Raoul zuständig ist. Die Zahlen waren viel besser, als Nordamerika 2007 noch in den Händen von Louise war.

Die Filterung nach aktuellem Vertriebsleiter dient dazu, das Potenzial der Kunden zu ermitteln, für die zurzeit diese Person zuständig ist, während sich die Filterung nach dem historischen Attribut anbietet, um die Leistung des Vertriebsleiters im Lauf der Zeit zu bewerten. Der Bericht in der Abbildung zeigt sowohl das historische als auch das aktuelle Attribut und ermöglicht es damit, die Verkaufserfolge unter den verschiedenen Vertriebsleitern zu untersuchen.

Mit aktuellen und historischen Attributen können Sie sehr leistungsfähige Berichte aufstellen. Allerdings können diese Berichte ziemlich unübersichtlich werden. Um dieses Problem zu mildern, müssen Sie sich die Zeit nehmen, um die Werte nach der Zeit zu formatieren und sorgfältig die Spalten auszuwählen, die Sie in den Bericht aufnehmen wollen. Eine genaue Beschreibung der Bedeutung der Zahlen ist ebenfalls hilfreich.

In dieser Einführung haben wir schon einige der wichtigsten Aspekte von SCDs aufgeführt:

- Sowohl der aktuelle als auch der historische Wert ist wichtig. Je nachdem, welche Erkenntnisse Sie durch Abfragen des Modells gewinnen wollen, müssen Sie den einen, den anderen oder beide Werte verwenden. Eine gute Implementierung einer SCD bewahrt auch den historischen Wert für jeden Datensatz auf.
- Wir sprechen zwar von *langsam veränderlichen Dimensionen*, doch die Dimensionen an sich ändern sich nicht, sondern nur eines oder mehrere ihrer Attribute.

Damit kennen Sie jetzt die Bedeutung der Handhabung von Änderungen und die Schwierigkeiten, die die Verwendung von SCDs in einem Bericht mit sich bringt. Als Nächstes wollen wir uns verschiedene Arten von Datenmodellen ansehen, die für den angemessenen Umgang mit SCDs erforderlich sind.

Langsam veränderliche Dimensionen verwenden

Da Sie nun wissen, was SCDs sind, sehen wir uns als Nächstes ihre Verwendung an. Wenn Sie eine SCD nutzen, können einige der Berechnungen ziemlich kompliziert werden. Bei Standarddimensionen ist jede Entität in einer Zeile Ihrer Tabelle gespeichert. Beispielsweise ist ein Kunde immer eine einzige Zeile in der Kundentabelle. Behandeln Sie *Customer* dagegen als SCD, dann kann es in dieser Tabelle mehrere Zeilen für ein und denselben Kunden geben. Die einfache 1:1-Beziehung zwischen einem Kunden und einer Tabellenzeile existiert nicht mehr. Schon einfache Vorgänge wie das Zählen der Kunden werden dadurch schwieriger.

In unserem früheren Beispiel haben wir die Landesvertriebsleiter als Attribut des Kunden gespeichert und dadurch mehrere Versionen eines Kunden für die verschiedenen zuständigen Vertriebsleiter erhalten. Die einfache Datenbank, die wir in diesem Buch verwenden, enthält 18.869 Kunden, doch aufgrund wechselnder Vertriebsleiter enthält die Tabelle *Customer* 43.882 Zeilen. Der folgende Code für ein einfaches berechnetes Feld zum Zählen der Kunden führt daher zu einem falschen Ergebnis:

```
NumOfCustomers = COUNTROWS ( Customer )
```

Das falsche Ergebnis sehen Sie in Abbildung 5–7, die die Anzahl der Kunden nach aktuellem Vertriebsleiter zeigt.

Actual Manager	NumOfCustomers
Louise	10.901
Mark	26.082
Paul	1.937
Raoul	4.962
Total	**43.882**

Abbildung 5–7 Zählen der Zeilen liefert bei einer SCD nicht die korrekte Anzahl der Kunden.

Dieser Bericht nennt die Anzahl der Kunden*versionen* und nicht der tatsächlichen Kunden. Um das richtige Ergebnis zu erhalten, müssen Sie wie im folgenden Code eine diskrete Zählung der Kundennummern durchführen:

```
NumOfCustomers := DISTINCTCOUNT ( Customer[Customer Code] )
```

Wie Sie in Abbildung 5–8 sehen, erhalten Sie mit DISTINCTCOUNT tatsächlich einen Bericht mit den korrekten Zahlen:

Actual Manager	NumOfCustomers
Louise	3.639
Mark	9.910
Paul	1.937
Raoul	3.383
Total	**18.869**

Abbildung 5–8 Bei der Verwendung von DISTINCTCOUNT nennt der Bericht die Anzahl der unterschiedlichen Kundennummern und gibt damit den richtigen Wert aus.

Wenn Sie keinen Datenschnitt nach einem der Attribute des Kunden vornehmen wollen, ist die Verwendung von DISTINCTCOUNT statt COUNTROWS eine gute Lösung. Schwieriger wird es, wenn Sie einen Datenschnitt nach einem Attribut durchführen wollen, das nicht zur Kundendimension gehört. Sehr oft wird die Anzahl der Kunden verlangt, die Produkte einer bestimmten Kategorie gekauft haben. Bei einer normalen Kundendimension können Sie diesen Wert einfach durch diskretes Zählen der Kundenschlüssel in der Faktentabelle erhalten. In unserem Beispiel würde der Code dafür wie folgt lauten:

```
NumOfBuyingCustomers := DISTINCTCOUNT ( Sales[CustomerKey] )
```

Falls Sie diesen Code auch in dem Modell mit SCD anwenden, sieht das Ergebnis zwar sinnvoll aus, ist aber trotzdem falsch (siehe Abbildung 5–9).

Brand ▲	NumOfBuyingCustomers
A. Datum	189
Adventure Works	392
Contoso	820
Fabrikam	173
Litware	201
Northwind Traders	151
Proseware	127
Southridge Video	862
Tailspin Toys	594
The Phone Company	76
Wide World Importers	133
Total	**2,395**

Abbildung 5–9 Die mit DISTINCTCOUNT bestimmte Anzahl kaufender Kunden erscheint zwar richtig, ist aber falsch.

Durch die diskrete Zählung der Kundennummern bestimmen Sie die Anzahl der diskreten Kundenversionen, nicht der tatsächlichen Kunden. Um den korrekten Wert zu ermitteln, müssen Sie die Anzahl der Kundennummern in *Customer* mithilfe eines bidirektionalen Musters bestimmen. Dazu können Sie entweder die Beziehung zwischen *Customer* und *Sales* als bidirektional kennzeichnen oder den Code wie folgt ändern:

```
NumOfBuyingCustomersCorrect :=
CALCULATE (
   DISTINCTCOUNT ( Customers[Customer Code] ),
   Sales
)
```

Abbildung 5–10 zeigt den gleichen Bericht wie Abbildung 5–9, allerdings mit dem neuen berechneten Feld. Die meisten Zahlen sind identisch, und diejenigen, bei denen Abweichungen bestehen, sind sich immer noch ziemlich ähnlich. Das zeigt, wie leicht man durch falsche Berechnungen in die Irre geführt werden kann.

Brand	NumOfBuyingCustomers	NumOfBuyingCustomersCorrect
A. Datum	189	189
Adventure Works	392	392
Contoso	820	815
Fabrikam	173	173
Litware	201	199
Northwind Traders	151	151
Proseware	127	125
Southridge Video	862	855
Tailspin Toys	594	594
The Phone Company	76	76
Wide World Importers	133	133
Total	**2.395**	**2.353**

Abbildung 5–10 Der Vergleich der beiden berechneten Felder zeigt den kleinen Unterschied zwischen der richtigen und der falschen Berechnung.

Vielleicht ist Ihnen aufgefallen, dass wir das bidirektionale Muster hier mit der Tabelle *Sales* als Filter verwendet haben, und nicht wie häufig in diesem Buch durch eine bidirektionale Beziehung zwischen *Sales* und *Customer*. Wenn Sie hier nur die bidirektionale Filterung für die Beziehung zwischen *Sales* und *Customer* einsetzen, erhalten Sie eine falsche Gesamtsumme. Mit dem folgenden Code für das berechnete Feld werden bei der Gesamtsumme (siehe Abbildung 5–11) alle Kunden berücksichtigt, nicht nur diejenigen, die etwas gekauft haben:

```
NumOfBuyingCustomersCorrectCrossFilter :=
CALCULATE (
   DISTINCTCOUNT ( Customer[Customer Code] ),
   CROSSFILTER ( Sales[CustomerKey], Customer[CustomerKey], BOTH )
)
```

Brand	NumOfBuyingCustomers	NumOfBuyingCustomersCorrect
A. Datum	189	189
Adventure Works	392	392
Contoso	820	815
Fabrikam	173	173
Litware	201	199
Northwind Traders	151	151
Proseware	127	125
Southridge Video	862	855
Tailspin Toys	594	594
The Phone Company	76	76
Wide World Importers	133	133
Total	**2.395**	**18.869**

Abbildung 5–11 Wenn Sie nur die bidirektionale Filterung einschalten, erhalten Sie eine falsche Gesamtsumme.

Der Grund für die falsche Gesamtsumme im berechneten Feld *NumOfBuyingCustomersCorrectCrossFilter* liegt daran, dass die Tabelle *Sales* zur Bestimmung dieser Summe nicht gefiltert wird. Daher hat die Engine auch keinen Filter, den sie an *Customer* weiterleiten kann. Wenn Sie dagegen das vollständige bidirektionale Muster mit der Tabelle *Sales* als Filter verwenden, wird der Filter stets angewendet und zeigt nur die Kunden an, die irgendwo in *Sales* vorhanden sind. Daher funktioniert die `CROSSFILTER`-Version besser, wenn keine Filter angewendet werden müssen, und ist daher normalerweise aus Gründen der Leistung zu bevorzugen. Der Unterschied zeigt sich erst, wenn es in der aktuellen Auswahl mehrere Versionen eines Kunden gibt.

Da sich SCDs naturgemäß nur langsam ändern, sind in einer gegebenen Auswahl gewöhnlich nicht mehrere Versionen eines Kunden enthalten. Es kann jedoch trotzdem vorkommen, wenn die Auswahl umfassend genug ist. Beispielsweise ist es ziemlich wahrscheinlich, dass in Daten, die mehrere Jahre umfassen, mehrere Versionen eines Kunden auftauchen.

Es ist wichtig, die Unterschiede zwischen der Berechnung der Anzahl Kunden und der Anzahl der Versionen zu erkennen. Ein genaues Verständnis dieser Einzelheiten ist für Ihre Arbeit als Datenmodellierer sehr wertvoll und hilft Ihnen zu erkennen, ob eine Zahl oder eine Summe falsch ist.

Langsam veränderliche Dimensionen laden

In diesem Abschnitt geht es darum, wie Sie eine SCD mit dem Abfrage-Editor von Power BI Desktop laden. Im ursprünglichen Datenmodell müssen nicht zwangsläufig SCDs vorhanden sein, aber es kann vorkommen, dass Sie sie in das Modell einführen müssen, mit dem Sie gerade arbeiten. Beispielsweise enthält das ursprüngliche Modell der Beispieldatenbank, die wir in diesem Kapitel verwenden, keine SCDs. Um den aktuellen und den historischen Vertriebsleiter verfolgen zu können – eine Information, die im ursprünglichen Data Warehouse nicht zu finden ist –, müssen Sie jedoch eine SCD laden.

Um die Probleme beim Umgang mit SCDs deutlich zu machen, müssen wir ein wichtiges Thema wieder aufgreifen, das wir schon in Kapitel 1 erwähnt haben, nämlich die Granularität. Das Vorhandensein einer SCD ändert die Granularität sowohl der Dimension als auch der Faktentabelle.

Ohne SCDs haben die Fakten in der Beispieldatenbank nur eine Granularität auf Kundenebene. Durch die Einführung von SCDs verschiebt sich die Granularität jedoch auf die Ebene der einzelnen Kundenversionen. Die einzelnen Versionen eines Kunden müssen mit unterschiedlichen Verkäufen verknüpft werden, und zwar je nach dem Zeitpunkt des Verkaufs.

Eine Änderung der Granularität verlangt verschiedene Maßnahmen, um das korrekte Modell aufbauen zu können. Außerdem müssen Sie die Abfrage sowohl für die Dimension als auch die Faktentabelle ändern, damit die Granularitäten übereinstimmen. Es ist nicht möglich, die Granularität einer Tabelle zu ändern, ohne auch die der anderen anzupassen, denn dann würde die Beziehung nicht mehr richtig funktionieren.

Sehen wir uns als Erstes die Situation genau an. Die Datenbank verfügt über die Tabelle *Customer*, bei der es sich nicht um eine SCD handelt. Daneben gibt es die Tabelle *CountryManagers*, die den Vertriebsleiter für jedes Land jeweils mit dem Anfangs- und Endjahr der Zuständigkeit enthält. Ein Land hat nicht jedes Jahr denselben Vertriebsleiter, doch da der Vertriebsleiter eines Landes nicht jedes Jahr wechselt, wollen wir die Granularität auch nicht übermäßig auf die Ebene von Kunden/Jahr verfeinern, denn das würde bei einigen Kunden zu unnötigen Dubletten führen. Die ideale Granularität in dieser Situation liegt irgendwo zwischen der Ebene der Kunden (zu grob, um wechselnde Vertriebsleiter zu berücksichtigen) und Kunden/Jahr (zu fein für die Jahre mit identischem Vertriebsleiter). Das richtige Maß hängt davon ab, wie oft der Vertriebsleiter für das Land des Kunden wechselt.

Als Erstes richten Sie die Granularität für den schlimmsten Fall ein, um daraus die richtige Granularität zu bestimmen. In Abbildung 5–12 sehen Sie die ursprüngliche Tabelle, die die Vertriebsleiter für die verschiedenen Länder enthält.

	CountryRegion	Manager	FromYear	ToYear
1	Australia	Paul	2007	2008
2	United States	Louise	2007	2008
3	Canada	Louise	2007	2008
4	United States	Paul	2008	2009
5	Australia	Mark	2008	2009
6	United States	Mark	2009	2010
7	Canada	Raoul	2008	2010
8	Australia	Louise	2009	2010
9	Germany	Raoul	2007	2010
10	United Kingdom	Paul	2007	2010

Abbildung 5–12 Die Tabelle *CountryManagers* enthält die Spalten *FromYear* und *ToYear*, die angeben, in welchem Zeitraum die verschiedenen Vertriebsleiter jeweils für das Land zuständig waren.

Um die Granularität für den schlimmsten Fall zu erhalten, vereinfachen Sie das Modell nun so, dass es nur noch das Land, den Vertriebsleiter und eine Spalte für das Jahr enthält, die die Spalten *FromYear* und *ToYear* ersetzt. Dadurch erhöht sich die Anzahl der Zeilen, wobei viele der Zeilen denselben Vertriebsleiter für mehrere Jahre zeigen. (Wie Sie die überflüssigen Zeilen entfernen, sehen wir uns in Kürze an.)

Fügen Sie der Tabelle als Erstes mit der Funktion `List.Numbers` eine Spalte mit einer Liste der Jahre zwischen *FromYear* und *ToYear* hinzu (siehe Abbildung 5–13).

```
= Table.AddColumn(Managers, "Year", each List.Numbers([FromYear], [ToYear]-[FromYear]))
```

	CountryRegion	Manager	FromYear	ToYear	Year
1	Australia	Paul	2007	2008	List
2	United States	Louise	2007	2008	List
3	Canada	Louise	2007	2008	List
4	United States	Paul	2008	2009	List
5	Australia	Mark	2008	2009	List
6	United States	Mark	2009	2010	List
7	Canada	Raoul	2008	2010	List
8	Australia	Louise	2009	2010	List
9	Germany	Raoul	2007	2010	List
10	United Kingdom	Paul	2007	2010	List
11	France	Mark	2007	2010	List

List
2007
2008
2009

Abbildung 5–13 Die Spalte *Year* führt die Jahre von *FromYear* bis *ToYear* auf.

Abbildung 5–13 zeigt sowohl die Spalte, die nur als *List* in der Benutzeroberfläche zu sehen ist, und den Inhalt der Spalte, den Sie im Abfrage-Editor sehen können, indem Sie auf die Zelle klicken. Da Paul von 2007 bis 2010 Vertriebsleiter für Großbritannien war, enthält die Liste die drei Jahre 2007, 2008 und 2009.

Als Nächstes erweitern Sie die Tabelle, indem Sie eine Zeile für jedes Element in der Liste der Jahre anlegen. Außerdem entfernen Sie die Spalten *FromYear* und *ToYear*, da sie jetzt überflüssig geworden sind. Das Ergebnis sehen Sie in Abbildung 5–14.

	CountryRegion	Manager	Year
10	Germany	Raoul	2007
11	Germany	Raoul	2008
12	Germany	Raoul	2009
13	United Kingdom	Paul	2007
14	United Kingdom	Paul	2008
15	United Kingdom	Paul	2009
16	France	Mark	2007
17	France	Mark	2008
18	France	Mark	2009

Abbildung 5–14 In dieser Tabelle wird *United Kingdom* jetzt dreimal mit demselben Vertriebsleiter aufgeführt.

Die Tabelle enthält jetzt die ungünstige Granularität für das Land mit einer Version für jedes Jahr. Viele Zeilen enthalten denselben Wert für dasselbe Land mit der Jahreszahl als einzigem Unterschied. Die Tabelle ist jedoch trotzdem brauchbar, da wir sie immer noch zum Nachschlagen verwenden können, wenn wir die Granularität der Faktentabelle ändern. Da sie die historischen Vertriebsleiter des Landes enthält, speichern Sie sie als *Historical Country Managers*.

Die zweite erforderliche Tabelle enthält die aktuellen Landesvertriebsleiter. Sie lässt sich etwas leichter erstellen, wenn Sie von *Historical Country Managers* ausgehen. Dann müssen Sie nämlich nur die historischen Landesvertriebsleiter nach *CountryRegion* und *Manager* gruppieren, was zu eindeutigen Paaren von Ländern und Managern führt. Verwenden Sie bei dieser Gruppierung `MAX` zur Aggregierung des Jahres, sodass Sie nur jeweils das letzte Jahr erhalten, in dem ein Vertriebsleiter für das gegebene Land zuständig war. Wie Sie in Abbildung 5-15 sehen, gibt es für Großbritannien jetzt nur noch eine Zeile.

```
= Table.Group(Source, {"CountryRegion", "Manager"}, {{"LastYear", each List.Max([Year]), type number}})
```

	CountryRegion	Manager	LastYear
1	Australia	Paul	2007
2	United States	Louise	2007
3	Canada	Louise	2007
4	United States	Paul	2008
5	Australia	Mark	2008
6	United States	Mark	2009
7	Canada	Raoul	2009
8	Australia	Louise	2009
9	Germany	Raoul	2009
10	United Kingdom	Paul	2009
11	France	Mark	2009
12	the Netherlands	Louise	2009
13	Greece	Raoul	2009

Abbildung 5–15 Nach der Gruppierung ist die Kardinalität korrekt.

Diese Tabelle enthält jetzt eindeutige Paare von *CountryRegion* und *Manager* zusammen mit dem letzten Jahr, in dem der jeweilige Vertriebsleiter für das Land zuständig war. Damit die Tabelle nur noch die aktuellen Vertriebsleiter zeigt, reicht es, die Zeilen herauszufiltern, bei denen die Spalte *LastYear* nicht den Wert für das aktuelle Jahr enthält. (In diesem Beispiel ist das aktuelle Jahr 2009, da dies das letzte Jahr ist, für das Daten vorliegen.) Abbildung 5–16 zeigt das Ergebnis dieser zweiten Abfrage, die wir *Actual Country Managers* genannt haben.

	CountryRegion	Manager
4	Germany	Raoul
5	United Kingdom	Paul
6	France	Mark
7	the Netherlands	Louise
8	Greece	Raoul
9	Switzerland	Paul
10	Ireland	Mark
11	Portugal	Louise
12	Spain	Raoul
13	Italy	Paul
14	Russia	Mark
15	Poland	Louise

Abbildung 5–16 Die Tabelle *Actual Country Managers* enthält nur den letzten und damit aktuellen Vertriebsleiter für die einzelnen Länder.

Jetzt haben wir die beiden folgenden Tabellen:

- *Actual Country Managers* Enthält die aktuellen Vertriebsleiter für die einzelnen Länder
- *Historical Country Managers* Enthält die historischen Vertriebsleiter für die einzelnen Länder

Im nächsten Schritt ändern wir mithilfe dieser beiden Tabellen sowohl die Tabelle *Customer* als auch *Sales*.

Die Granularität der Dimension korrigieren

Mithilfe der beiden neuen Tabellen wollen wir die Granularität der Tabellen *Customer* und *Sales* korrigieren. Wenden wir uns dabei zunächst der Tabelle *Customer* zu. Um die Granularität zu erhöhen, müssen Sie die ursprüngliche Tabelle *Customer* mit der Tabelle *Historical Country Managers* kombinieren. *Customer* enthält die Spalte *CountryRegion*. Wenn Sie *Customer* nun über die Spalte *CountryRegion* mit *Historical Country Managers* verknüpfen, enthält die resultierende Tabelle mehr Zeilen, nämlich jeweils eine für jeden Vertriebsleiter eines Kunden. Allerdings enthält die Tabelle keine neuen Versionen der Kunden für jedes Jahr, was die ungünstigste Granularität wäre. Dank der Gruppierung in der Tabelle *Historical Country Managers* enthält die resultierende Tabelle die richtige Anzahl der Versionen für jeden Kunden.

Nachdem Sie diese beiden Operationen erledigt haben, sieht das Dataset wie in Abbildung 5-17 aus. Die Spalte *OriginalCustomerKey* ist hier in aufsteigender Reihenfolge sortiert.

Beachten Sie vor allem die ersten drei Zeilen. Sie stehen für den australischen Kunden Jon Yang, für den im Lauf der Zeit drei verschiedene Vertriebsleiter zuständig waren, nämlich Paul, Mark und Louise. Das wird in dem Modell auch richtig dargestellt, aber es gibt trotzdem ein

Problem. Die Spalte mit dem Kundenschlüssel (*OriginalCustomerKey*) ist in dieser Tabelle aber kein Schlüssel mehr. Dieser Code steht für einen einzelnen Kunden, doch jetzt haben wir mehrere Versionen eines Kunden. Da der Kundenschlüssel nicht mehr eindeutig ist, können wir ihn nicht mehr als Schlüssel verwenden. Daher brauchen wir einen neuen.

	OriginalCustomerKey	Customer Code	Name	CountryRegion	Actual Manager	Historical Manager	Year
1	1	11000	Yang, Jon	Australia	Louise	Paul	2007
2	1	11000	Yang, Jon	Australia	Louise	Mark	2008
3	1	11000	Yang, Jon	Australia	Louise	Louise	2009
4	2	11001	Huang, Eugene	Australia	Louise	Paul	2007
5	2	11001	Huang, Eugene	Australia	Louise	Mark	2008
6	2	11001	Huang, Eugene	Australia	Louise	Louise	2009
7	3	11002	Torres, Ruben	Australia	Louise	Paul	2007
8	3	11002	Torres, Ruben	Australia	Louise	Mark	2008
9	3	11002	Torres, Ruben	Australia	Louise	Louise	2009
10	4	11003	Zhu, Christy	Australia	Louise	Paul	2007
11	4	11003	Zhu, Christy	Australia	Louise	Mark	2008
12	4	11003	Zhu, Christy	Australia	Louise	Louise	2009
13	5	11004	Johnson, Elizabeth	Australia	Louise	Paul	2007
14	5	11004	Johnson, Elizabeth	Australia	Louise	Mark	2008

Abbildung 5–17 Die neue *Customer*-Tabelle zeigt die korrigierte Granularität und die denormalisierten aktuellen und historischen Manager.

Im Allgemeinen können Sie einen neuen Schlüssel einfach dadurch erstellen, dass Sie eine neue Spalte mit einem Index hinzufügen, also einer Zahl, deren Wert bei 1 beginnt und in jeder Zeile um 1 wächst. Das ist die bevorzugte Technik von Datenbankverwaltern. Unsere neue Tabelle weist eine Granularität auf der Ebene von Kunde/Jahr auf, wobei das Jahr das letzte Jahr ist, in dem der Vertriebsleiter für das Land zuständig war. Daher können Sie eine neue Spalte einfach dadurch erstellen, dass Sie *OriginalCustomerKey* mit *Year* verketten, also dem Jahr aus der Tabelle *Historical Country Managers*, die in die neue *Customer*-Tabelle denormalisiert wurde. Die resultierende Tabelle mit dem neuen Schlüssel sehen Sie in Abbildung 5–18.

	OriginalCustomerKey	CustomerKey	Customer Code	Name	CountryRegion	Actual Manager	Historical Manager
1	1	12007	11000	Yang, Jon	Australia	Louise	Paul
2	1	12008	11000	Yang, Jon	Australia	Louise	Mark
3	1	12009	11000	Yang, Jon	Australia	Louise	Louise
4	2	22007	11001	Huang, Eugene	Australia	Louise	Paul
5	2	22008	11001	Huang, Eugene	Australia	Louise	Mark
6	2	22009	11001	Huang, Eugene	Australia	Louise	Louise
7	3	32007	11002	Torres, Ruben	Australia	Louise	Paul
8	3	32008	11002	Torres, Ruben	Australia	Louise	Mark
9	3	32009	11002	Torres, Ruben	Australia	Louise	Louise
10	4	42007	11003	Zhu, Christy	Australia	Louise	Paul
11	4	42008	11003	Zhu, Christy	Australia	Louise	Mark
12	4	42009	11003	Zhu, Christy	Australia	Louise	Louise
13	5	52007	11004	Johnson, Elizabeth	Australia	Louise	Paul
14	5	52008	11004	Johnson, Elizabeth	Australia	Louise	Mark
15	5	52009	11004	Johnson, Elizabeth	Australia	Louise	Louise
16	6	62007	11005	Ruiz, Julio	Australia	Louise	Paul

Abbildung 5–18 *OriginalCustomerKey* ist kein Schlüssel mehr. Daher verwenden wir die neue Spalte *CustomerKey*, die das Jahr berücksichtigt.

An diesem Punkt haben Sie die Granularität der Tabelle *Customer* von der ursprünglichen Ebene (der Kundenebene) auf die ungünstigste Ebene (Kunde und Jahr) verschoben. Dies ist noch nicht die endgültige Tabelle, aber sie bildet einen sinnvollen Zwischenschritt. Daher speichern wir sie unter dem Namen *CustomerBase*.

Der letzte Schritt besteht darin, die richtige Granularität herzustellen. Die Vorgehensweise dazu ist ähnlich wie bei den Vertriebsleitern für die verschiedenen Länder. Ausgehend von *CustomerBase* entfernen Sie alle Spalten außer den Granularitätsspalten und führen eine Gruppierung nach *OriginalCustomerKey*, *Actual Manager* und *Historical Manager* durch. Anschließend bestimmen Sie mit `MAX` jeweils das Maximum von *CustomerKey* und nennen es *NewCustomerKey*. Das Ergebnis sehen Sie in Abbildung 5–19.

	OriginalCustomerKey	Actual Manager	Historical Manager	NewCustomerKey
26	9	Louise	Mark	92008
27	9	Louise	Louise	92009
28	10	Louise	Paul	102007
29	10	Louise	Mark	102008
30	10	Louise	Louise	102009
31	11	Louise	Paul	112007
32	11	Louise	Mark	112008
33	11	Louise	Louise	112009
34	12	Louise	Paul	122007
35	12	Louise	Mark	122008
36	12	Louise	Louise	122009
37	18	Louise	Paul	182007

Abbildung 5–19 Diese temporäre Tabelle hat jetzt die richtige Granularität.

Diese Gruppierung war sinnvoll, um die richtige Granularität zu erhalten, aber dabei mussten Sie alle Spalten aus der ursprünglichen *Customer*-Tabelle entfernen. Der nächste Schritt besteht darin, die benötigten Spalten wiederherzustellen. Als Erstes entfernen Sie dazu alle Spalten außer *NewCustomerKey* aus der Tabelle (siehe Abbildung 5–20).

	NewCustomerKey
7	32007
8	32008
9	32009
10	42007
11	42008
12	42009
13	52007
14	52008
15	52009

Abbildung 5–20 Diese Tabelle enthält nur die Kundenschlüssel, jetzt aber mit der richtigen Granularität.

Der letzte Schritt besteht darin, diese Tabelle auf der Grundlage des Kundenschlüssels mit *CustomerBase* zu kombinieren und alle benötigten Spalten abzurufen. Das Ergebnis sehen Sie in Abbildung 5–21. Sie können dort leicht erkennen, dass die Kunden jeweils eine unterschiedliche Anzahl von Versionen aufweisen, je nachdem, wie viele Vertriebsleiter im Lauf der Zeit für sie zuständig waren.

	OriginalCustomerKey	CustomerKey	Customer Code	Name	CountryRegion	Actual Manager	Historical Manager
419	143	1432007	11142	Patterson, Eduardo	Canada	Raoul	Louise
420	143	1432009	11142	Patterson, Eduardo	Canada	Raoul	Raoul
421	144	1442007	11143	Henderson, Jonathan	United States	Mark	Louise
422	144	1442008	11143	Henderson, Jonathan	United States	Mark	Paul
423	144	1442009	11143	Henderson, Jonathan	United States	Mark	Mark
424	145	1452007	11144	Hernandez, Edward	United States	Mark	Louise
425	145	1452008	11144	Hernandez, Edward	United States	Mark	Paul
426	145	1452009	11144	Hernandez, Edward	United States	Mark	Mark
427	146	1462007	11145	Coleman, Jasmine	United States	Mark	Louise
428	146	1462008	11145	Coleman, Jasmine	United States	Mark	Paul

Abbildung 5–21 Die endgültige *Customer*-Tabelle hat die richtige Granularität und alle relevanten Spalten.

Als Nächstes führen Sie einen ähnlichen Vorgang an der Tabelle *Sales* durch. (Beachten Sie, dass die Spalte *CustomerKey* in *Sales* kein brauchbarer Schlüssel mehr ist, da Sie den Schlüssel der Tabelle *Customer* geändert haben.)

Die Granularität der Faktentabelle korrigieren

In *Sales* ist es nicht möglich, den neuen Schlüssel auf der Grundlage des Verkaufsjahrs zu berechnen, und wenn der Vertriebsleiter für ein Land nicht wechselt, hängt der neue Schlüssel auch gar nicht vom Verkaufsjahr ab. Stattdessen können Sie aber nach dem neuen Schlüssel suchen. Die neue Kardinalität der Dimension hängt vom Kunden, dem aktuellen und dem historischen Vertriebsleiter ab. Anhand dieser drei Werte können Sie die neue Dimension *Customer* durchsuchen, und dort finden Sie den neuen Schlüssel *CustomerKey*.

Um die richtige Granularität in der Tabelle *Sales* einzurichten, gehen Sie wie folgt vor:

1. Fügen Sie der ursprünglichen Tabelle *Sales* eine Spalte mit dem Verkaufsjahr hinzu.
2. Verknüpfen Sie *Sales* mit der Tabelle *CustomerBase*, um das Land des Kunden, den aktuellen und den historischen Vertriebsmanager zu erhalten. (Sie verwenden dazu *CustomerBase*, da Sie dort nach dem Verkaufsjahr suchen können, denn diese Tabelle hat nach wie vor eine Granularität auf der Ebene von Kunde/Jahr. Diese Granularität war uns zwar zu fein, erweist sich nun aber als praktisch, da sie uns die Suche nach dem Verkaufsjahr erlaubt.)

Das Ergebnis dieser Verknüpfung befindet sich in der neuen Spalte *NewColumn*, die Sie in Abbildung 5–22 sehen.

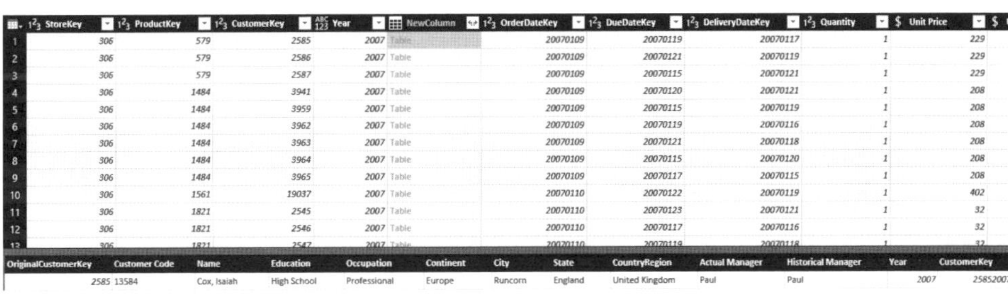

	StoreKey	ProductKey	CustomerKey	Year	NewColumn	OrderDateKey	DueDateKey	DeliveryDateKey	Quantity	Unit Price
1	306	579	2585	2007	Table	20070109	20070119	20070117	1	229
2	306	579	2586	2007	Table	20070109	20070121	20070119	1	229
3	306	579	2587	2007	Table	20070109	20070115	20070121	1	229
4	306	1484	3941	2007	Table	20070109	20070120	20070121	1	208
5	306	1484	3959	2007	Table	20070109	20070115	20070119	1	208
6	306	1484	3962	2007	Table	20070109	20070119	20070116	1	208
7	306	1484	3963	2007	Table	20070109	20070121	20070118	1	208
8	306	1484	3964	2007	Table	20070109	20070115	20070120	1	208
9	306	1484	3965	2007	Table	20070109	20070117	20070115	1	208
10	306	1561	19037	2007	Table	20070110	20070122	20070119	1	402
11	306	1821	2545	2007	Table	20070110	20070123	20070121	1	32
12	306	1821	2546	2007	Table	20070110	20070117	20070116	1	32
13	306	1821	2547	2007	Table	20070110	20070119	20070118	1	32

OriginalCustomerKey	Customer Code	Name	Education	Occupation	Continent	City	State	CountryRegion	Actual Manager	Historical Manager	Year	CustomerKey
2585	13584	Cox, Isaiah	High School	Professional	Europe	Runcorn	England	United Kingdom	Paul	Paul	2007	25852007

Abbildung 5–22 Um die aktuellen und historischen Vertriebsleiter abrufen zu können, müssen Sie *Sales* mit *CustomerBase* verknüpfen.

An dieser Stelle können Sie die Anzeige der aktuellen und die historischen Vertriebsleiter erweitern und darüber eine zweite Verknüpfung mit der Tabelle *Customer* durchführen, die die richtige Granularität aufweist. Suchen Sie dann nach dem Kunden, der dieselbe Kundennummer, denselben aktuellen und denselben historischen Vertriebsleiter hat. Dadurch erhalten Sie den neuen Kundenschlüssel und können die Granularität der Faktentabelle anpassen.

Abbildung 5–23 zeigt einen Ausschnitt der Tabelle *Sales* nach diesem Vorgang. Die erste hervorgehobene Zeile gehört zu einem Kunden, für den erst Mark und dann Louise zuständig war. Für diesen Kunden gibt es also mehrere Versionen, wobei die Zeile (für 2007, als Mark noch zuständiger Vertriebsleiter war) auf die 2007er Version des Kunden verweist. In der zweiten hervorgehobenen Zeile hat der Vertriebsleiter nie gewechselt, weshalb es nur eine Zeile für den Kunden gibt (für 2009, das letzte Jahr). Der Schlüssel verweist auf die 2009er Version des

Kunden, obwohl der Verkauf 2007 stattfand. In der endgültigen Version der Tabelle *Sales* ist die Nachschlagespalte nicht mehr vorhanden. Sie wird nur zur Verarbeitung benötigt.

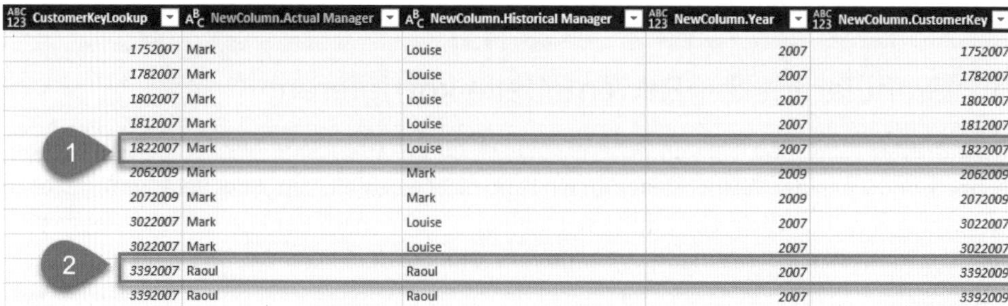

CustomerKeyLookup	NewColumn.Actual Manager	NewColumn.Historical Manager	NewColumn.Year	NewColumn.CustomerKey
1752007	Mark	Louise	2007	1752007
1782007	Mark	Louise	2007	1782007
1802007	Mark	Louise	2007	1802007
1812007	Mark	Louise	2007	1812007
1822007	Mark	Louise	2007	1822007
2062009	Mark	Mark	2009	2062009
2072009	Mark	Mark	2009	2072009
3022007	Mark	Louise	2007	3022007
3022007	Mark	Louise	2007	3022007
3392007	Raoul	Raoul	2007	3392009
3392007	Raoul	Raoul	2007	3392009

Abbildung 5–23 Die beiden hervorgehobenen Zeilen zeigen die unterschiedliche Handhabung von Kunden je nachdem, ob der Vertriebsleiter gewechselt hat oder nicht.

Beim Laden von SCDs ist äußerste Sorgfalt geboten. Die folgende Zusammenfassung führt noch einmal alle bisherigen Schritte auf:

1. Sie haben die neue Granularität der SCD definiert. Sie hängt von den Attributen der Dimension ab, die sich mit der Zeit ändert.
2. Sie haben die Dimension verändert, sodass sie die richtige Granularität aufweist. Das erfordert aufwendige Abfragen und vor allem die Definition eines neuen Kundenschlüssels als Grundlage für die Beziehung.
3. Sie haben die Faktentabelle so abgewandelt, dass sie den neuen Schlüssel verwendet. Da er sich nicht so leicht berechnen ließ, haben Sie in der neuen Dimension durch einen Nachschlagevorgang nach seinem Wert gesucht. Zur Definition der Granularität wurden alle langsam veränderlichen Attribute herangezogen.

Den Umgang mit SCDs haben wir anhand des Abfrage-Editors in Power BI Desktop vollständig beschrieben; Sie können die gleichen Schritte aber auch in Excel 2016 durchführen. Dabei wollten wir Ihnen zeigen, wie anspruchsvoll die Arbeit mit SCDs ist. Im nächsten Abschnitt geht es dagegen um schnell veränderliche Dimensionen, die sich zwar viel leichter handhaben lassen. Was den Speicherplatz und die Leistung angeht, bilden sie keine optimale Lösung, doch wenn Ihr Datenmodell klein genug ist (also nur wenige Millionen Zeilen umfasst), können Sie das einfachere Muster der schnell veränderlichen Dimensionen gefahrlos anstelle von langsam veränderlichen Dimensionen verwenden.

Schnell veränderliche Dimensionen

Wie der Name schon sagt, ändern sich langsam veränderliche Dimensionen nur langsam und rufen nicht allzu viele Versionen der Entität hervor, für die sie stehen. Als Beispiel für SCDs haben wir daher absichtlich Kunden mit verschiedenen Vertriebsleitern gewählt, die sich höchstens jährlich ändern. Da alle Kunden über das veränderliche Attribut verfügen, ist die Anzahl der neuen Versionen jedoch trotzdem relativ hoch. Ein klassischeres Beispiel für eine SCD stellt beispielsweise die Adresse eines Kunden dar, da wir gewöhnlich nicht davon ausgehen, dass sie sich jedes Jahr ändert. Wir haben trotzdem das Vertriebsleiter- statt des Adressenbeispiels gewählt, da sich das resultierende Modell sehr leicht mit Excel oder Power BI Desktop erstellen lässt.

Ein weiteres Attribut, das oft verfolgt wird – und das sich immer mit jedem Jahr ändert –, ist das Alter des Kunden. Nehmen wir an, Sie wollen die Verkäufe nach Altersgruppen analysieren. Wenn Sie das Alter des Kunden nicht als SCD behandeln, können Sie es nicht in der Kundendimension speichern. Das Alter eines Kunden ändert sich, und Sie müssen für die Analyse das Alter zum Zeitpunkt des Verkaufs verwenden und nicht das aktuelle Alter. Das könnten Sie zwar mit dem Muster aus dem vorherigen Abschnitt tun, allerdings lernen Sie in diesem Abschnitt noch eine andere Vorgehensweise kennen, nämlich ein Muster für schnell veränderliche Dimensionen.

Nehmen wir an, Ihr Modell enthält die Daten von zehn Jahren. Wenn Sie SCDs verwenden, enthält Ihre Tabelle also wahrscheinlich zehn verschiedene Versionen ein und desselben Kunden. Wenn Sie noch mehr Attribute auf Änderungen überwachen müssen, kann die Anzahl sogar so weit steigen, dass die Handhabung ziemlich mühselig wird. Um dieses Problem zu lösen, denken Sie daran, dass es schließlich nicht die gesamte Dimension ist, die sich ändert, sondern ein Attribut dieser Dimension. Wenn das bei einem Attribut zu häufig geschieht, besteht die beste Lösung darin, das Attribut aus der Kundendimension zu entfernen und als eigene Dimension zu speichern.

Unser Ausgangsmodell sehen Sie in Abbildung 5–24. Hier ist das aktuelle Alter des Kunden in der Tabelle *Customer* gespeichert.

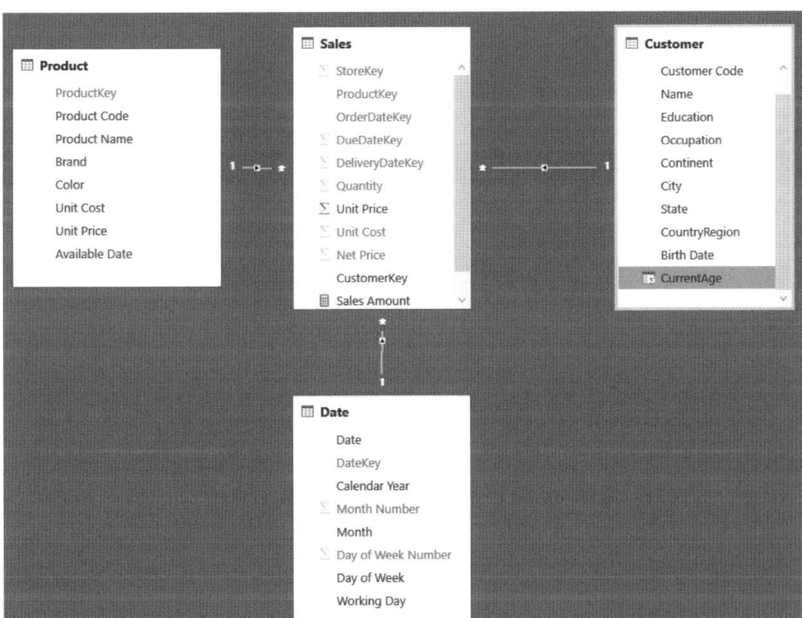

Abbildung 5–24 Das Alter des Kunden ist als Attribut in der Tabelle *Customer* gespeichert.

Bei den Altersangaben in der Tabelle *Customer* handelt es sich jeweils um das aktuelle Alter der einzelnen Kunden. Sie werden täglich auf der Grundlage des aktuellen Datums aktualisiert. Was aber ist mit dem historischen Alter des Kunden zum Verkaufszeitpunkt? Da sich das Alter der Kunden so schnell ändert, bietet es sich als gute Modellierungsmöglichkeit an, das historische Alter mithilfe einer berechneten Spalte in der Faktentabelle zu speichern. Verwenden Sie dazu den folgenden Code:

```
Sales[Historical Age] =
DATEDIFF (
    RELATED ( Customer[Birth Date] ),
    RELATED ( 'Date'[Date] ),
    YEAR
)
```

Zum Zeitpunkt des Verkaufs berechnet diese Spalte den zeitlichen Abstand zwischen dem Geburtsdatum des Kunden und dem Verkaufsdatum. Dadurch erhalten Sie auf einfache und bequeme Weise das historische Alter. Wenn Sie das Datum in der Faktentabelle speichern und denormalisieren, erstellen Sie keine neue Dimension. Bei dieser Vorgehensweise wird das Alter ohne all die Datentransformationen modelliert, die zur Handhabung einer SCD erforderlich sind.

Schon diese Spalte ist sehr nützlich, um Diagramme aufzustellen, beispielsweise das Histogramm aus Abbildung 5–25 mit den Verkäufen nach Alter.

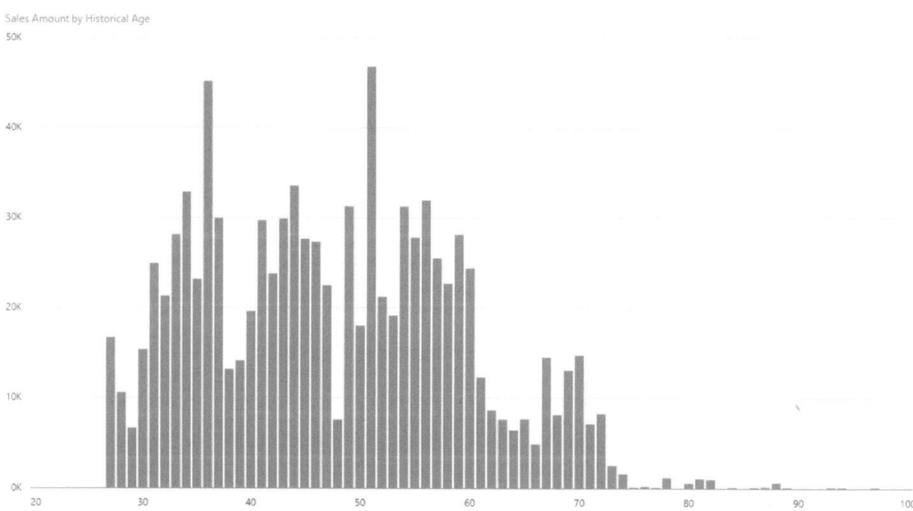

Abbildung 5–25 Das historische Alter funktioniert sehr gut in Histogrammen und anderen Diagrammen.

Das Alter als diskrete Zahl ist für Diagramme durchaus brauchbar, aber oft wollen Sie auch Altersgruppen betrachten. Die beste Vorgehensweise dazu besteht darin, eine echte Dimension zu erstellen und das Alter in der Faktentabelle als Fremdschlüssel zu verwenden, der auf diese Dimension zeigt. Das ergibt das Datenmodell aus Abbildung 5–26.

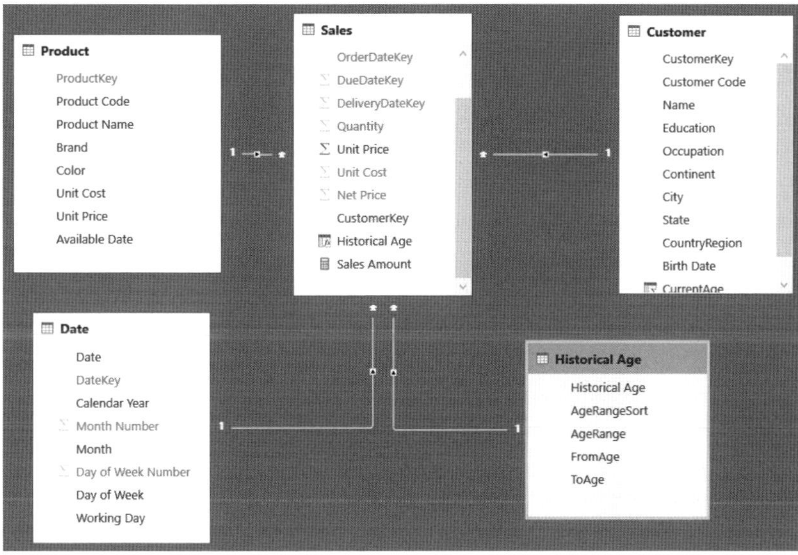

Abbildung 5–26 Sie können das historische Alter zu einem Fremdschlüssel machen und eine eigene Altersdimension erstellen.

In der Dimension *Historical Age* können Sie Altersgruppen oder andere Attribute speichern, an denen Sie interessiert sind. Dadurch können Sie Berichte erstellen, die nach Altersgruppen statt nach diskreten Altersangaben gefiltert sind. So zeigt beispielsweise der Bericht aus Abbildung 5–27 den Verkaufsbetrag, die Anzahl der Kunden in den einzelnen Altersgruppen und die durchschnittlichen Ausgaben pro Altersgruppe.

AgeRange	Sales Amount	NumOfCustomers	AverageSale
	2.870.569,69	352	$8.155,03
25-40	281.923,90	615	$458,41
40-50	252.664,85	556	$454,43
50-60	272.339,29	525	$518,74
Over 60	146.787,88	310	$473,51
Total	**3.824.285,61**	**2.353**	**$1.625,28**

Abbildung 5–27 Bei der Verwendung einer eigenen Altersdimension können Sie Datenschnitte nach Altersgruppen vornehmen.

Um ein gutes Datenmodell zu erhalten, entfernen Sie das schnell veränderliche Attribut von seiner ursprünglichen Dimension und speichern es als Wert in der Faktentabelle. Falls nötig, können Sie auch eine eigene Dimension für dieses Attribut aufbauen. Das resultierende Datenmodell und der Ladevorgang sind viel einfacher als bei SCDs.

Die richtige Modellierungstechnik wählen

In diesem Kapitel haben wir zwei verschiedene Methoden für den Umgang mit veränderlichen Dimensionen vorgestellt. Die kanonische Vorgehensweise besteht darin, eine komplette SCD zu erstellen, was jedoch einen ziemlich komplizierten Ladevorgang erfordert. Bei der einfacheren

Möglichkeit dagegen speichern Sie das veränderliche Attribut in einer Spalte der Faktentabelle oder erstellen eine eigene Dimension für dieses Attribut.

Die zweite Lösung lässt sich viel einfacher entwickeln und stellt manchmal die beste Möglichkeit für den Umgang mit SCDs dar, vor allem wenn Sie ohne Schwierigkeiten ein einziges veränderliches Attribut isolieren können. Bei einer größeren Anzahl von veränderlichen Attributen jedoch landen Sie möglicherweise bei zu vielen Dimensionen, was das Datenmodell unübersichtlich macht. Wie bei vielen anderen Aspekten bei der Datenmodellierung müssen Sie auch hier sorgfältig überlegen, bevor Sie sich für eine Lösung entscheiden. Wollen Sie dagegen mehrere historische Attribute eines Kunden wie Alter, vollständige Adresse, zuständiger Vertriebsleiter usw. verfolgen, kann es sein, dass Sie viele Dimensionen nur für diesen Zweck erstellen. Bei der Verwendung einer SCD dagegen müssen Sie unabhängig davon, wie viele veränderliche Attribute sich darin befinden, nur diese eine Dimension pflegen.

Wenn Sie sich bei unserem Beispiel mit den Vertriebsleitern nicht auf die Dimension, sondern nur auf das Attribut konzentrieren, können Sie auch diese Aufgabe ganz einfach mit dem Modell aus Abbildung 5–28 lösen.

Aufbauen lässt sich dieses Modell ganz simpel. Sie müssen lediglich für den Verkauf den Vertriebsleiter berechnen, der zum Verkaufszeitpunkt für das Land des Kunden zuständig war. Das können Sie mit einigen wenigen Verknüpfungen erreichen. Vor allem aber müssen Sie dazu weder die Granularität der Faktentabelle noch die der Dimension ändern.

Für SCDs gilt die folgende einfache Faustregel: Versuchen Sie nach Möglichkeit, das oder die veränderlichen Attribute zu isolieren und eigene Dimensionen dafür zu erstellen. Anpassungen der Granularität sind dabei nicht erforderlich. Bei zu vielen Attributen dagegen besteht die beste Möglichkeit darin, eine vollständige SCD einzurichten, auch wenn dies aufwendiger ist.

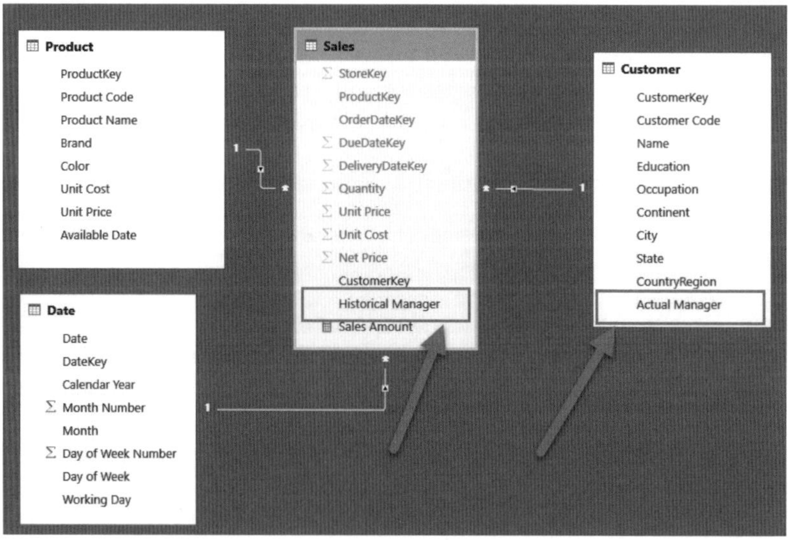

Abbildung 5–28 Die Denormalisierung des historischen Vertriebsleiters in die Faktentabelle vereinfacht das Modell.

Zusammenfassung

Der Umgang mit SCDs ist nicht einfach. Trotzdem müssen Sie sie in manchen Fällen verwenden, um nachzuvollziehen, was in einer Beziehung geschehen ist, oder vorherzusagen, was wahrscheinlich geschehen wird. Merken Sie sich die folgenden wichtigen Erkenntnisse aus diesem Kapitel:

- Was sich ändert, ist nicht die Dimension, sondern die Attribute einer Dimension. Um die veränderliche Natur Ihrer Daten korrekt auszudrücken, müssen Sie sich daher im Klaren sein, welche Attribute sich ändern.
- Zur Analyse der Vergangenheit ziehen Sie historische Attribute heran. Zur Projizierung der aktuellen Daten in die Zukunft verwenden Sie die aktuellen Attribute.
- Wenn Sie nur wenige langsam veränderliche Attribute haben, können Sie sie gefahrlos in die Faktentabelle denormalisieren. Falls Sie eine Dimension für diese Attribute benötigen, können Sie eine eigenständige historische Dimension dafür erstellen.
- Wird die Anzahl der veränderlichen Attribute zu groß, müssen Sie das SCD-Muster anwenden. Seien Sie sich dabei bewusst, dass der Ladevorgang viel aufwendiger und fehleranfälliger ist.
- Wenn Sie eine SCD erstellen, müssen Sie die Granularität sowohl der Faktentabelle als auch der Dimension auf die Ebene der Version der Entität statt der ursprünglichen Entität verschieben.
- Bei der Verwendung von SCDs müssen Sie die meisten Zählvorgänge anpassen, damit sie die neue Granularität nutzen. Dies geschieht gewöhnlich dadurch, dass Sie diskrete statt einfacher Zählvorgänge verwenden.

KAPITEL 6

Snapshots

Bei der Datenmodellierung wird sehr häufig eine besondere Art von Tabelle verwendet, die als *Snapshot* (Momentaufnahme) bezeichnet wird. In den ersten Kapiteln dieses Buches haben wir Ihnen die Aufteilung eines Modells in Faktentabellen und Dimensionen gezeigt. Dabei haben Sie gelernt, dass ein Faktum eine Art von Ereignis ist, also etwas, das geschieht. Außerdem haben Sie Werte aus Faktentabellen mithilfe von Aggregatfunktionen wie `SUM`, `COUNT` oder `DISTINCTCOUNT` aggregiert. Manchmal aber ist ein Faktum *kein* Ereignis, sondern enthält etwas, was gemessen wurde, z. B. die Motortemperatur, die durchschnittliche Anzahl der Kunden, die pro Monat ein Geschäft aufsuchen, oder die vorhandene Menge eines Produkts. In all diesen Fällen speichern Sie einen Messwert für einen bestimmten Zeitpunkt und kein Maß für ein Ereignis. Solche Fälle werden gewöhnlich in Form von Snapshots modelliert. Ein weiteres Beispiel für einen Snapshot ist der Saldo eines Girokontos. Die Funktion ist eine einzelne Transaktion auf diesem Konto, und der Snapshot gibt den Kontostand zu einem bestimmten Zeitpunkt an.

Ein Snapshot ist kein Faktum, sondern eine Messung, die an einem Zeitpunkt vorgenommen wurde. Bei Snapshots ist die Zeit ein wichtiger Bestandteil der Gleichung. Snapshots können in Ihrem Modell auftreten, wenn die Informationen mit feinerer Granularität zu umfangreich oder nicht verfügbar sind.

In diesem Kapitel sehen wir uns einige Arten von Snapshots an, um Ihnen die erforderlichen Kenntnisse für ihre Handhabung zu vermitteln. Denken Sie immer daran, dass Ihre eigenen Modelle wahrscheinlich mehr oder weniger von dem abweichen, was wir als Standardmuster beschreiben. Sie müssen den Stoff dieses Buches immer an Ihre persönlichen Bedürfnisse anpassen und bei der Entwicklung Ihres Modells Kreativität walten lassen.

Einführung

Nehmen wir an, Sie führen in Ihren Geschäften regelmäßig eine Inventur durch. Die Inventurtabelle ist eine Faktentabelle, doch diesmal ist das Faktum nicht etwas, was geschehen ist, sondern etwas, was zu einem bestimmten Zeitpunkt wahr war. In der Faktentabelle treffen Sie beispielsweise eine Aussage wie: »An diesem Datum betrug die in dem Geschäft verfügbare Menge dieses Produkts *x*.« Wenn Sie den gleichen Vorgang im nächsten Monat ausführen, können Sie ein anderes Faktum äußern. Wir haben es also mit einer Momentaufnahme oder einem Snapshot zu tun, also einem Messwert für das, was zu dem betreffenden Zeitpunkt verfügbar war. Funktional ist die Tabelle eine Faktentabelle, da sie mit Dimensionen verknüpft ist und Sie auf ihrer Grundlage wahrscheinlich Werte berechnen. Der Unterschied liegt mehr in der Natur der Fakten als in der Struktur.

Ein weiteres Beispiel für einen Snapshot ist der Wechselkurs für Währungen. Um ihn zu speichern, können Sie eine Tabelle mit dem Datum, der Währung und ihrem Wert im Vergleich zu einer Referenzwährung (etwa Euro) verwenden. Dies ist eine Faktentabelle, da sie mit Dimensionen verknüpft ist und Zahlen enthält, die Sie für Aggregationsoperationen verwenden. Allerdings enthält sie keine Ereignisse, die geschehen sind, sondern einen Wert, der an einem bestimmten Zeitpunkt gemessen wurde. Dem Umgang mit Wechselkursen werden wir uns in Kapitel 11 noch ausführlich widmen, aber für die Zwecke dieses Kapitels reicht es, festzuhalten, dass ein Wechselkurs ein Snapshot ist.

Es ist sinnvoll, zwischen den beiden folgenden Arten von Snapshots zu unterscheiden:

- **Natürliche Snapshots** Dies sind Datasets, bei denen die Daten aufgrund ihrer Natur als Snapshot vorliegen. Beispielsweise ist eine Faktentabelle, die täglich die Wassertemperatur in einem Motor misst, ein natürlicher Snapshot. Anders ausgedrückt, das Faktum ist der Messwert, und das Ereignis ist die Messung.
- **Abgeleitete Snapshots** Dies sind Datasets, die wie Snapshots aussehen, aber nur deshalb als solche behandelt werden, weil wir dazu neigen, sie als Snapshots zu betrachten. Denken Sie beispielsweise an eine Faktentabelle, die den monatlichen Kontostand enthält. Jeden Monat wird der Kontostand gemessen, aber in Wirklichkeit ist er von der Summe aller zuvor aufgetretenen Transaktionen (positiv und negativ) abgeleitet. Die Daten liegen zwar in Form eines Snapshots vor, können aber auch durch eine einfachere Aggregation der Rohtransaktionen berechnet werden.

Dieser Unterschied ist wichtig. Wie Sie in diesem Kapitel noch sehen werden, bietet die Verwendung von Snapshots Vor- und Nachteile. Sie müssen sorgfältig dazwischen abwägen, um die bestmögliche Darstellung Ihrer Daten zu finden. Manchmal ist es besser, den Kontostand zu speichern, und manchmal, die Transaktionen festzuhalten. Bei abgeleiteten Snapshots haben Sie die Freiheit (und die Verantwortung), die richtige Wahl zu treffen. Bei natürlichen Snapshots dagegen haben Sie diese Wahl nicht, da die Daten naturgemäß als Snapshot vorliegen.

Snapshots aggregieren

Zu Anfang unserer Erörterung von Snapshots wollen wir uns ansehen, wie Sie Daten aus Snapshots korrekt aggregieren. Als Beispiel dazu betrachten wir eine Inventurfaktentabelle, die wöchentliche Snapshots der vorhandenen Mengen jedes Produkts in jedem Geschäft enthält. Das vollständige Modell sehen Sie in Abbildung 6–1.

Auf den ersten Blick sieht es so aus, als hätten wir ein einfaches Sternschema mit zwei Faktentabellen (*Sales* und *Inventory*) und ohne jegliche Probleme. Beide Faktentabellen sind mit denselben Dimensionen für den Tag, das Produkt und das Geschäft verknüpft. Der große Unterschied zwischen den beiden Tabellen ist jedoch, dass es sich bei *Inventory* um einen Snapshot und bei *Sales* um eine reguläre Faktentabelle handelt.

Wie Sie in diesem Abschnitt noch sehen werden, verschleiert die Berechnung von Werten auf der Grundlage von Snapshottabellen die Komplexität zum Teil. Beim Erstellen der Formel werden wir eine Reihe von Fehlern machen, die wir dann gemeinsam durchgehen.

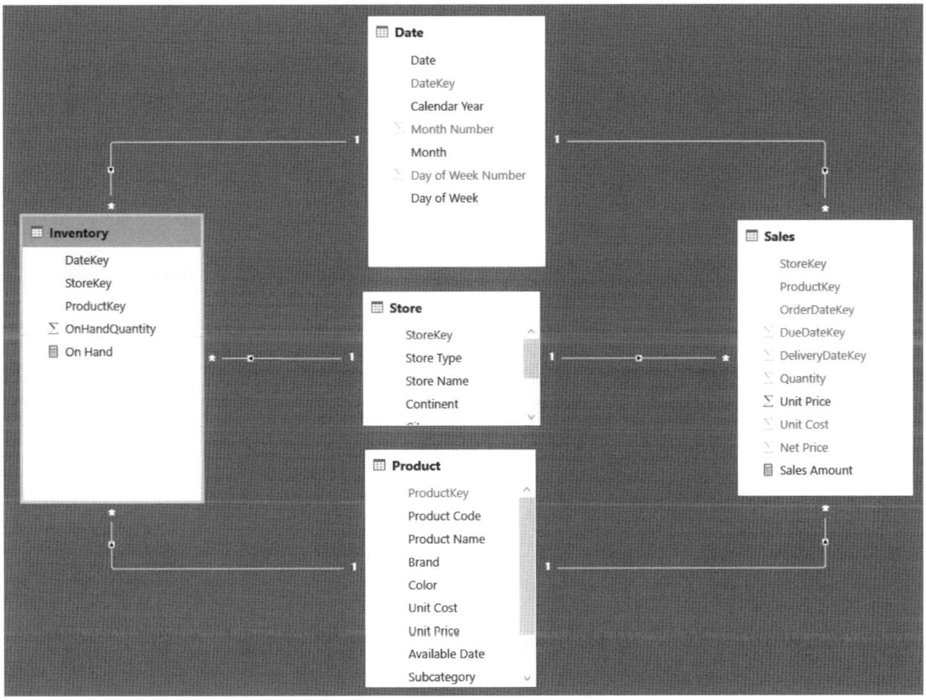

Abbildung 6–1 Die Tabelle *Inventory* enthält wöchentliche Snapshots des Inventars.

Konzentrieren wir uns zunächst auf die Tabelle *Inventory*. Wie bereits erwähnt, enthält sie die wöchentlichen Snapshots der Stückzahl aller Produkte, die in den einzelnen Geschäften auf Lager (»on hand«) sind. Ein berechnetes Feld zur Aggregation der Spalte *On Hand* können Sie mit dem folgenden Code ganz leicht erstellen:

```
On Hand := SUM ( Inventory[OnHandQuantity] )
```

Mit diesem berechneten Feld können Sie in Power BI Desktop einen Matrixbericht erstellen, der die Werte für ein einzelnes Produkt analysiert. Abbildung 6–2 zeigt einen Bericht mit Angaben zu einer Sorte von Stereokopfhörern in verschiedenen Geschäften in Deutschland.

Wenn Sie sich die Summen in diesem Bericht ansehen, können Sie das Problem leicht erkennen. Die Jahreswerte für die einzelnen Geschäfte sind falsch. Wenn in Giebelstadt im November 18 Kopfhörer verfügbar waren und keine im Dezember, dann kann der Endwert für 2007 offensichtlich nicht 56 sein. Der richtige Wert müsste 0 lauten, da nach November 2007 keine dieser Kopfhörer mehr auf Lager waren. Da die Snapshots wöchentlich erstellt werden, können Sie die Monate auf Datumsebene erweitern. Dabei werden Sie feststellen, dass die Zahlen schon für die Monate falsch sind. Wie Sie in Abbildung 6–3 sehen, wird als Monatswert die Summe der Werte an den einzelnen Tagen angegeben.

Product Name

- [ ] NT Bluetooth Active Headphones E202 Black
- [ ] NT Bluetooth Active Headphones E202 Red
- [ ] NT Bluetooth Active Headphones E202 Silver
- [ ] NT Bluetooth Active Headphones E202 White
- [x] NT Bluetooth Stereo Headphones E52 Black
- [ ] NT Bluetooth Stereo Headphones E52 Blue
- [ ] NT Bluetooth Stereo Headphones E52 Pink
- [ ] NT Bluetooth Stereo Headphones E52 Yellow
- [ ] NT Wireless Bluetooth Stereo Headphones E10...
- [ ] NT Wireless Bluetooth Stereo Headphones E10...
- [ ] NT Wireless Bluetooth Stereo Headphones E10...
- [ ] NT Wireless Bluetooth Stereo Headphones E10...
- [ ] NT Wireless Bluetooth Stereo Headphones E30...
- [ ] NT Wireless Bluetooth Stereo Headphones E30...
- [ ] NT Wireless Bluetooth Stereo Headphones E30...
- [ ] NT Wireless Bluetooth Stereo Headphones E30...
- [ ] NT Wireless Bluetooth Stereo Headphones E30...
- [ ] NT Wireless Bluetooth Stereo Headphones M4...
- [ ] NT Wireless Bluetooth Stereo Headphones M4...
- [ ] NT Wireless Bluetooth Stereo Headphones M4...
- [ ] NT Wireless Bluetooth Stereo Headphones M4...
- [ ] NT Wireless Bluetooth Stereo Headphones M4...

Calendar Year	Month	Giebelstadt Store	Munich Store	obamberg Store	Total
CY 2007	January		6		**6**
	February		18		**18**
	March			8	**8**
	April	8	8	24	**40**
	May	24	18		**42**
	June			6	**6**
	July			20	**20**
	October	6	6	6	**18**
	November	18	18	18	**54**
	Total	**56**	**74**	**82**	**212**
CY 2008	May		34		**34**
	June	18	63		**81**
	July	42	42		**84**
	Total	**60**	**139**		**199**
CY 2009	November			20	**20**
	December			27	**27**
	Total			**47**	**47**
Total		**116**	**213**	**129**	**458**

Abbildung 6–2 Dieser Bericht zeigt die vorhandene Menge eines Produkts in verschiedenen Läden in Deutschland.

Calendar Year	Month	Date	Giebelstadt Store	Munich Store	obamberg Store	Total
CY 2007	January	1/27/2007		6		**6**
		Total		**6**		**6**
	February	2/3/2007		6		**6**
		2/10/2007		6		**6**
		2/17/2007		6		**6**
		Total		**18**		**18**
	March	3/3/2007			8	**8**
		Total			**8**	**8**
	April	4/7/2007			6	**6**
		4/14/2007			6	**6**
		4/21/2007	8	8	6	**22**
		4/28/2007			6	**6**
		Total	**8**	**8**	**24**	**40**
	May	5/5/2007	8	6		**14**
		5/12/2007	8	6		**14**
		5/26/2007	8	6		**14**
		Total	**24**	**18**		**42**

Abbildung 6–3 Der Monatswert wird durch Summieren der Werte für die einzelnen Tage erstellt, was zu einem falschen Ergebnis führt.

Bei der Verwendung von Snapshots müssen Sie immer daran denken, dass sie keine additiven Maße enthalten. Ein *additives Maß* kann durch die Verwendung von `SUM` über alle Dimensionen aggregiert werden. Bei Snapshots können Sie `SUM` beispielsweise zur Aggregation über die Geschäfte verwenden, aber nicht zur Aggregation über die Zeit. Die Informationen in Snapshots sind an einem bestimmten Zeitpunkt gültig. Um Gesamtzahlen zu ermitteln, können Sie nicht einfach über die einzelnen Kalenderdaten aggregieren, indem Sie die einzelnen Werte summieren. Stattdessen müssen Sie den letzten gültigen Wert, den Durchschnitt oder eine andere Form von Aggregation verwenden, um ein sinnvolles Ergebnis zu erhalten.

Das ist eine typische Situation für die Anwendung des Semiadditiv-Musters, bei dem Sie die Werte des letzten Zeitraums anzeigen, für den Informationen vorliegen. Beispielsweise ist das letzte Datum im April, für das es Daten gibt, der 28. Es gibt mehrere Möglichkeiten, um solche Berechnungen in DAX vorzunehmen. Sehen wir sie uns an.

Beim kanonischen Semiadditiv-Muster wird die Funktion LASTDATE verwendet, um das letzte Kalenderdatum in einem Zeitraum abzurufen. Diese Funktion ist für unser Beispiel aber nicht brauchbar, da sie beispielsweise für den April den 30. zurückgibt, für den gar keine Daten vorliegen. Wenn Sie das berechnete Feld *On Hand* wie folgt abwandeln, erhalten Sie daher leere Monatsabschlusszahlen:

```
On Hand :=
CALCULATE (
    SUM ( Inventory[OnHandQuantity] ),
    LASTDATE ( 'Date'[Date] )
)
```

Wie Sie in Abbildung 6–4 sehen, sind die Zeilen für die Monatszahlen leer.

Calendar Year	Month	Date	Giebelstadt Store	Munich Store	obamberg Store	**Total**
CY 2007	January	1/27/2007		6		**6**
		Total				
	February	2/3/2007		6		**6**
		2/10/2007		6		**6**
		2/17/2007		6		**6**
		Total				
	March	3/3/2007			8	**8**
		Total				
	April	4/7/2007			6	**6**
		4/14/2007			6	**6**
		4/21/2007	8	8	6	**22**
		4/28/2007			6	**6**
		Total				

Abbildung 6–4 Wenn Sie das letzte Kalenderdatum der einzelnen Zeiträume jeweils mit LASTDATE abrufen, verschwinden die Monatsabschlusszahlen.

Das Datum, das Sie verwenden müssen, ist dagegen das letzte Datum, für das Daten vorliegen, und das muss nicht unbedingt der letzte Tag des Monats sein. Aber in unserem Beispiel enthält ja auch *DateKey* in der Tabelle *Inventory* einen Datumswert. Daher könnten Sie versucht sein, LASTDATE nicht auf die Tabelle *Date* anzuwenden, die alle Kalenderdaten enthält, sondern auf die Spalte mit dem Inventurdatum in *Inventory*, in der schließlich nur die tatsächlich verfügbaren Kalenderdaten stehen. Solche Formeln haben wir in der Praxis schon oft gesehen. Leider führen sie zu falschen Gesamtwerten, denn sie verletzen eine der Regeln für DAX, nämlich Filter für Spalten, die in einer Beziehung vorkommen, auf die Dimensionen anzuwenden und nicht auf die Faktentabelle. Was hier geschieht, wollen wir uns etwas genauer ansehen. Betrachten Sie dazu das Ergebnis in Abbildung 6–5, für das wir das berechnete Feld wie folgt geändert haben:

```
On Hand :=
CALCULATE (
    SUM ( Inventory[OnHandQuantity] ),
    LASTDATE ( Inventory[DateKey] )
)
```

Calendar Year	Month	Date	Giebelstadt Store	Munich Store	obamberg Store	Total
CY 2007	January	1/27/2007		6		**6**
		Total		**6**		**6**
	February	2/3/2007		6		**6**
		2/10/2007		6		**6**
		2/17/2007		6		**6**
		Total		**6**		**6**
	March	3/3/2007			8	**8**
		Total			**8**	**8**
	April	4/7/2007			6	**6**
		4/14/2007			6	**6**
		4/21/2007	8	8	6	**22**
		4/28/2007			6	**6**
		Total	**8**	**8**	**6**	**6**

Abbildung 6–5 Auch bei der Anwendung von LASTDATE auf die Datumsspalte in *Inventory* erhalten wir nach wie vor falsche Ergebnisse.

Schauen Sie sich die Abschlusszahlen für April an. Für Giebelstadt und München wird der Wert vom 21. April angezeigt und für Ost-Bamberg (in der Abbildung *obamberg* genannt) der Wert vom 28. Die Summe für alle drei Läden aber beträgt nur 6, was der Summe vom 28. entspricht. Was ist hier geschehen?

Anstatt die Werte vom letzten Datum für München und Giebelstadt (den 21.) und vom letzten Datum für Bamberg (28.) zusammenzuzählen, werden hier nur die Werte vom 28. berücksichtigt, da dies das letzte Datum ist, das bei diesen drei Läden vorkommt. Anders ausgedrückt, das Ergebnis 6 ist nicht die Gesamtsumme, sondern eher eine Teilsumme für einen einzelnen Laden. Da das Produkt am 28. in Giebelstadt und München gar nicht mehr auf Lager war, müssten auch schon die Monatsabschlusszahlen 0 lauten und nicht den letzten verfügbaren Wert angeben. Die richtige Formel für die Abschlusszahlen muss also nach dem letzten Datum suchen, für das es Werte für mindestens einen Laden gibt. Für dieses Muster gibt es die folgende Standardlösung:

```
On Hand := CALCULATE (
   SUM ( Inventory[OnHandQuantity] ),
   CALCULATETABLE (
      LASTNONBLANK ( 'Date'[Date], NOT ( ISEMPTY ( Inventory ) ) ),
      ALL ( Store )
   )
)
```

In unserem Fall können Sie auch Folgendes schreiben:

```
On Hand := CALCULATE (
   SUM ( Inventory[OnHandQuantity] ),
   LASTDATE (
      CALCULATETABLE (
         VALUES ( Inventory[Date] ),
         ALL ( Store )
      )
   )
)
```

Beide Versionen funktionieren. Welche davon Sie wählen sollten, hängt von der Datenverteilung und einigen Besonderheiten des Modells ab, deren nähere Betrachtung sich hier nicht lohnt. Wichtig ist, dass Sie mit dieser Version der Formel für *On Hand* das gewünschte Ergebnis erhalten, wie Abbildung 6–6 zeigt.

Calendar Year	Month	Date	Giebelstadt Store	Munich Store	obamberg Store	**Total**
CY 2007	January	1/27/2007		6		**6**
		Total		**6**		**6**
	February	2/3/2007		6		**6**
		2/10/2007		6		**6**
		2/17/2007		6		**6**
		Total				
	March	3/3/2007			8	**8**
		Total				
	April	4/7/2007			6	**6**
		4/14/2007			6	**6**
		4/21/2007	8	8	6	**22**
		4/28/2007			6	**6**

Abbildung 6–6 Die letzte Formel liefert auch die richtigen Ergebnisse für die Gesamtzahlen.

Allerdings weist dieser Code einen großen Nachteil auf: Er muss jedes Mal die Tabelle *Inventory* scannen, wenn er nach dem letzten Datum sucht, für das Daten vorhanden sind. Je nach der Anzahl der Kalenderdaten in der Tabelle und der Datenverteilung kann das einige Zeit in Anspruch nehmen und die Leistung beeinträchtigen. Wenn das der Fall ist, können Sie die Berechnung der gültigen Inventur-Kalenderdaten zur Vorarbeitungszeit schon vorwegnehmen, wenn die Daten in den Arbeitsspeicher geladen werden. Dazu erstellen Sie in der Tabelle *Date* eine berechnete Spalte, die anzeigt, ob ein Datum in der Inventurtabelle vorhanden ist. Der Code dafür lautet wie folgt:

```
Date[RowsInInventory] := CALCULATE ( NOT ISEMPTY ( Inventory ) )
```

Diese Spalte ist vom booleschen Typ mit nur zwei möglichen Werten, `TRUE` und `FALSE`. Außerdem befindet sie sich in der Tabelle *Date*, die immer klein ist. (Selbst wenn Sie Daten für zehn Jahre haben, enthält sie nur 3.650 Zeilen.) Ein Scan einer solch kleinen Tabelle geht immer sehr schnell, was bei der Faktentabelle – die möglicherweise Millionen von Zeilen enthält – nicht der Fall sein muss. Wenn Sie diese Spalte haben, können Sie die Berechnung für *On Hand* wie folgt abwandeln:

```
On Hand := CALCULATE (
   SUM ( Inventory[OnHandQuantity] ),
   LASTDATE (
      CALCULATETABLE (
         VALUES ( 'Date'[Date] ),
         'Date'[RowsInInventory] = TRUE
      )
   )
)
```

Der Code sieht jetzt zwar etwas komplizierter aus, ist aber schneller, da er die Inventurtage in der kleineren Tabelle *Date* sucht und nach einer booleschen Spalte filtert.

In diesem Buch geht es jedoch nicht um DAX, sondern um Datenmodellierung. Warum haben wir also so viel Zeit auf die Untersuchung des DAX-Codes für die Berechnung semiadditiver Felder verwendet? Das haben wir getan, um Ihre Aufmerksamkeit auf die folgenden Dinge zu lenken, die in der Tat mit Datenmodellierung zu tun haben:

- **Eine Snapshottabelle unterscheidet sich von einer regulären Faktentabelle** Ihre Werte können nicht über die Zeit summiert werden. Stattdessen müssen Sie nicht additive Formeln (gewöhnlich `LASTDATE`) verwenden.
- **Snapshots weisen nur selten eine Granularität auf der Ebene eines einzelnen Datums auf** Eine Tabelle mit täglichen Momentaufnahmen für den Lagerbestand eines Produkts würde sehr schnell so gewaltig anwachsen, dass die Leistung erheblich beeinträchtigt wäre.
- **Die Kombination von Granularitätsänderungen und Semiadditivität kann Probleme verursachen** Die Formeln lassen sich gewöhnlich schwer schreiben. Außerdem müssen Sie sehr sorgfältig vorgehen, um die Leistung nicht zu beeinträchtigen. Außerdem ist es schnell passiert, dass Sie Code schreiben, der die Gesamtwerte nicht korrekt bestimmt. Prüfen Sie alle Zahlen gründlich, bevor Sie die Formeln als korrekt einstufen.
- **Führen Sie zur Optimierung des Codes Vorausberechnungen durch, wann immer es möglich ist** Verwenden Sie eine berechnete Spalte in der Datumstabelle, um die Informationen über die in dem Snapshot vorhandenen Kalenderdaten im Voraus zu ermitteln. Diese kleine Änderung kann zu einer viel besseren Leistung führen.

Was Sie in diesem Abschnitt gelernt haben, gilt für fast alle Arten von Snapshots. Ob Börsenkurse, Motortemperaturen oder irgendeine andere Form von Messung, sie alle fallen in die gleiche Kategorie. Zur Aggregation der Werte in einem Snapshot brauchen Sie manchmal den Wert am Anfang eines Zeitraums und manchmal den Wert am Ende. Allerdings werden Sie nur selten eine einfache Summe verwenden können.

Abgeleitete Snapshots

Ein *abgeleiteter Snapshot* ist eine voraggregierte Tabelle, die eine knappe Sicht der Werte enthält. Meistens werden solche Snapshots zur Leistungssteigerung erstellt. Wenn Sie zur Berechnung einer Zahl jedes Mal Milliarden von Zeilen aggregieren müssen, kann es besser sein, den Wert in einem Snapshot vorauszuberechnen, um den Rechenaufwand in Ihrem Modell zu verringern.

Diese Vorgehensweise ist oft sinnvoll, allerdings müssen Sie zuvor sorgfältig die Vor- und Nachteile abwägen. Nehmen wir beispielsweise an, Sie wollen einen Bericht aufstellen, der die Anzahl der Kunden für jeden Monat anzeigt, und zwar aufgeteilt nach Neukunden und Bestandskunden. Dazu können Sie eine vorausberechnete Tabelle wie die aus Abbildung 6–7 nutzen, die die drei erforderlichen Werte für jeden Monat enthält.

DateKey	Customers	NewCustomers	ReturningCustomers
20070131	182	182	0
20080131	40	27	13
20090131	21	10	11
20070228	154	147	7
20080229	54	40	14
20090228	47	39	8
20070331	152	148	4
20080331	61	56	5
20090331	49	42	7
20070430	185	177	8
20080430	100	94	6
20090430	26	19	7
20070531	153	143	10
20080531	43	38	5

Abbildung 6–7 Tabelle mit Neu- und Bestandskunden als Snapshot

Diese voraggregierte Tabelle namens *NewCustomers* können Sie anschließend zu dem Modell hinzufügen und über Beziehungen mit der Tabelle *Date* verknüpfen. Dadurch wird es möglich, Berichte auf ihrer Grundlage zu erstellen. Das resultierende Modell sehen Sie in Abbildung 6–8.

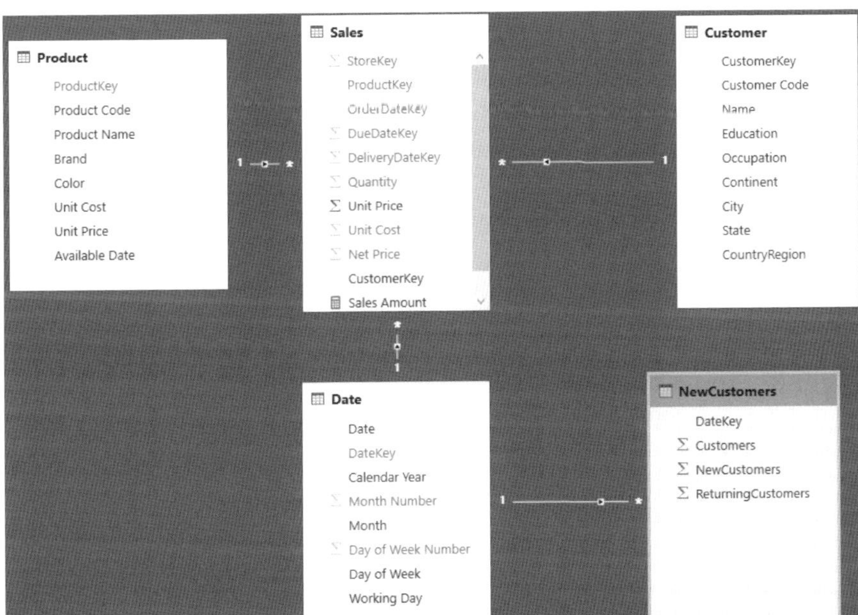

Abbildung 6–8 Die Snapshottabelle *NewCustomers* wird mit dem Modell verknüpft.

Dieser Snapshot enthält nur eine Zeile pro Monat und insgesamt 36 Zeilen. Im Vergleich zu den Millionen von Zeilen in der Faktentabelle sieht das nach einer großen Einsparung aus. Wie Abbildung 6–9 zeigt, können Sie nun tatsächlich auf einfache Weise einen Bericht erstellen, der die Verkaufsbeträge zusammen mit den vorausberechneten Werten angibt.

Calendar Year	Month	Sales Amount	Customers	NewCustomers	ReturningCustomers
CY 2007	January	101,097.12	182	182	0
CY 2007	February	108,553.20	154	147	7
CY 2007	March	119,707.83	152	148	4
CY 2007	April	121,085.74	185	177	8
CY 2007	May	123,413.41	153	143	10
CY 2007	June	121,707.44	86	75	11
CY 2007	July	139,381.00	113	106	7
CY 2007	August	87,384.31	119	114	5
CY 2007	September	155,275.94	81	73	8
CY 2007	October	99,872.65	70	60	10
CY 2007	November	122,522.86	106	98	8
CY 2007	December	159,214.45	97	86	11
CY 2008	January	64,601.67	40	27	13
CY 2008	February	61,157.39	54	40	14

Abbildung 6–9 Mit dem Snapshot lässt sich der Monatsbericht sehr leicht erstellen.

Dieser Bericht weist eine hervorragende Leistung auf, da die Zahlen vorausberechnet sind und in Millisekunden zur Verfügung stehen. Allerdings ist für diese Geschwindigkeit auch ein Preis zu zahlen. Bei diesem Bericht gibt es die folgenden Nachteile:

- **Sie können keine Zwischensummen bilden** Wie Sie schon anhand der Snapshots im vorherigen Abschnitt gesehen haben, können Sie keine Zwischensummen durch eine Aggregation mit `SUM` bilden. In diesem Fall ist es sogar noch schlimmer, denn alle Zahlen sind mit diskreten Zählvorgängen ermittelt worden, was bedeutet, dass Sie sie auch nicht mit `LASTDATE` oder einer anderen Technik aggregieren können.
- **Sie können nicht nach einem anderen Attribut filtern** Wenn Sie diesen Bericht auf die Kunden beschränken wollen, die eine bestimmte Art von Produkt gekauft haben, bietet der Snapshot keine Hilfe. Das Gleiche gilt auch für die Filterung nach dem Datum oder nach irgendeinem anderen Attribut mit einer feineren Granularität als dem Monat.

In einer solchen Situation können wir die gleiche Berechnung auch mit einem berechneten Feld durchführen, weshalb ein Snapshot nicht die beste Vorgehensweise darstellt. Für Tabellen, die nicht viele Hunderte von Millionen Zeilen enthalten, sind abgeleitete Snapshots nicht ideal. Berechnungen im laufenden Betrieb bieten in solchen Fällen immer noch eine gute Leistung und dabei viel mehr Flexibilität.

Es gibt jedoch Situationen, in denen Sie diese Flexibilität nicht brauchen oder sogar nicht wollen. In solchen Fällen spielen Snapshots – auch abgeleitete Snapshots – eine wichtige Rolle bei der Definition des Datenmodells. Im nächsten Abschnitt sehen wir uns einen solchen Fall an, nämlich eine Übergangsmatrix.

Übergangsmatrizen

Eine *Übergangsmatrix* ist eine sehr praktische Modellierungstechnik, die ausgiebig Gebrauch von Snapshots macht, um leistungsstarke Analysemodelle aufzubauen. Diese Technik ist nicht einfach, aber unserer Meinung nach ist es wichtig, dass Sie zumindest die Grundlagen davon kennen. Übergangsmatrizen können ein sehr leistungsfähiges Instrument für Ihre Modellierungsbedürfnisse sein.

Nehmen wir an, Sie weisen Ihren Kunden einen Rang (*low*, *medium* und *high*) auf der Grundlage ihrer Ausgaben pro Monat zu. Die Grenzwerte für die einzelnen Ränge speichern Sie in der Konfigurationstabelle *Customer Rankings* aus Abbildung 6–10.

Rating	MinSale	MaxSale
Low	0	100
Medium	100	500
High	500	999999999

Abbildung 6–10 Die Konfigurationstabelle *Customer Rankings* für die Kundenränge

Auf der Grundlage dieser Konfigurationstabelle können Sie mit dem folgenden Code eine berechnete Tabelle erstellen, die die Kunden monatlich bewertet:

```
CustomerRanked =
SELECTCOLUMNS (
   ADDCOLUMNS (
      SUMMARIZE ( Sales, 'Date'[Calendar Year], 'Date'[Month], Sales[CustomerKey]
),
      "Sales", [Sales Amount],
      "Rating", CALCULATE (
         VALUES ( 'Rating Configuration'[Rating] ),
         FILTER (
            'Ranking Configuration',
            AND (
               'Ranking Configuration'[MinSale] < [Sales Amount],
               'Ranking Configuration'[MaxSale] >= [Sales Amount]
            )
         )
      ),
      "DateKey", CALCULATE ( MAX ( 'Date'[DateKey] ) )
   ),
   "CustomerKey", [CustomerKey],
   "DateKey", [DateKey],
   "Sales", [Sales],
   "Rating", [Rating]
)
```

Diese Abfrage sieht ziemlich kompliziert aus. Was sie macht, ist aber sehr einfach: Sie stellt eine Liste von Monaten, Jahren und Kundenschlüsseln auf und weist dann jedem Kunden auf der Grundlage der Konfigurationstabelle einen monatlichen Rang zu. Das Ergebnis ist die Tabelle *CustomerRanked* aus Abbildung 6–11.

Je nachdem, wie viel ein Kunde kauft, kann er von Monat zu Monat einen unterschiedlichen Rang erhalten. Es kann auch Monate geben, in denen er überhaupt keinen Rang hat (wenn er nichts gekauft hat). Wenn Sie diese Tabelle zu dem Modell hinzufügen und die richtigen Beziehungen einrichten, erhalten Sie das Datenmodell aus Abbildung 6–12. Wenn Sie jetzt denken, dass wir hier einen abgeleiteten Snapshot erstellen, dann haben Sie recht: *CustomerRanked* ist ein abgeleiteter Snapshot, der eine Metrik auf der Grundlage von *Sales* vorausberechnet. Die eigentlichen Fakten sind in *Sales* gespeichert.

DateKey	CustomerKey	Sales	Rating
20070228	11567	$1,136.46	High
20070228	11601	$2,302.68	High
20070228	4550	$607.96	High
20070228	6126	$627.00	High
20070228	10056	$3,383.15	High
20070228	6124	$313.50	Medium
20070228	6125	$313.50	Medium
20070228	6336	$313.50	Medium
20070228	6337	$313.50	Medium
20070228	6341	$313.50	Medium
20070228	956	$103.55	Medium

Abbildung 6–11 In dem Rangsnapshot sind alle Kundenränge für den Monat gespeichert.

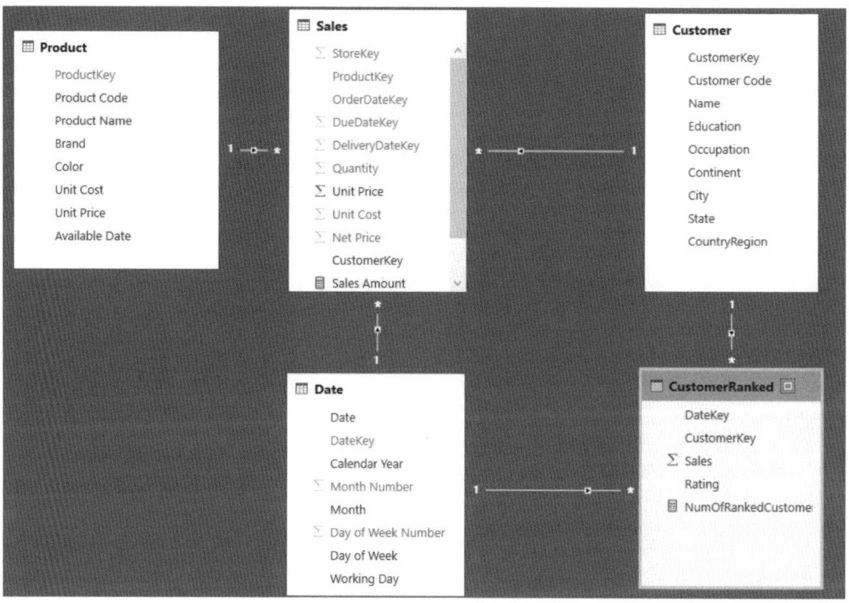

Abbildung 6–12 Wie immer sieht der Snapshot wie eine weitere Faktentabelle im Modell aus.

Mit dieser Tabelle können Sie einen einfachen Bericht erstellen, der die Anzahl der bewerteten Kunden in den einzelnen Monaten und Jahren zeigt. Beachten Sie, dass dieser Snapshot mithilfe einer diskreten Zählung aggregiert werden muss, damit jeder Kunde bei den Gesamtwerten nur einmal berücksichtigt wird. Die folgende Formel erstellt das berechnete Feld, das Sie in dem Bericht aus Abbildung 6–13 sehen:

```
NumOfRankedCustomers :=
CALCULATE (
    DISTINCTCOUNT ( CustomerRanked[CustomerKey] )
)
```

Calendar Year	Month	Low	Medium	High	Total
CY 2007	January	87	40	55	**182**
	February	53	47	54	**154**
	March	43	55	54	**152**
	April	60	61	64	**185**
	May	41	46	66	**153**
	June	41	6	39	**86**
	July	35	22	56	**113**
	August	76	14	29	**119**
	September	12	23	46	**81**
	October	16	29	25	**70**
	November	38	22	46	**106**
	December	24	24	49	**97**
	Total	**526**	**389**	**583**	**1498**

Abbildung 6–13 Die Verwendung eines Snapshots, um die Anzahl der Kunden eines bestimmten Rangs zu bestimmen, ist ganz einfach.

Unsere Snapshottabelle sieht dem Beispiel aus dem vorherigen Abschnitt ähnlich, in dem wir zu dem Schluss gekommen sind, für die vorliegende Situation lieber keinen Snapshot zu verwenden. Worin liegt der Unterschied zwischen den beiden Fällen? Es gibt zwei wichtige Unterschiede:

- Die Bewertung wird aufgrund der Ausgaben des Kunden unabhängig vom Produkt bestimmt. Da die Definition der Bewertung unabhängig von der externen Auswahl ist, hat es Sinn, sie vorauszuberechnen und ein für alle Mal zu speichern.
- Eine weitere Filterung z. B. nach Tagen wäre ohnehin nicht sinnvoll, da die Bewertung auf der Grundlage der Verkäufe eines Monats erfolgt.

Diese Argumente sind bereits stark genug, um die Verwendung eines Snapshots zu rechtfertigen. Es gibt aber noch einen wichtigeren Grund: Sie können diesen Snapshot nämlich in eine Übergangsmatrix umwandeln und damit noch anspruchsvollere Analysevorgänge durchführen.

Mit einer Übergangsmatrix lassen sich Fragen beantworten wie: »Wie hat sich die Rangstufe der Kunden entwickelt, die im Januar 2007 auf mittlerem Rang waren?« Dazu benötigen Sie den Bericht aus Abbildung 6–14. Er zeigt die Kunden, die im Januar 2007 einen mittleren Rang hatten, und die Änderung ihrer Rangstufe im Lauf der Zeit.

Year Month: January 2007

Rating: Medium

Calendar Year	Month	Low	Medium	High	Total
CY 2007	January		40		**40**
	April			1	**1**
	May	1			**1**
	November			1	**1**
	Total	**1**	**40**	**2**	**40**
CY 2009	June	4			**4**
	Total	**4**			**4**
Total		**5**	**40**	**2**	**40**

Abbildung 6–14 Die Übergangsmatrix bietet vielsagende Einsichten für die Kundenanalyse.

Abbildung 6–14 zeigt, dass im Januar 2007 vierzig Kunden mittleren Rang hatten. Von diesen Personen hatte eine einen hohen Rang im April, eine einen niedrigen Rang im Mai und eine einen hohen Rang im November. Im Juni 2009 hatten vier dieser vierzig Kunden einen niedrigen Rang. Wie Sie sehen, haben wir hier einen Filter für einen bestimmten Rang in einem bestimmten Monat eingerichtet. Dieser Filter definiert einen Satz von Kunden. Damit können Sie untersuchen, wie sich genau diese Kunden in den anderen Zeiträumen verhalten haben.

Um die Übergangsmatrix zu erstellen, müssen Sie die beiden folgenden Operationen durchführen:

1. Identifizieren Sie die Kunden, die an einem bestimmten Datum einen bestimmten Rang haben.
2. Prüfen Sie die Ränge dieser Kunden in anderen Zeiträumen.

Wenden wir uns zunächst der ersten Operation zu. Wir wollen die Kunden isolieren, die in einem bestimmten Monat einen bestimmten Rang haben. Da wir einen Datenschnitt einsetzen wollen, um den Snapshot auf ein bestimmtes Datum und einen Rang zu fixieren, müssen wir eine Hilfstabelle als Filter verwenden. Das ist ein wichtiger Punkt, den Sie genau verstehen müssen. Stellen Sie sich dazu vor, dass Sie nur nach dem Datum (hier nach dem Januar 2007) filtern wollen. Wenn Sie dazu die Tabelle *Date* verwenden, dann wäre das dieselbe Tabelle, anhand der Sie auch die zeitliche Entwicklung zeigen wollen. Anders ausgedrückt: Bei der Verwendung von *Date* zur Filterung nach dem Januar 2007 wirkt sich der Filter auf das gesamte Modell aus, sodass es unmöglich (oder zumindest äußerst schwierig) wird, den Bericht zu erstellen, da Sie dann nicht die Entwicklung etwa für den Februar 2007 sehen können.

Da Sie die Tabelle *Date* nicht als Filter für den Snapshot nehmen können, ist es am besten, eine neue Tabelle als Quelle für den Datenschnitt zu erstellen. Diese Tabelle muss zwei Spalten enthalten, nämlich eine für die verschiedenen Bewertungen und eine für die Monate, auf die in der Faktentabelle verwiesen wird. Verwenden Sie dazu den folgenden Code:

```
SnapshotParameters =
SELECTCOLUMNS (
   ADDCOLUMNS (
      SUMMARIZE (
         CustomerRanked,
         'Date'[Calendar Year],
         'Date'[Month],
         CustomerRanked[Rating]
      ),
      "DateKey", CALCULATE ( MAX ( 'Date'[DateKey] ) )
   ),
   "DateKey", [DateKey],
   "Year Month", FORMAT (
      CALCULATE ( MAX ( 'Date'[Date] ) ),
      "mmmm YYYY"
   ),
   "Rating", [Rating]
)
```

Abbildung 6–15 zeigt die resultierende Tabelle *SnapshotParameters*.

DateKey	Year Month	Rating
20070131	January 2007	Medium
20080131	January 2008	Medium
20090131	January 2009	Medium
20070228	February 2007	Medium
20080229	February 2008	Medium
20090228	February 2009	Medium
20070331	March 2007	Medium
20080331	March 2008	Medium
20090331	March 2009	Medium

Abbildung 6–15 Die Tabelle *SnapshotParameters* enthält drei Spalten.

Die Tabelle enthält den Datumsschlüssel (als Integer) und eine Angabe von Monat und Jahr (als String). Den String können Sie in einen Datenschnitt eingeben und dann den zugehörigen Schlüssel abrufen, der sehr hilfreich ist, wenn Sie den Filter zu der Snapshottabelle verschieben.

Diese Tabelle sollte keine Beziehungen zu anderen Tabellen in dem Modell haben. Sie ist lediglich eine Hilfstabelle, die als Quelle für zwei Datenschnitte dient, nämlich nach dem Datum und dem Rang aus dem Snapshot. Das Datenmodell ist jetzt vollständig. Sie können einen Ausgangspunkt für die Bewertung auswählen und die Jahre und Monate in die Zeilen einer Matrix einfügen. Der folgende DAX-Code berechnet die gewünschte Zahl, nämlich die Anzahl der Kunden, die in der Auswahl des Datenschnitts einen bestimmten Rang und in anderen Zeiträumen ebenfalls einen Rang haben:

```
Transition Matrix =
CALCULATE (
   DISTINCTCOUNT ( CustomerRanked[CustomerKey] ),
   CALCULATETABLE(
      VALUES ( CustomerRanked[CustomerKey] ),
      INTERSECT (
         ALL ( CustomerRanked[Rating] ),
         VALUES ( SnapshotParameters[Rating] )
      ),
      INTERSECT (
         ALL ( CustomerRanked[DateKey] ),
         VALUES ( SnapshotParameters[DateKey] )
      ),
      ALL ( CustomerRanked[RatingSort] ),
      ALL ( 'Date' )
   )
)
```

Auf den ersten Blick ist dieser Code nicht leicht verständlich. Wir raten Ihnen, etwas Zeit darauf zu verwenden, ihn sorgfältig zu studieren. In diesen wenigen Zeilen steckt ein solches Potenzial, dass Sie wahrscheinlich viele neue Anregungen daraus gewinnen können.

Herz dieses Codes ist die Funktion `CALCULATETABLE` mit zwei Aufrufen von `INTERSECT`. `INTERSECT` wiederum dient dazu, die Auswahl von *SnapshotParameters* (der Quelltabelle für die Datenschnitte) als Filter auf *CustomerRanked* anzuwenden. Es gibt zwei `INTERSECT`-Aufrufe, nämlich einen für das Datum und einen für den Rang. Aufgrund dieses Filters gibt `CALCULATETABLE` die Schlüssel der Kunden zurück, die zum gegebenen Datum den gegebenen Rang hatten. Die äußere `CALCULATE`-Funktion berechnet daher die Anzahl der bewerteten Kunden in anderen Zeiträumen, beschränkt sie aber nur auf diejenigen, die von `CALCULATETABLE` ausgewählt wurden. Den resultierenden Bericht haben Sie bereits in Abbildung 6–14 gesehen.

Für die Modellierung interessant ist die Tatsache, dass Sie für diese Art von Analyse eine Snapshottabelle brauchen. In diesem Fall dient der Snapshot dazu, die Menge der Kunden zu bestimmen, die in einem bestimmten Monat einen bestimmten Rang haben. Diese Information wird dann als Filter für die Analyse ihres Verhaltens im weiteren Verlauf der Zeit genutzt.

Die wichtigen Punkte bis jetzt waren:

- Ein Snapshot ist angebracht, wenn Sie die Berechnung »einfrieren« wollen. In diesem Beispiel wollten Sie sich auf die Kunden konzentrieren, die in einem bestimmten Monat einen bestimmten Rang hatten. Der Snapshot bietet Ihnen eine einfache Möglichkeit dazu.
- Wenn Sie nach dem Snapshot-Datum filtern, den Filter aber nicht in dem Modell weiterleiten möchten, können Sie die Tabelle beziehungsfrei halten und den Filter mit `INTERSECT` bei Bedarf aktivieren.
- Sie können den Snapshot nutzen, um einen Filter nach den Kunden zu berechnen. In diesem Beispiel wollten Sie das Verhalten der betreffenden Kunden in anderen Zeiträumen untersuchen.

Ein interessanter Aspekt einer Übergangsmatrix besteht darin, dass Sie sie zur Berechnung anspruchsvollerer Werte heranziehen können.

Zusammenfassung

Snapshots sind praktische Instrumente, um die Größe einer Tabelle auf Kosten der Granularität zu verringern. Durch die Vorabaggregation der Daten werden Ihre Formeln viel schneller ausgeführt. Wie Sie am Beispiel der Übergangsmatrix gesehen haben, bieten Snapshots außerdem ganz neue analytische Möglichkeiten. Allerdings machen Snapshots das Modell auch komplizierter. In diesem Kapitel haben Sie die folgenden wichtigen Punkte gelernt:

- Snapshots erfordern fast immer andere Aggregationen als einfache Summen. Sie müssen sorgfältig prüfen, welche Art von Aggregation Sie benötigen, und schlimmstenfalls ganz auf Teilsummen verzichten.
- Snapshots weisen immer eine andere Granularität auf als reguläre Faktentabellen. Das müssen Sie beim Erstellen von Berichten bedenken, da Sie die höhere Geschwindigkeit durch andere Einschränkungen einkaufen.

- Wenn Ihr Modell nicht zu groß ist, können Sie auf die Verwendung abgeleiteter Snapshots oft verzichten. Betrachten Sie abgeleitete Snapshots als letztes Mittel, wenn die Optimierung des DAX-Codes nicht zu einer akzeptablen Leistung führt.
- Wie Sie am Beispiel der Übergangsmatrix gesehen haben, eröffnen Snapshots neue Möglichkeiten zur Datenanalyse. Je nach Art der geschäftlichen Zusammenhänge, die Sie analysieren müssen, gibt es noch viele andere Möglichkeiten.

Die Verwendung von Snapshots ist nicht leicht. In diesem Kapitel haben Sie einige einfache und auch einige anspruchsvollere Situationen kennengelernt. Wir raten Ihnen, sich mit den einfachen Beispielen vertraut zu machen und sich zu überlegen, wie Sie von den schwierigeren profitieren können. Eignen Sie sich die Verwendung von Snapshots und Übergangsmatrizen langsam an. Selbst für erfahrene Datenmodellierer sind einige der Codebeispiele in diesem Kapitel schwer zu schreiben. Dennoch sind Übergangsmatrizen bei Bedarf sehr wirkungsvoll, um Erkenntnisse aus Ihren Daten zu gewinnen.

KAPITEL 7

Datums- und Zeitintervalle

In Kapitel 4 ging es um Zeitinformationen und Zeitberechnungen. Auch in diesem Kapitel zeigen wir Ihnen verschiedene Modelle, bei denen es hauptsächlich um die Zeit geht. Diesmal sind wir jedoch nicht an Berechnungen wie aufgelaufenen Beträgen seit Jahresanfang oder Jahresvergleichen interessiert, sondern wollen Situationen erläutern, in denen die Zeit zwar im Mittelpunkt der Analyse steht, aber nicht unbedingt die entscheidende Dimension für den Datenschnitt ist. Das heißt, es geht um Berechnungen wie die Anzahl der Arbeitsstunden in einem Zeitraum, die Anzahl der in unterschiedlichen Zeiträumen für verschiedene Projekte verfügbaren Arbeitskräfte oder die Anzahl der zurzeit verarbeiteten Bestellungen.

Worin unterscheiden sich diese Modelle von einem Standardmodell? In einem Standardmodell ist ein Faktum ein elementares Ereignis, das an einem genauen Zeitpunkt stattgefunden hat. In den Modellen in diesem Kapitel dagegen sind die Fakten gewöhnlich Ereignisse mit einer Dauer, deren Auswirkung einige Zeit lang spürbar ist. Was Sie in der Faktentabelle speichern, ist daher nicht der Zeitpunkt des Ereignisses, sondern der Zeitpunkt, an dem das Ereignis begonnen hat. Um die Dauer des Ereignisses zu berücksichtigen, müssen Sie mit dem DAX-Code und dem Modell arbeiten.

Diese Modelle greifen auf Konzepte wie Zeit, Dauer und Zeiträume zurück. Wie Sie sehen werden, liegt der Schwerpunkt jedoch nicht nur auf der Filterung nach der Zeit, sondern auch auf der Analyse von Fakten mit einer Dauer. Mit der Zeit als einer der Zahlen, die aggregiert oder bei der Analyse berücksichtigt werden müssen, werden diese Modelle etwas komplizierter. Daher ist Sorgfalt bei der Modellierung erforderlich.

Einführung in Zeitdaten

Wenn Sie in diesem Buch bis hierher gekommen sind, sollten Sie schon sehr vertraut damit sein, Ihre Daten nach einer Datumsdimension zu filtern. Dadurch können Sie das Verhalten von Fakten im Zeitverlauf analysieren. Mit Fakten meinen wir gewöhnlich Ereignisse, die in Zahlen ausgedrückt werden, z. B. die Anzahl verkaufter Produkte, ihr Preis oder das Alter der Kunden. Manche Fakten aber ereignen sich nicht an einem konkreten Zeitpunkt, sondern beginnen an einem Zeitpunkt und dauern an.

Betrachten Sie als Beispiel einen Arbeiter. Sie können das Faktum modellieren, dass ein Arbeiter an einem bestimmten Datum gearbeitet hat, einen bestimmten Betrag an Arbeit geleistet und einen bestimmten Betrag an Geld verdient hat. All diese Informationen werden als normale Fakten gespeichert. Sie können in dem Modell auch die Anzahl der Stunden festhalten, die diese Person gearbeitet hat, um sie am Monatsende zu summieren. Das einfache Modell aus Abbildung 7–1 sieht für einen solchen Fall völlig korrekt aus: Es umfasst die beiden Dimensionen *Worker* und *Date* sowie die Faktentabelle *Schedule* mit den entsprechenden Schlüsseln und Werten.

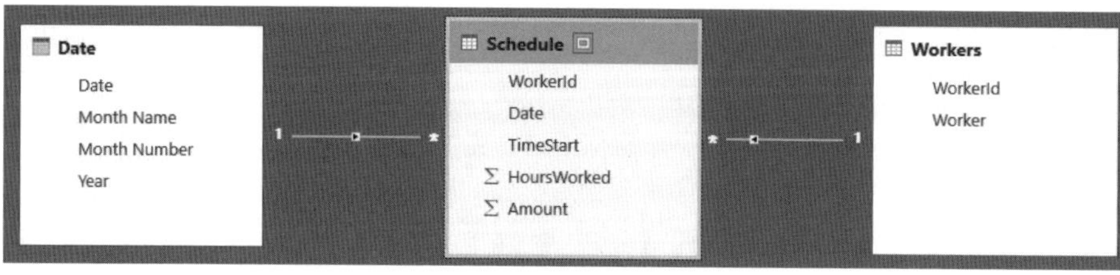

Abbildung 7–1 Einfaches Datenmodell für Arbeitszeiten

Es kann sein, dass die Arbeiter je nach Tageszeit unterschiedlich bezahlt werden. Beispielsweise gibt es für Nachtschichten gewöhnlich mehr Geld als für Tagschichten. Das können Sie in Abbildung 7–2 erkennen: Die Tabelle *Schedule* weist für Schichten, die um 18.00 Uhr (6:00 PM) beginnen, einen höheren Stundenlohn aus. (Die Rate können Sie ermitteln, indem Sie *Amount* durch *HoursWorked* dividieren.)

WorkerId	Date	TimeStart	HoursWorked	Amount
1	1/1/2016	9:00:00 AM	8	160
1	1/15/2016	6:00:00 PM	6	180
1	1/31/2016	9:00:00 PM	9	360
2	1/1/2016	9:00:00 AM	8	160
2	1/15/2016	6:00:00 PM	5	150
2	1/31/2016	9:00:00 PM	8	320
1	2/1/2016	9:00:00 AM	4	80
1	2/15/2016	6:00:00 PM	3	90
1	2/29/2016	9:00:00 PM	8	320
2	2/1/2016	9:00:00 AM	6	120
2	2/15/2016	6:00:00 PM	5	150
2	2/29/2016	9:00:00 PM	8	320

Abbildung 7–2 Die Tabelle *Schedule*

Aus diesem einfachen Dataset können Sie einen Bericht mit den geleisteten Arbeitsstunden pro Monat und dem Arbeitslohn dafür erstellen (siehe Abbildung 7–3).

Year	Month Name	Michelle	Paul	Total
2016	January	21	23	**44**
	February	19	15	**34**
	Total	**40**	**38**	**78**
Total		**40**	**38**	**78**

Abbildung 7–3 Ein einfacher Bericht zu dem Datenmodell für die Arbeitszeiten

Auf den ersten Blick scheinen die Zahlen korrekt zu sein. Aber schauen Sie noch einmal in Abbildung 7–2 und konzentrieren Sie sich dabei auf die Tage am Monatsende (entweder Januar oder Februar). Sie werden feststellen, dass die Schicht Ende Januar um 21.00 Uhr beginnt und aufgrund ihrer Dauer in den nächsten Tag übergeht – und sogar in den nächsten Monat, da dies schließlich das Monatsende ist. Es wäre daher korrekter, einen Teil der Beträge vom 31. Januar dem Februar zuzuschlagen und einen Teil der Beträge vom 29. Februar dem März. Das Datenmodell gibt das jedoch nicht her. Es schlägt alle geleisteten Arbeitsstunden ausschließlich dem Tag zu, an dem die Schicht begonnen hat.

Da wir uns hier noch in der Einleitung des Kapitels befinden, wollen wir uns noch nicht in die Einzelheiten der Lösung vertiefen; das heben wir uns für den Rest dieses Kapitels auf. Wichtig ist hier, festzustellen, dass das Datenmodell nicht genau ist. Das Problem besteht darin, dass jedes der in der Faktentabelle gespeicherten Ereignisse eine Dauer hat, die sich auf eine Ebene außerhalb der für die Faktentabelle definierten Granularität auswirkt. Anders ausgedrückt, die Faktentabelle weist eine Granularität auf der Ebene einzelner Tage auf, die darin gespeicherten Fakten aber enthalten Informationen, die sich auf mehrere Tage beziehen. Daher haben wir (wieder einmal) ein Granularitätsproblem. So etwas geschieht immer, wenn Sie eine Dauer analysieren müssen. Jedes Faktum mit einer Dauer stellt eine ähnliche Situation dar und muss sehr sorgfältig gehandhabt werden, da Sie sonst ein Datenmodell bekommen, das die Realität nicht genau wiedergibt.

Das heißt jedoch nicht, dass das Datenmodell falsch ist. Es hängt ganz davon ab, welche Fragen Sie mit dem Modell beantworten wollen. Für viele Berichte ist das vorliegende Modell völlig in Ordnung; es ist nur für ganz bestimmte Arten von Analysen nicht genau genug. In den meisten Fällen ist es eine ganz vernünftige Entscheidung, den vollen Betrag dem Monat zuzuschlagen, in dem die Schicht begonnen hat. In diesem Buch geht es jedoch um Datenmodellierung, weshalb wir daran interessiert sind, die richtigen Modelle für unterschiedliche Anforderungen zu entwerfen.

In diesem Kapitel betrachten wir ähnliche Situationen wie im genannten Beispiel und sehen uns genau an, wie wir sie korrekt modellieren.

Aggregationen mit einfachen Intervallen

Bevor wir uns in die Schwierigkeiten der fortgeschrittenen Intervallanalyse stürzen, wollen wir mit einigen einfacheren Beispielen beginnen. In diesem Abschnitt zeigen wir Ihnen, wie Sie in Ihrem Modell eine Zeitdimension korrekt definieren. Da die meisten Situationen, mit denen wir zu tun haben, Zeitdimensionen erfordern, ist es sehr wichtig zu lernen, sie zu modellieren.

Eine typische Datenbank enthält eine `DateTime`-Spalte, die sowohl Datum als auch Uhrzeit enthält. Wenn ein Ereignis etwa am 15. Januar 2017 um 9.30 Uhr begonnen hat, dann gibt es dafür eine einzige Spalte, die diesen Zeitpunkt exakt angibt. Auch wenn Sie diese Angaben in dieser Weise in Ihrer Quelldatenbank vorfinden, raten wir Ihnen eindringlich dazu, sie in Ihrem Modell auf zwei verschiedene Spalten aufzuteilen, nämlich eine für das Datum und eine für die Uhrzeit, weil Tabular, die Engine für Power Pivot und Power BI, mit kleinen Dimensionen viel besser funktioniert als mit großen. Wenn Sie Datum und Uhrzeit in derselben Spalte speichern, brauchen Sie eine viel größere Dimension, da Sie für jeden Tag alle verschiedenen Stunden und Minuten festhalten müssen. Durch Aufteilung dieser Informationen auf zwei Spalten bekommt die Datumsdimension nur die Granularität auf der Ebene eines Tages und die Zeitdimension nur die Granularität für die Uhrzeit. Um beispielsweise Daten für zehn Jahre vorzuhalten, brauchen Sie etwa 3.650 Zeilen in der Datums- und 1.440 Zeilen in der Uhrzeitdimension, wenn Sie Letztere auf der Ebene einzelner Minuten darstellen. Bei einer einzigen Dimension für Datum und Uhrzeit bräuchten Sie dagegen 3.650 mal 1.440 gleich 5.256.000 Zeilen. Daraus ergibt sich ein enormer Geschwindigkeitsunterschied für die Abfragen.

Natürlich müssen Sie die Aufteilung der `DateTime`-Spalte auf zwei Spalten vornehmen, bevor die Daten in Ihr Modell einfließen. Mit anderen Worten, Sie könnten die `DateTime`-Spalte in Ihr Modell laden und dann zwei berechnete Spalten für die Beziehung erstellen, eine für das Datum und eine für die Spalte, doch da Sie die `DateTime`-Spalte niemals verwenden, ist der Speicherplatz dafür eigentlich verschwendet. Das gleiche Ergebnis können Sie mit weniger Speicherbedarf auch erzielen, indem Sie die Aufteilung mit dem Abfrage-Editor von Excel oder Power BI oder, falls Sie fortgeschrittener sind, mit einer SQL-Sicht durchführen. Abbildung 7–4 zeigt eine sehr einfache Zeitdimension.

Time	Hour	Minute	HourMinute	TimeIndex
00.00	00	00	00:00	0
00.01	00	01	00:01	1
00.02	00	02	00:02	2
00.03	00	03	00:03	3
00.04	00	04	00:04	4
00.05	00	05	00:05	5
00.06	00	06	00:06	6
00.07	00	07	00:07	7
00.08	00	08	00:08	8
00.09	00	09	00:09	9
00.10	00	10	00:10	10

Abbildung 7–4 Eine sehr einfache Zeitdimension mit einer Granularität auf Minutenebene

Eine Zeitdimension, die nur Stunden und Minuten enthält, ist jedoch nur dann brauchbar, wenn Sie eine zeitlich sehr detaillierte Analyse durchführen müssen. Sehr wahrscheinlich werden Sie der Dimension jedoch einige Attribute hinzufügen, um die Daten in mehrere Bereiche gruppieren zu können. In Abbildung 7–5 haben wir beispielsweise zwei weitere Spalten hinzugefügt, um Zeitangaben nach Tageszeit (Nacht, Morgen usw.) und Bereiche von jeweils einer Stunde zu gruppieren. Außerdem haben wir die Spalte für die Uhrzeit neu formatiert.

Time	Hour	Minute	HourMinute	TimeIndex	Hour Range	Day Period
00.00	00	00	00:00	0	From 00:00 to 01:00	Night
00.01	00	01	00:01	1	From 00:00 to 01:00	Night
00.02	00	02	00:02	2	From 00:00 to 01:00	Night
00.03	00	03	00:03	3	From 00:00 to 01:00	Night
00.04	00	04	00:04	4	From 00:00 to 01:00	Night
00.05	00	05	00:05	5	From 00:00 to 01:00	Night
00.06	00	06	00:06	6	From 00:00 to 01:00	Night
00.07	00	07	00:07	7	From 00:00 to 01:00	Night
00.08	00	08	00:08	8	From 00:00 to 01:00	Night
00.09	00	09	00:09	9	From 00:00 to 01:00	Night
00.10	00	10	00:10	10	From 00:00 to 01:00	Night

Abbildung 7–5 Mit einfachen berechneten Spalten können Sie Zeitangaben gruppieren.

Bei der Analyse solcher Zeitbereiche müssen Sie mit Überlegung vorgehen. Es mag zwar natürlich erscheinen, eine Zeitdimension mit Minutengenauigkeit zu definieren und dann in Bereiche zu gruppieren, aber Sie können die Dimension auch gleich mit der Genauigkeit der Bereiche festlegen. Wenn Sie gar nicht daran interessiert sind, die Daten auf Minutenebene zu analysieren (was meistens der Fall ist), sondern nur auf der Ebene einer halben Stunde, dann stellt die Verwendung einer Dimension mit Minutengenauigkeit eine Verschwendung von Speicherplatz und Zeit dar. Bei der Speicherung der Dimension mit einer Genauigkeit von einer halben Stunde brauchen Sie nur 48 statt 1.440 Zeilen. Das bedeutet RAM-Einsparung und Geschwindigkeitssteigerungen um zwei Größenordnungen gegenüber der größeren Tabelle. Abbildung 7–6 zeigt die Zeitdimension aus Abbildung 7–5 diesmal mit einer Genauigkeit von einer halben Stunde.

Wenn Sie die Zeit mit einer Genauigkeit von einer halben Stunde speichern wollen, brauchen Sie natürlich in der Faktentabelle eine berechnete Spalte, die als Index für die Tabelle fungiert. In Abbildung 7–6 verwenden wir dafür *Stunden x 60 + Minuten* anstatt eines einfachen automatischen Inkrements. Dadurch lässt sich der Zeitschlüssel in der Faktentabelle ausgehend von der ursprünglichen Datums- und Uhrzeitangabe viel einfacher berechnen. Dazu sind keine ausführlichen Nachschlagevorgänge für Bereiche notwendig, sondern nur etwas elementare Mathematik.

Time	Hour	Minute	HourMinute	TimeIndex	Hour Range	Day Period
03.00	03	00	03:00	180	From 03:00 to 04:00	Night
03.30	03	30	03:30	210	From 03:00 to 04:00	Night
04.00	04	00	04:00	240	From 04:00 to 05:00	Night
04.30	04	30	04:30	270	From 04:00 to 05:00	Night
05.00	05	00	05:00	300	From 05:00 to 06:00	Night
05.30	05	30	05:30	330	From 05:00 to 06:00	Night
06.00	06	00	06:00	360	From 06:00 to 07:00	Night
06.30	06	30	06:30	390	From 06:00 to 07:00	Night
07.00	07	00	07:00	420	From 07:00 to 08:00	Morning
07.30	07	30	07:30	450	From 07:00 to 08:00	Morning
08.00	08	00	08:00	480	From 08:00 to 09:00	Morning
08.30	08	30	08:30	510	From 08:00 to 09:00	Morning

Abbildung 7–6 Durch die Speicherung mit einer Genauigkeit von einer halben Stunde wird die Tabelle viel kleiner.

Um es noch einmal zu betonen: Speichern Sie Datum und Uhrzeit in getrennten Spalten! Nach vielen Jahren der Beratung unterschiedlicher Kunden mit unterschiedlichen Bedürfnissen warten wir immer noch auf den ersten Fall, in dem die Speicherung von Datum und Uhrzeit in einer einzigen Spalte die beste Lösung darstellt. Das heißt nicht, dass es verboten ist, beides in eine Spalte zu packen. In sehr seltenen Fällen ist das die einzige Möglichkeit. Es kommt allerdings so selten vor, eine sinnvolle Anwendung für eine kombinierte Spalte mit Datum und Uhrzeit zu finden, dass wir sie immer aufteilen – wobei wir immer bereit sind, unsere Meinung zu ändern, wenn (und nur wenn) es einen wichtigen Grund dafür gibt, anders vorzugehen. Es erübrigt sich wohl zu erwähnen, dass das gewöhnlich nicht passiert.

Datumsübergreifende Intervalle

Im vorherigen Abschnitt haben Sie gelernt, wie Sie eine Zeitdimension modellieren. Jetzt wollen wir zur Einleitung zurückkehren und uns genauer mit der Situation befassen, in der die Dauer eines Ereignisses in den nächsten Tag hinüberreicht.

In der Einleitung hatten wir die Tabelle *Schedule* mit den Arbeitsstunden. Da eine Schicht spät am Abend (oder sogar in der Nacht) beginnen kann, ist es möglich, dass der Arbeitstag in den nächsten Tag hineinreicht, was die Analyse erschwert. Das Datenmodell sehen Sie noch einmal in Abbildung 7–7.

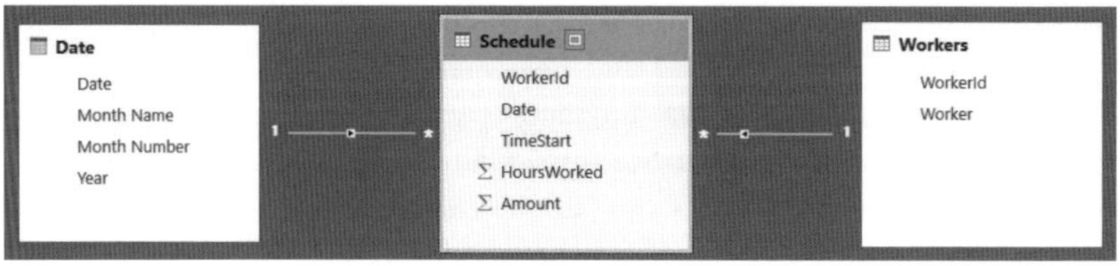

Abbildung 7–7 Einfaches Datenmodell für Arbeitszeiten

Sehen wir uns zunächst an, wie wir mit DAX-Code korrekte Analysen an diesem Modell vornehmen. Beachten Sie jedoch, dass DAX hier nicht die ideale Lösung bildet. Wir wollen hiermit nur zeigen, wie aufwendig der Code wird, wenn wir nicht mit dem richtigen Modell arbeiten.

In dem vorliegenden Beispiel kann eine Schicht zwei Tage einschließen. Die tatsächlichen Arbeitsstunden an einem Tag erhalten Sie, indem Sie die für den Tag gespeicherten Arbeitsstunden abrufen und davon die Stunden der Schicht abziehen, die auf den nächsten Tag fallen. Danach müssen Sie die möglichen Arbeitsstunden des Vortags addieren, die in Wirklichkeit auf den aktuellen Tag gefallen sind. Das können Sie mit dem folgenden DAX-Code erreichen:

```
Real Working Hours =
--
-- Berechnet die Arbeitsstunden in einem Tag
--
SUMX (
   Schedule,
   IF (
      Schedule[TimeStart] + Schedule[HoursWorked] * ( 1 / 24 ) <= 1,
      Schedule[HoursWorked],
      ( 1 - Schedule[TimeStart] ) * 24
   )
)
--
-- Prüft, ob es am aktuellen Tag Arbeitsstunden vom Vortag gegeben hat
--
+ SUMX (
   VALUES ( 'Date'[Date] ),
   VAR
      CurrentDay = 'Date'[Date]
   RETURN
      CALCULATE (
         SUMX (
            Schedule,
            IF (
               Schedule[TimeStart] + Schedule[HoursWorked] * ( 1 / 24 ) > 1,
```

```
                Schedule[HoursWorked] - ( 1 - Schedule[TimeStart] ) * 24
            )
        ),
        'Date'[Date] = CurrentDay - 1
    )
)
```

Wie Sie in Abbildung 7–8 sehen, gibt dieser Code die korrekten Zahlen zurück.

Year	Month Name	Date	Michelle	Paul	**Total**
2016	January	1/1/2016	8	8	**16**
		1/15/2016	5	6	**11**
		1/31/2016	3	3	**6**
		Total	**16**	**17**	**33**
	February	2/1/2016	11	10	**21**
		2/15/2016	5	3	**8**
		2/29/2016	3	3	**6**
		Total	**19**	**16**	**35**
	March	3/1/2016	5	5	**10**
		Total	**5**	**5**	**10**
	Total		**40**	**38**	**78**
Total			**40**	**38**	**78**

Abbildung 7–8 Das neue berechnete Feld gibt die Arbeitsstunden für den Tag an, an dem sie tatsächlich geleistet wurden.

Das Problem scheint damit gelöst zu sein. Allerdings müssen Sie sich an diesem Punkt fragen, ob Sie wirklich ein solches berechnetes Feld schreiben wollen. Wir mussten es tun, da wir Ihnen zeigen wollten, wie kompliziert es ist, aber wenn Sie keine solchen didaktischen Zwecke verfolgen, stehen Ihnen bessere Möglichkeiten zur Verfügung. Die Wahrscheinlichkeit, bei derart kompliziertem Code einen Fehler zu machen, ist sehr hoch. Vor allem aber funktioniert dieser Code nur in unserem sehr speziellen Fall, in dem ein Ereignis nur zwei aufeinanderfolgende Tage überspannen kann. Bei Ereignissen mit längerer Dauer wird der Code noch komplizierter und damit noch fehleranfälliger.

Wie üblich in diesem Buch (und in der Praxis) besteht die Lösung nicht darin, aufwendigen DAX-Code zu schreiben, sondern das Datenmodell zu ändern, sodass es die von Ihnen benötigten Daten besser widerspiegelt. Dadurch wird der Code einfacher (und schneller).

Zur Änderung des Modells gibt es mehrere Möglichkeiten. Wie wir bereits angedeutet haben, besteht das Problem darin, dass die Daten mit der falschen Granularität gespeichert werden. Wenn Sie nach den Stunden filtern wollen, die die Arbeiter tatsächlich an einem Tag geleistet haben, und die Nachtstunden jeweils dem Kalendertag zuschlagen wollen, müssen Sie die Granularität ändern. Anstatt des Faktums »Beginnend mit diesem Tag hat der Arbeiter soundso viele Stunden geleistet« müssen Sie ein Faktum speichern, das besagt: »An diesem Tag hat der Arbeiter soundso viele Stunden geleistet.« Für eine Schicht, die beispielsweise am 1. September beginnt und am 2. endet, müssen Sie daher zwei Zeilen speichern, nämlich eine mit den am 1. September und eine mit den am 2. September geleisteten Stunden. Das heißt, dass Sie die ursprüngliche Einzelzeile in mehrere aufteilen.

Eine einzelne Zeile in der vorherigen Faktentabelle kann also im neuen Modell in mehrere Zeilen umgewandelt werden. Beginnt ein Arbeiter seine Schicht spät am Abend, müssen

Sie für diese Schicht zwei Zeilen speichern, nämlich eine für den Tag des Schichtbeginns mit der genauen Anfangszeit und eine für den nächsten Tag, beginnend um Mitternacht, für die restlichen Stunden. Umspannt eine Schicht mehrere Tage, können Sie mehrere Zeilen generieren. Das erfordert natürlich eine aufwendigere Vorbereitung der Daten, die wir hier jedoch nicht zeigen, da sie ziemlich komplizierten M-Code erfordert. Sie können sich dies jedoch bei Interesse in den begleitenden Inhalten ansehen. Die resultierende Version der Tabelle *Schedule* finden Sie in Abbildung 7–9. Wie Sie sehen, beginnen jetzt mehrere Tage um Mitternacht. Dabei handelt es sich um die Fortsetzungen der Schichten, die am Vortag begonnen haben. Die Angaben für die geleisteten Arbeitsstunden wurden beim Extrahieren, Transformieren und Laden (ETL) angepasst.

WorkerId ↓	Amount	Date	TimeStart	HoursWorked
1	160	1/1/2016	9:00:00 AM	8
1	180	1/15/2016	6:00:00 PM	6
1	360	1/31/2016	9:00:00 PM	3
1	360	2/1/2016	12:00:00 AM	6
1	80	2/1/2016	9:00:00 AM	4
1	90	2/15/2016	6:00:00 PM	3
1	320	2/29/2016	9:00:00 PM	3
1	320	3/1/2016	12:00:00 AM	5
2	160	1/1/2016	9:00:00 AM	8
2	150	1/15/2016	6:00:00 PM	5
2	320	1/31/2016	9:00:00 PM	3
2	320	2/1/2016	12:00:00 AM	5
2	120	2/1/2016	9:00:00 AM	6
2	150	2/15/2016	6:00:00 PM	5
2	320	2/29/2016	9:00:00 PM	3
2	320	3/1/2016	12:00:00 AM	5

Abbildung 7–9 Die Tabelle *Schedule* weist jetzt eine Granularität auf Tagesebene auf.

Aufgrund dieser Änderung am Modell zur Korrektur der Granularität können Sie die Werte jetzt ganz einfach mit `SUM` summieren. Damit erhalten Sie die richtigen Ergebnisse, ohne sich den Aufwand des vorherigen DAX-Codes einzuhandeln.

Vielleicht ist Ihnen aufgefallen, dass wir das Feld *HoursWorked* korrigiert haben, aber nicht *Amount*. Wenn Sie in diesem Modell die Lohnsummen aggregieren, erhalten Sie auch tatsächlich das falsche Ergebnis, da der vollständige Betrag jeweils den verschiedenen Tagen zugeschlagen wird, die durch die Aufspaltung nach Mitternacht zustande gekommen sind. Das haben wir absichtlich gemacht, damit wir das Modell anhand dieses kleinen Fehlers genauer untersuchen können.

Eine einfache Lösung besteht darin, den Lohn zu korrigieren, indem Sie die geleisteten Arbeitsstunden am Tag durch die in der Schicht insgesamt geleisteten Stunden dividieren. Dadurch erhalten Sie den Prozentsatz des Lohns, der dem betreffenden Tag zugeschlagen werden soll. Das können Sie bereits während des ETL-Vorgangs bei der Vorbereitung der Daten für die Analyse erledigen. Allerdings ist der Stundensatz gewöhnlich von der Tageszeit abhängig. Es kann Schichten geben, in denen mehrere Stundensätze gelten. In einem solchen Fall ist das Datenmodell nicht genau genug.

Bei wechselnden Stundensätzen müssen Sie die Granularität des Modells auf die Ebene einzelner Stunden verfeinern, indem Sie ein Faktum pro Stunde speichern. Allerdings ist es auch möglich, die Werte, bei denen sich die Stundensätze nicht ändern, vorab zu aggregieren. Die Änderung der Granularität gibt Ihnen mehr Freiheiten und vereinfacht das Aufstellen von Berichten, da Sie dabei auch die Möglichkeit haben, Zeitanalysen über mehrere Tage hinweg durchzuführen. Bei vorab aggregierten Werten wäre das viel komplizierter. Allerdings wächst beim Verfeinern der Granularität die Anzahl der Zeilen in der Faktentabelle. Wie immer bei der Datenmodellierung müssen Sie einen Kompromiss zwischen Größe und Analysemöglichkeiten finden.

In diesem Beispiel haben wir uns dazu entschieden, zu einer Granularität auf Stundenebene zu wechseln. Dadurch entsteht das Modell aus Abbildung 7–10.

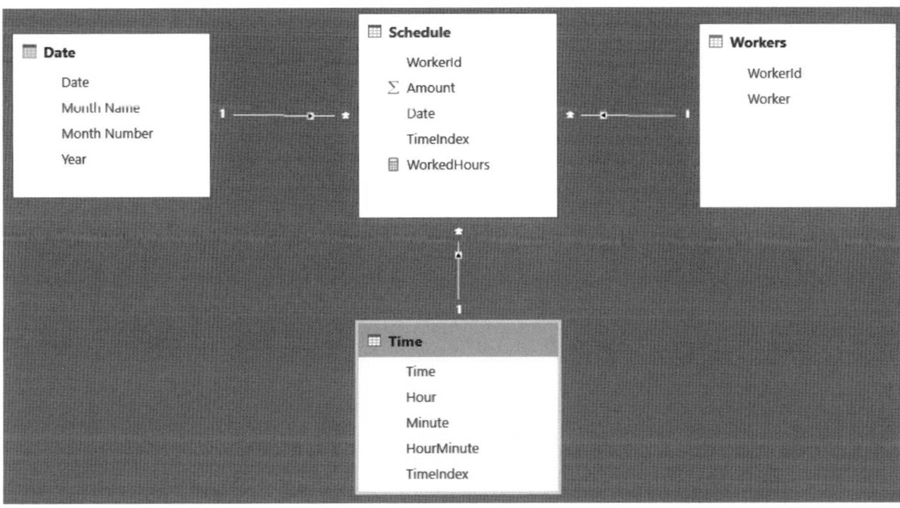

Abbildung 7–10 Das neue berechnete Feld zeigt die geleisteten Stunden jeweils am richtigen Tag an.

Das Faktum in diesem neuen Modell besagt im Grunde genommen: »Der Arbeiter hat an diesem Tag in dieser Stunde gearbeitet.« Wir haben die Granularität bis zu den kleinsten Details verfeinert. Die Berechnung der geleisteten Stunden erfordert jetzt nicht einmal die Funktion `SUM`. Stattdessen können wir einfach wie in dem folgenden berechneten Feld *WorkedHours* die Zeilen in *Schedule* zählen:

```
WorkedHours := COUNTROWS ( Schedule )
```

Falls eine Schicht nicht nur zur vollen Stunde beginnen kann, speichern Sie die Anzahl der Minuten, die in der ersten Stunde geleistet wurden, als Teil des berechneten Feldes und aggregieren sie mit `SUM`. In Extremfällen können Sie die Granularität noch weiter verfeinern, etwa auf eine halbe Stunde oder sogar eine Minute.

Wie bereits erwähnt, besteht einer der großen Vorteile der Aufteilung von Datum und Uhrzeit darin, dass Sie die Zeit als Dimension ohne Beziehung zu Kalenderdaten analysieren können. Wollen Sie sich beispielsweise die Schichten ansehen, die ein Arbeiter am häufigsten leistet, können Sie die einfache Matrix aus Abbildung 7–11 erstellen. Dafür haben wir eine schon zu Anfang dieses Kapitels erwähnte Version der Zeitdimension verwendet, die die Tageszeiten angibt und nur 24 Zeilen enthält, da wir lediglich an den Stunden interessiert sind.

Day Period	Michelle	Paul	**Total**
Morning	8	8	**16**
Afternoon	6	4	**10**
Evening	16	15	**31**
Night	10	11	**21**
Total	**40**	**38**	**78**

Abbildung 7–11 Analyse der Zeiträume unabhängig vom Datum

Sie können jetzt den Stundensatz berechnen (wozu Sie wahrscheinlich eine Konfigurationstabelle benötigen) und das Modell viel feiner analysieren. Der Hauptzweck dieses Beispiels bestand jedoch darin, die richtige Granularität zu finden, weshalb wir die Analyse an dieser Stelle abbrechen.

Der wichtige Punkt ist, dass wir durch Einstellen der richtigen Granularität einen viel einfacheren DAX-Ausdruck verwenden konnten und gleichzeitig die Analysemöglichkeiten des Datenmodells erweitert haben. Es ist uns klar, wie oft wir dieses Prinzip hier vorstellen. Daran können Sie erkennen, wie wichtig es ist, gründlich die Granularität zu bestimmen, die für die Zwecke Ihrer Analysen für das Modell erforderlich sind.

Es spielt keine Rolle, wie die ursprünglichen Daten aussehen. Als Modellierer müssen Sie die Daten so lange bearbeiten, bis sie die erforderliche Form für Ihr Modell haben. Wenn Sie das optimale Format gefunden haben, können Sie daraus schnell und einfach die gewünschten Zahlen gewinnen.

Schichten und Zeitversatz modellieren

In dem vorherigen Beispiel konnten wir die Schichten sehr einfach bestimmen. Der Zeitpunkt, an dem eine Schicht beginnt, gehörte zum Modell. Das ist schon ein sehr allgemein gehaltenes Beispiel und viel anspruchsvoller als das, was der durchschnittliche Datenanalytiker benötigt.

Weitaus häufiger kommt es vor, dass es nur eine begrenzte Anzahl an verschiedenen Schichten gibt. Mit acht Stunden pro Schicht gibt es gewöhnlich drei verschiedene Schichten, denen die Arbeiter abwechselnd zugewiesen werden. Es ist sehr wahrscheinlich, dass eine dieser Schichten in den nächsten Tag hineinreicht, was diese Situation unserem vorherigen Beispiel sehr ähnlich macht.

Ein anderes Beispiel für einen Zeitversatz ist etwa eine Situation, in der Sie die Anzahl der Zuschauer bestimmen, die einen bestimmten Kanal eingeschaltet haben. Dieser Wert wird gewöhnlich als das Publikum einer bestimmten Sendung verstanden. Nehmen wir an, eine Sendung beginnt um 23.30 Uhr und dauert zwei Stunden, sodass sie erst am nächsten Tag endet. Trotzdem wollen Sie sie dem ersten Tag zuschlagen. Was aber machen Sie mit einer Sendung, die eine halbe Stunde nach Mitternacht beginnt? Sehen Sie sie als Konkurrenz zu der Sendung an, die eine Stunde zuvor angefangen hat? Sehr wahrscheinlich ja, denn unabhängig von der unterschiedlichen Anfangszeit laufen sie zur gleichen Zeit. Ein Zuschauer wird sich wahrscheinlich für eine der beiden Sendungen entscheiden.

Es gibt eine interessante Lösung für beide Fälle, für die es jedoch nötig ist, unser Verständnis von Zeit zu erweitern. Bei den Schichten besteht der entscheidende Punkt darin, die Zeit ganz zu ignorieren. Statt des Anfangszeitpunkts der Schicht speichern Sie in der Faktentabelle einfach die Schichtnummer und führen Ihre Analysen dann einfach anhand dieser Nummern durch. Wenn Sie die Zeit in der Analyse berücksichtigen müssen, besteht die beste Lösung in der zuvor gezeigten Lösung, die Granularität zu verfeinern. In den meisten Fällen entfernen wir zur Lösung jedoch das Konzept der Zeit aus dem Modell.

Bei der Analyse der Einschaltquoten ist der Fall etwas anders gelagert. Die Lösung dafür ist sehr einfach, wirkt allerdings merkwürdig. Hierbei kann es sein, dass Sie Ereignisse, die kurz nach Mitternacht beginnen, dem Vortag zuschlagen wollen, damit Sie bei der Analyse der Einschaltquoten für einen Tag auch das berücksichtigen können, was nach Mitternacht geschieht. Dazu können Sie ganz einfach einen Zeitversatzalgorithmus einrichten. Anstatt Mitternacht als Tagesbeginn zu verwenden, können Sie den Tag auch um 2.00 Uhr morgens beginnen lassen. Sie können die normalen Zeitangaben um zwei Stunden erweitern, sodass sie jetzt von 2.00 Uhr bis 26.00 Uhr statt von 0.00 Uhr bis 24.00 Uhr gehen.

In Abbildung 7–12 sehen Sie einen typischen Bericht, der diese Zeitversatztechnik nutzt. Beachten Sie, dass die selbst definierten Zeiträume von 2.00 Uhr bis 25.59 Uhr reichen. Insgesamt umfassen sie immer noch 24 Stunden, doch durch den Zeitversatz können Sie bei der Analyse der Zuschauer eines Tages auch die ersten beiden Stunden des nächsten Tages berücksichtigen.

Date

4/7/2007

CustomPeriod	Elementary Schoool	Middle School	University
02:00 - 06:59	10,067.46	25,018.60	1,415.84
07:00 - 08:59	18,475.77	48,784.07	7,690.13
09:00 - 11:59	47,470.48	95,504.44	14,268.88
12:00 - 14:59	65,762.05	119,570.51	11,174.80
15:00 - 17:59	71,332.52	109,397.22	19,694.87
18:00 - 20:29	73,224.83	133,068.51	19,587.23
20:30 - 22:29	56,335.09	80,823.25	19,095.64
22:30 - 25:59	41,825.78	64,199.56	11,762.30
Total	**45,129.44**	**79,795.58**	**11,925.10**

Abbildung 7–12 Bei der Zeitversatztechnik beginnt der Tag um 2.00 Uhr statt um Mitternacht.

Wenn Sie das Datenmodell für diese Vorgehensweise laden, müssen Sie natürlich einige Transformationen durchführen. Sie sind auch nicht in der Lage, `DateTime`-Spalten zu verwenden, da es darin keine Zeitangaben wie 25.00 Uhr gibt.

Laufende Ereignisse analysieren

In diesem Kapitel geht es hauptsächlich um Faktentabellen, bei denen die Ereignisse eine gewisse Dauer haben. Bei der Analyse solcher Ereignisse besteht eine interessante Frage darin, wie viele laufende Ereignisse es in einem gegebenen Zeitraum gegeben hat, also Ereignisse, die begonnen haben, aber noch nicht beendet sind. Das können ganz unterschiedliche Arten von Ereignissen sein. Betrachten Sie zum Beispiel Bestellungen: Eine Bestellung geht ein, wird verarbeitet und dann geliefert. In dem Zeitraum zwischen Bestelleingang und Versanddatum ist die Bestellung ein laufendes Ereignis. Sie können bei der Analyse auch noch weitergehen und das Ereignis noch zwischen dem Versanddatum und dem Eingang beim Kunden als laufend ansehen, wenn auch mit einem anderen Status.

Der Einfachheit halber beschäftigen wir uns hier jedoch nicht mit einer eingehenden Analyse solcher verschiedenen Status. Uns geht es hauptsächlich darum, ein Datenmodell zur Analyse laufender Ereignisse zu gestalten. Ein solches Modell können Sie in verschiedenen Situationen anwenden, z. B. für Versicherungspolicen (die ein Anfangs- und Enddatum haben), für Versicherungsansprüche, Bestellungen, Pflanzenanbau oder die maschinelle Produktion von Objekten. In all diesen Fällen speichern Sie ein Faktum als Ereignis (z. B. die angebauten Pflanzen, die eingereichte Bestellung oder das vollständige Ereignis). Das Ereignis aber umfasst zwei oder mehr Kalenderdaten für die Prozesse, die ausgeführt werden, damit das Ereignis zum Abschluss gebracht wird.

Bevor wir eine Lösung für eine solche Situation entwickeln, wollen wir uns den ersten Aspekt ansehen, den Sie bei der Analyse von Bestellungen berücksichtigen müssen. Das Datenmodell, das wir für die meisten Beispiele in diesem Buch verwenden, speichert Verkäufe mit einer Granularität auf der Ebene des Produkts, des Datums und des Kunden. Wenn eine Bestellung daher zehn verschiedene Produkte enthält, wird es durch zehn Zeilen in der Tabelle *Sales* dargestellt. Dieses Modell sehen Sie in Abbildung 7–13.

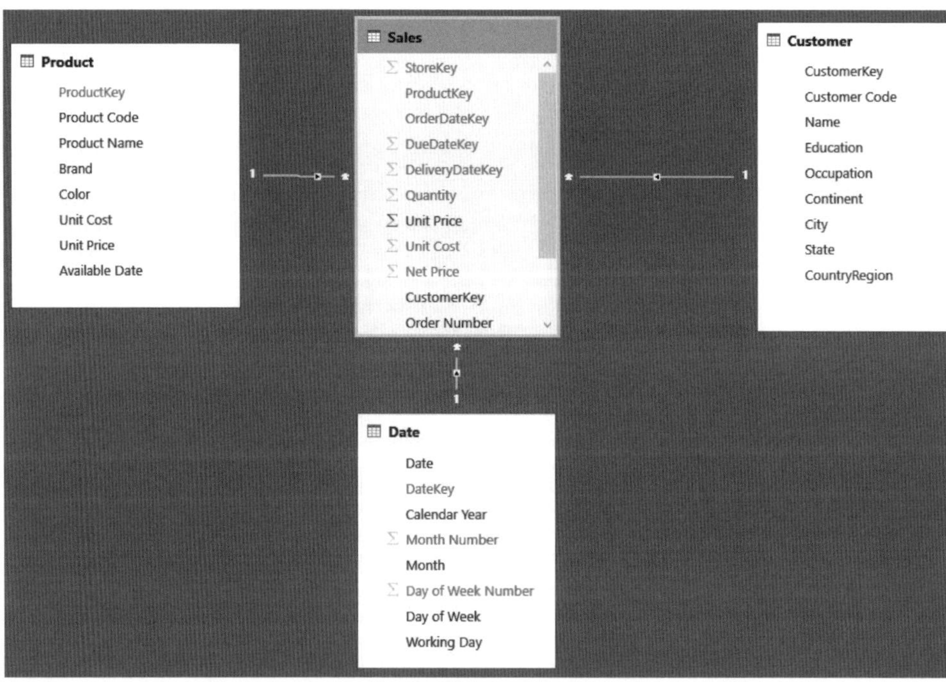

Abbildung 7–13 Die Faktentabelle in diesem Modell enthält die einzelnen Verkäufe.

Um die Anzahl der Bestellungen in diesem Modell zu bestimmen, müssen Sie in der Spalte *Order Number* von *Sales* einen diskreten Zählvorgang durchführen, da ein und dieselbe Bestellnummer in mehreren Zeilen auftritt. Wenn die Bestellung auf mehrere Lieferungen aufgeteilt wurde, können die Zeilen einer Bestellung auch unterschiedliche Versanddaten enthalten. Für die Frage nach den offenen Bestellungen hat dieses Modell daher die falsche Granularität. Die Bestellung wird insgesamt nur dann als abgeschlossen betrachtet, wenn alle Produkte versendet wurden. Sie könnten das Versanddatum des letzten Produkts einer Bestellung zwar mit aufwendigem DAX-Code berechnen, aber in diesem Fall ist es viel einfacher, eine neue Faktentabelle zu erstellen, die nur die Bestellungen enthält. Dadurch erhalten wir eine gröbere Granularität und damit weniger Zeilen. Letzteres bietet die zusätzlichen Vorteile, dass die Berechnung schneller vonstattengeht und wir keine diskreten Zählvorgänge ausführen müssen.

Der erste Schritt besteht darin, die Tabelle *Orders* aufzustellen. Das können Sie mit SQL oder mit dem folgenden Code für eine einfache berechnete Tabelle tun:

```
Orders =
SUMMARIZECOLUMNS (
    Sales[Order Number],
    Sales[CustomerKey],
    "OrderDateKey", MIN ( Sales[OrderDateKey] ),
    "DeliveryDateKey", MAX ( Sales[DeliveryDateKey] )
)
```

Diese neue Tabelle hat weniger Zeilen und Spalten. Außerdem nimmt sie bereits den ersten Schritt unserer Berlechnung vorweg, nämlich die Bestimmung des effektiven Versanddatums, für die das letzte Versanddatum der Bestellung insgesamt berücksichtigt wird. Nach Einrichtung der erforderlichen Beziehung erhalten Sie damit das Datenmodell aus Abbildung 7–14.

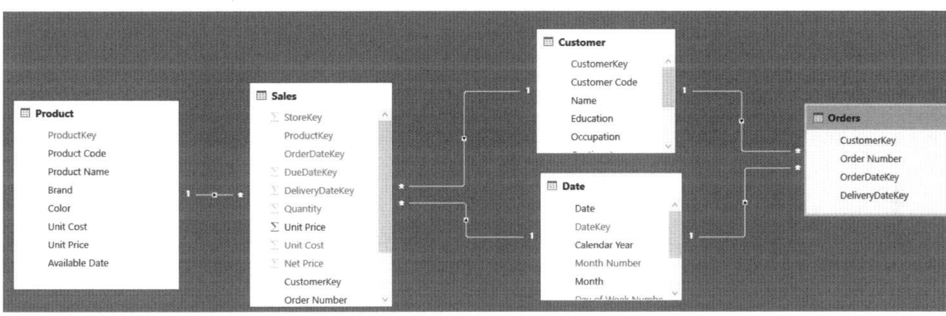

Abbildung 7–14 Das neue Datenmodell enthält zwei Faktentabellen mit unterschiedlicher Granularität.

Wie Sie sehen, hat die Tabelle *Orders* keine Beziehungen zu *Product*. Sie könnten eine Situation wie diese auch mit einem regulären Header/Detail-Muster modellieren, wobei *Orders* als Header- und *Sales* als Detailtabelle fungiert. Dabei müssen Sie jedoch alle Umstände berücksichtigen, die wir in Kapitel 2 genannt haben. In diesem Abschnitt kümmern wir uns nicht um die Header/Detail-Beziehung, da wir nur an der Tabelle *Orders* interessiert sind. Daher verwenden wir das vereinfachte Modell aus Abbildung 7–15. (In der Datei zum Herunterladen ist die Tabelle *Sales* noch vorhanden, da *Orders* davon abhängt. Allerdings werden wir uns hier nur auf die drei Tabellen aus Abbildung 7–15 konzentrieren.)

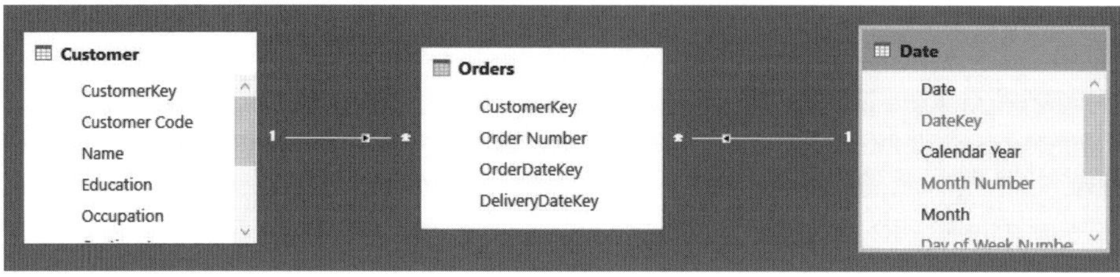

Abbildung 7–15 Das vereinfachte Modell für unser Beispiel

Jetzt können Sie mit dem folgenden DAX-Code ein berechnetes Feld erstellen, das die Anzahl der offenen Bestellungen berechnet:

```
OpenOrders :=
CALCULATE (
   COUNTROWS ( Orders ),
   FILTER (
      ALL ( Orders[OrderDateKey] ),
      Orders[OrderDateKey] <= MIN ( 'Date'[DateKey] )
   ),
   FILTER (
      ALL ( Orders[DeliveryDateKey] ),
      Orders[DeliveryDateKey] > MAX ( 'Date'[DateKey] )
   ),
   ALL ( 'Date' )
)
```

Der Code an sich ist nicht weiter schwierig. Der wichtige Punkt ist, dass es eine Beziehung auf der Grundlage von *OrderDateKey* zwischen *Orders* und *Date* gibt, deren Auswirkungen Sie durch die Verwendung von `ALL` für die Tabelle *Date* aufheben müssen. Wenn Sie das nicht tun, erhalten Sie den falschen Wert, nämlich die Anzahl der eingereichten Bestellungen. In Abbildung 7–16 sehen Sie die Anzahl der eingegangenen und der noch offenen Bestellungen.

Calendar Year	Month	Date	OrdersReceived	OpenOrders
CY 2007	January	2/1/07	10	10
		3/1/07	10	20
		4/1/07	15	35
		5/1/07	2	37
		6/1/07		37
		7/1/07	6	43
		8/1/07		42
		9/1/07	9	50
		10/1/07	15	61
		11/1/07	5	62
		12/1/07	9	66
		13/1/07	6	64
		14/1/07		60
		15/1/07	9	61

Abbildung 7–16 Dieser Bericht zeigt die Anzahl der eingegangenen und der offenen Bestellungen.

Zur Überprüfung des berechneten Feldes können Sie die eingegangenen und die versendeten Bestellungen nebeneinander in einem Bericht anzeigen. Dazu verwenden Sie die Technik aus

Kapitel 3, bei der Sie zwischen *Orders* und *Date* eine neue Beziehung auf der Grundlage des Versanddatums erstellen. Damit das Modell nicht mehrdeutig wird, bleibt diese Beziehung inaktiv. Mit dieser Beziehung können Sie das berechnete Feld *OrdersDelivered* wie folgt erstellen:

```
OrdersDelivered :=
CALCULATE (
   COUNTROWS ( Orders ),
    USERELATIONSHIP ( Orders[DeliveryDateKey], 'Date'[DateKey] )
)
```

Wie Sie in Abbildung 7–17 sehen, ist der Bericht jetzt übersichtlicher und lässt sich leicht überprüfen:

Calendar Year	Month	Date	OrdersReceived	OrdersDelivered	OpenOrders
CY 2007	January	2/1/07	10		10
		3/1/07	10		20
		4/1/07	15		35
		5/1/07	2		37
		6/1/07			37
		7/1/07	6		43
		8/1/07		1	42
		9/1/07	9	1	50
		10/1/07	15	4	61
		11/1/07	5	4	62
		12/1/07	9	5	66
		13/1/07	6	8	64
		14/1/07		4	60
		15/1/07	9	8	61

Abbildung 7–17 Durch die Ergänzung um die Spalte *OrdersDelivered* wird der Bericht leichter verständlich.

Dieses Modell gibt die richtigen Antworten für die einzelnen Tage. Was die Zahlen für einen Monat (oder eine andere gröbere Zeiteinheit) angeht, weist es jedoch einen ernsten Nachteil auf. Wenn Sie die Tagesangaben aus dem Bericht entfernen und nur die Monate stehen lassen, erhalten Sie ein überraschendes Ergebnis: Das berechnete Feld *OpenOrders* ist immer leer (siehe Abbildung 7–18).

Calendar Year	Month	OrdersReceived	OrdersDelivered	OpenOrders
CY 2007	January	194	134	
	February	167	184	
	March	170	176	
	April	203	165	
	May	174	187	
	June	108	139	
	July	132	122	
	August	136	137	
	September	104	114	
	October	93	82	
	November	124	126	
	December	121	130	
	Total	**1726**	**1696**	

Abbildung 7–18 Auf Monatsebene liefert das berechnete Feld falsche (leere) Ergebnisse.

Das Problem ist, dass keine Bestellung länger als einen Monat offen ist. Das berechnete Feld gibt die Anzahl der Bestellungen zurück, die vor dem ersten Tag des ausgewählten Zeitraums (hier also des Monats) eingingen und nach dessen letztem Tag versendet wurden. Daher müssen Sie das berechnete Feld so anpassen, dass es – je nach Ihren Bedürfnissen – die Anzahl der offenen Bestellungen am Ende des Zeitraums oder die durchschnittliche Anzahl von offenen

Bestellungen während des Zeitraums angibt. Ersteres lässt sich mit dem folgenden Code leicht erreichen. Dazu fügen wir die ursprüngliche Formel nur in einen `LASTDATE`-Filter ein.

```
OpenOrders :=
CALCULATE (
   CALCULATE (
      COUNTROWS ( Orders ),
      FILTER (
         ALL ( Orders[OrderDateKey] ),
         Orders[OrderDateKey] <= MIN ( 'Date'[DateKey] )
      ),
      FILTER (
         ALL ( Orders[DeliveryDateKey] ),
         Orders[DeliveryDateKey] > MAX ( 'Date'[DateKey] )
      ),
      ALL ( 'Date' )
   ),
   LASTDATE ( 'Date'[Date] )
)
```

Mit dieser neuen Formel erhalten wir das gewünschte Ergebnis auf Monatsebene (siehe Abbildung 7–19).

Calendar Year	Month	OrdersReceived	OrdersDelivered	OpenOrders
CY 2007	January	194	134	60
	February	167	184	43
	March	170	176	37
	April	203	165	75
	May	174	187	62
	June	108	139	31
	July	132	122	41
	August	136	137	40
	September	104	114	30
	October	93	82	41
	November	124	126	39
	December	121	130	30
	Total	**1726**	**1696**	**30**

Abbildung 7–19 Dieser Bericht zeigt die offenen Bestellungen am Ende jedes Monats.

Das Modell funktioniert sehr gut, allerdings ist die Leistung in älteren Versionen der Engine (in Excel 2013 und SQL Server Analysis Services 2012 und 2014) sehr schlecht. Die neue Engine in Power BI und Excel 2016 ist viel schneller, aber dieses berechnete Feld zeigt trotzdem nicht gerade eine Spitzenleistung. Den Grund für dieses Problem können wir im Rahmen dieses Buches nicht ausführlich erklären. Kurz, es liegt daran, dass die Filterbedingung keine Beziehungen nutzt, sondern die Engine zwingt, zwei Bedingungen in ihrer langsameren *Formel-Engine* auszuwerten. Wenn Sie das Modell so gestalten, dass es sich nur auf Beziehungen stützt, wird die Formel schneller ausgewertet.

Dazu müssen Sie die Bedeutung der Fakten in der Faktentabelle ändern. Anstatt die Dauer der Bestellung in Form ihres Anfangs- und Enddatums festzuhalten, speichern Sie ein einfacheres Faktum, das besagt: »Diese Bestellung war an diesem Datum noch offen.« Eine solche

Faktentabelle braucht nur zwei Spalten, nämlich *Order Number* und *DateKey*. In unserem Modell sind wir noch einen Schritt weitergegangen und haben den Kundenschlüssel hinzufügt, sodass wir die Bestellungen auch nach Kunden filtern können. Diese neue Faktentabelle können Sie mit dem folgenden DAX-Code erstellen:

```
OpenOrders =
SELECTCOLUMNS (
   GENERATE (
      Orders,
      VAR CurrentOrderDateKey = Orders[OrderDateKey]
      VAR CurrentDeliverDateKey = Orders[DeliveryDateKey]
      RETURN
         FILTER (
            ALLNOBLANKROW ( 'Date'[DateKey] ),
            AND (
               'Date'[DateKey] >= CurrentOrderDateKey,
               'Date'[DateKey] < CurrentDeliverDateKey
            )
         )
   ),
   "CustomerKey", [CustomerKey],
   "Order Number", [Order Number],
   "DateKey", [DateKey]
)
```

Wir stellen hier zwar den DAX-Code für diese Tabelle vor, aber wahrscheinlich werden Sie diese Daten eher mit dem Abfrage-Editor oder einer SQL-Sicht generieren. Da DAX kompakter ist als SQL und M, drucken wir lieber DAX-Code ab. Das heißt aber nicht, dass dies die beste Lösung für die Leistung ist. In diesem Buch liegt das Hauptaugenmerk auf dem Datenmodell selbst und nicht auf den Leistungsaspekten für den Aufbau des Modells.

Das neue Datenmodell sehen Sie in Abbildung 7–20.

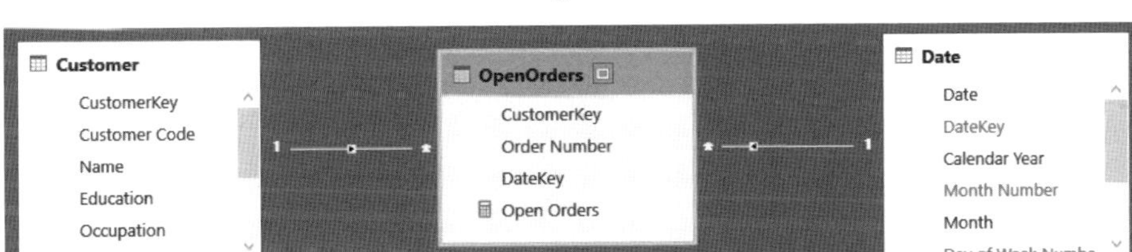

Abbildung 7–20 Die neue Tabelle *OpenOrders* enthält nur offene Bestellungen.

Die ganze Logik, um zu bestimmen, wann eine Bestellung offen ist, befindet sich in diesem neuen Datenmodell in dieser Tabelle. Daher wird der Code viel einfacher. Das berechnete Feld *Open Orders* umfasst jetzt nur noch eine einzige Zeile DAX-Code:

```
Open Orders := DISTINCTCOUNT ( OpenOrders[Order Number] )
```

Sie müssen immer noch einen diskreten Zählvorgang durchführen, da die Bestellung mehrfach auftreten kann, aber die gesamte Logik ist in die Tabelle ausgelagert. Der größte Vorteil dieses berechneten Feldes besteht darin, dass es nur die schnelle Engine von DAX verwendet und deren Cache-System besser nutzt. Die Tabelle *OpenOrders* ist größer als die ursprüngliche Faktentabelle, enthält aber einfachere Daten, weshalb sie wahrscheinlich schneller ist. Ebenso wie im vorherigen Modell ergibt die Aggregation auf Monatsebene jedoch falsche Ergebnisse. Das vorherige Modell hat nur Bestellungen berücksichtigt, die zu Beginn des Monats geöffnet und an seinem Ende nicht geschlossen waren, was zu leeren Werten führte. In diesem Modell dagegen wird für den Monat die Anzahl aller Bestellungen angezeigt, die an mindestens einem Tag im Monat offen waren (siehe Abbildung 7–21).

Calendar Year	Month	Open Orders
CY 2007	January	194
	February	227
	March	213
	April	240
	May	249
	June	170
	July	163
	August	177
	September	144
	October	123
	November	165
	December	160
	Total	**1726**

Abbildung 7–21 Das neue Modell gibt für jeden Monat alle Bestellungen zurück, die irgendwann während dieses Monats offen waren.

Das können Sie mit den beiden Formeln ganz leicht in die durchschnittliche Anzahl offener Bestellungen oder in die Anzahl offener Bestellungen am Monatsende ändern:

```
Open Orders EOM := CALCULATE ( [Open Orders], LASTDATE ( ( 'Date'[Date] ) ) )
Open Orders AVG := AVERAGEX ( VALUES ( 'Date'[DateKey] ), [Open Orders] )
```

Ein Beispiel für einen Bericht auf der Grundlage dieser Formeln sehen Sie in Abbildung 7-22.

Calendar Year	Month	Open Orders	Open Orders EOM	Open Orders AVG
CY 2007	January	194	60	56
	February	218	43	61
	March	207	37	55
	April	236	75	60
	May	240	62	57
	June	166	31	42
	July	154	41	42
	August	173	40	44
	September	143	30	38
	October	119	41	30
	November	160	39	42
	December	154	30	39
	Total	**1726**	**30**	**47**

Abbildung 7–22 Dieser Bericht enthält alle jemals offenen Bestellungen im Monat, die durchschnittliche Anzahl offener Bestellungen im Monat und die Anzahl der offenen Bestellungen am Monatsende.

Die Berechnung der offenen Bestellungen ist eine sehr CPU-intensive Operation. Bei mehreren Millionen Bestellungen kann das zu langsamen Berichten führen. In einem solchen Fall sollten Sie noch mehr Berechnungslogik von dem DAX-Code in die Tabelle auslagern. Eine gute Möglichkeit dafür besteht darin, die Tageswerte vorab zu aggregieren, indem Sie eine Faktentabelle mit dem Tagesdatum und der Anzahl offener Bestellungen anlegen. Dadurch erhalten Sie eine sehr einfache (und kleine) Faktentabelle, in der alle erforderlichen Werte schon vorab berechnet sind, sodass sich auch der Code einfacher schreiben lässt.

Diese voraggregierte Tabelle können Sie wie folgt erstellen:

```
Aggregated Open Orders =
FILTER (
    ADDCOLUMNS (
        DISTINCT ( 'Date'[DateKey] ),
        "OpenOrders", [Open Orders]
    ),
    [Open Orders] > 0
)
```

Die resultierende Tabelle ist winzig, da sie die gleiche Granularität aufweist wie die Datumstabelle, also nur wenige Tausend Zeilen enthält. Dies ist das einfachste der Modelle, die wir uns für die vorliegende Situation angesehen haben, da wir die Bestellnummer und den Kundenschlüssel losgeworden sind und die Tabelle daher nur über eine einzige Beziehung zu dem Datum verfügt, was Sie in Abbildung 7–23 sehen können. (Auch hier enthält die Datei zum Herunterladen noch weitere Tabellen, da sie, wie wir am Ende dieses Abschnitts noch erklären werden, das gesamte Modell umfasst.)

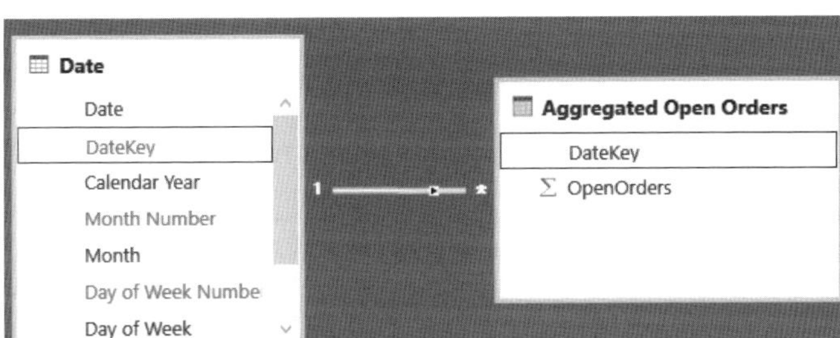

Abbildung 7–23 Durch die Voraggregation der offenen Bestellungen erhalten wir ein erstaunlich einfaches Datenmodell.

In diesem Modell wird die Anzahl der offenen Bestellungen auf die einfachste mögliche Weise berechnet, da Sie die *OpenOrders*-Spalten mit `SUM` aggregieren können.

Vielleicht wenden Sie jetzt ein, dass wir damit bei der Datenmodellierung wieder einen Schritt rückwärts gegangen sind. Am Anfang dieses Buches haben wir schließlich behauptet, dass die Arbeit mit einer einzigen Tabelle, in der bereits alles vorausberechnet ist, die Möglichkeiten zur Analyse einschränkt, denn wenn ein Wert in der Tabelle nicht vorhanden ist, sind Sie nicht mehr in der Lage, tiefer gehende Datenschnitte zu machen oder neue Werte zu berechnen. In Kapitel 6 haben wir außerdem erwähnt, dass die Voraggregation von Snapshots nur selten nützlich ist – und hier erstellen wir einen Snapshot der offenen Bestellungen, um die Leistung einer Abfrage zu erhöhen!

Diese Kritik ist bis zu einem gewissen Grad berechtigt. Denken Sie aber genauer über dieses Modell nach! Die Quelldaten sind nach wie vor vorhanden. Was wir hier gemacht haben, schränkt daher die Analysemöglichkeiten nicht ein. Stattdessen haben wir zur Leistungssteigerung mit DAX eine Snapshottabelle erstellt, die den Großteil der Berechnungslogik enthält. Schwer zu berechnende Zahlen wie die Anzahl der offenen Bestellungen können dadurch aus den voraggregierten Tabellen bezogen werden, während leichter zu bestimmende Werte wie die Gesamtverkaufsbeträge nach wie vor über die ursprüngliche Faktentabelle zur Verfügung stehen. Daher verlieren wir in dem Modell keine Ausdrucksmöglichkeiten, sondern erweitern es, indem wir nach Bedarf Faktentabellen hinzufügen. Abbildung 7–24 zeigt das Gesamtmodell, das wir in diesem Abschnitt erstellt haben. Natürlich nehmen Sie nicht sämtliche dieser Tabellen in ein einziges Modell auf. Wir wollen Ihnen hier nur zeigen, dass alle Faktentabellen, die wir bis jetzt zur Analyse der offenen Bestellungen erstellt haben, nebeneinander existieren und unterschiedliche Einsichten in das Modell vermitteln können.

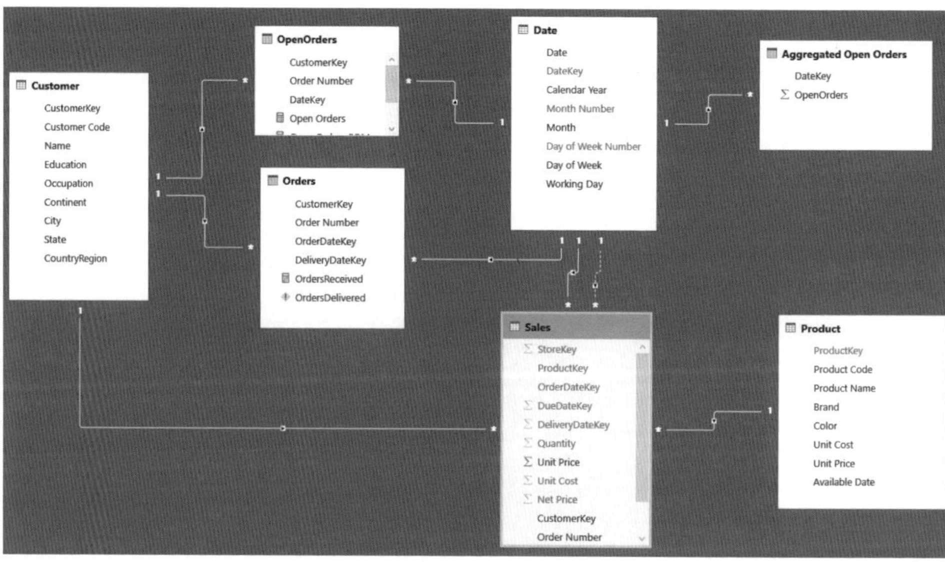

Abbildung 7–24 Das vollständige Modell mit sämtlichen Faktentabellen ist ziemlich vielschichtig.

Je nach der Größe Ihres Datenmodells und der Erkenntnisse, die Sie daraus gewinnen wollen, müssen Sie immer nur Teile dieses Gesamtmodells erstellen. Wie wir schon mehrmals erwähnt haben, wollen wir Ihnen verschiedene Wege zum Aufbau eines Datenmodells vorführen und dabei zeigen, wie der DAX-Code je nachdem, wie gut das Modell Ihren Bedürfnissen entspricht, einfacher oder komplizierter wird. Neben dem DAX-Code ändert sich mit den verschiedenen Vorgehensweisen auch die Flexibilität. Als Datenmodellierer ist es Ihre Aufgabe, den richtigen Kompromiss zu finden. Seien Sie auch stets bereit, das Modell abzuwandeln, wenn sich die Analysebedürfnisse ändern.

Unterschiedliche Dauern vermischen

Es kann vorkommen, dass mehrere Tabellen Informationen enthalten, die nur in einem bestimmten Zeitraum gültig sind. Beispielsweise kann es für einen Angestellten zwei Tabellen geben, wobei die erste das Geschäft nennt, in dem die Person arbeitet, und angibt, wann das der Fall ist, während die zweite aus einer anderen Quelle stammt und das Bruttogehalt festhält. Start- und Enddatum der beiden Tabellen müssen dabei nicht übereinstimmen. Eine Gehaltsänderung kann an einem anderen Datum stattfinden als die Versetzung in ein anderes Geschäft.

In einer solchen Situation können Sie entweder sehr komplizierten DAX-Code schreiben oder das Datenmodell so ändern, dass es die richtigen Informationen speichert und dadurch einfacheren Code zulässt. Sehen wir uns dazu das Datenmodell aus Abbildung 7–25 an.

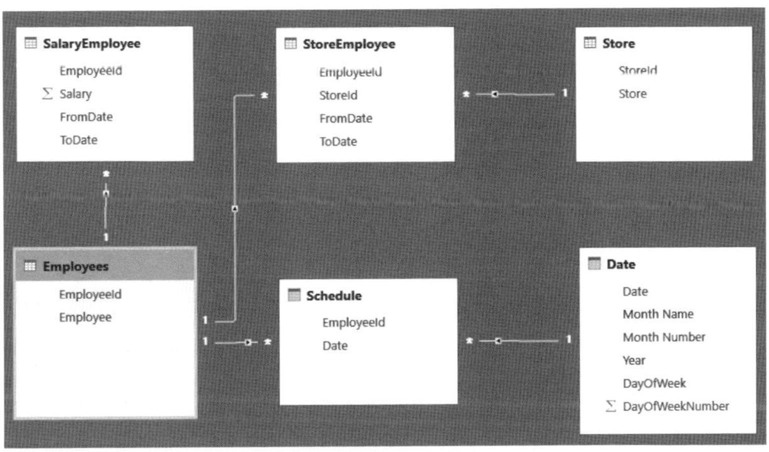

Abbildung 7–25 Datenmodell mit Angestellten, die verschiedenen Geschäften zugewiesen sind und unterschiedliche Gehälter beziehen

Dieses Datenmodell ist etwas anspruchsvoller. Es ist wie folgt aufgebaut:

- *SalaryEmployee* Enthält das Gehalt des Angestellten mit Anfangs- und Enddatum. Jedes Gehalt hat daher eine Dauer.
- *StoreEmployee* Gibt an, in welchem Geschäft der Angestellte arbeitet, und zwar wiederum mit einem Anfangs- und Enddatum. Wir haben also auch hier eine Datei, die jedoch von der in *SalaryEmployee* abweichen kann.
- *Schedule* Enthält die Daten, an denen der Angestellte gearbeitet hat.

Die anderen Tabellen (*Store*, *Employee* und *Date*) enthalten lediglich die Namen der Angestellten bzw. der Geschäfte und einen Standardkalender.

Dieses Datenmodell enthält alle erforderlichen Informationen für einen Bericht, der das im Laufe der Zeit an einen Angestellten gezahlte Gehalt aufführt. Der Benutzer kann hier Datenschnitte nach Geschäften und nach Angestellten durchführen. Die berechneten DAX-Felder, die

Sie dafür schreiben müssen, sind jedoch ziemlich kompliziert, da Sie bei gegebenem Datum Folgendes tun müssen:

1. Das an diesem Tag gültige Gehalt abrufen. Dies geschieht durch Untersuchung von *FromDate* und *ToDate* in *SalaryEmployee* für den gegebenen Angestellten. Umfasst die Auswahl mehrere Angestellte, müssen Sie diese Operation für jeden davon einzeln ausführen.
2. Das Geschäft abrufen, in dem der Angestellte an dem gegebenen Datum tätig war.

Beginnen wir mit einem einfachen Bericht, der sich unmittelbar aus dem Modell ableiten lässt: die Anzahl der Arbeitstage pro Angestelltem, gefiltert nach Jahren. Das funktioniert, da die Beziehungen so eingerichtet sind, dass Sie *Schedule* sowohl nach dem Kalenderjahr als auch nach dem Namen des Angestellten filtern können. Damit können Sie ein einfaches berechnetes Feld wie das folgende schreiben:

```
WorkingDays := COUNTROWS ( Schedule )
```

Damit lässt sich der erste Teil des Berichts ganz einfach erstellen (siehe Abbildung 7–26).

Employee	Year	WorkingDays
Michelle	2015	261
Michelle	2016	119
Paul	2015	261
Paul	2016	42
Total		**683**

Abbildung 7–26 Anzahl der Arbeitstage nach Jahr und Angestelltem

Sehen wir uns zunächst die Gehaltszahlungen an, die Michelle (Angestellte Nr. 2) im Jahr 2015 erhalten hat. Die Tabelle *SalaryEmployee* mit den Gehältern enthält die Werte aus Abbildung 7-27.

EmployeeId	Salary	FromDate	ToDate	DailySalary
1	100000	1/1/2015	6/30/2015	$274.00
1	125000	7/1/2015	11/30/2015	$342.00
1	150000	12/1/2015	2/29/2016	$411.00
2	120000	1/1/2015	6/30/2015	$329.00
2	160000	7/1/2015	6/15/2016	$438.00

Abbildung 7–27 Das Gehalt eines Angestellten ändert sich mit dem Datum.

2015 hat Michelle zwei unterschiedliche Gehaltsbeträge bezogen. Die Formel muss daher über die einzelnen Tage iterieren und das für den Tag jeweils gültige Gehalt bestimmen. Dazu können Sie keine Beziehungen heranziehen, da die Beziehungen auf einer »Zwischen«-Bedingung basieren: Ein Gehalt ist jeweils in dem Zeitraum zwischen *FromDate* und *ToDate* gültig.

Der Code lässt sich nicht so einfach schreiben, wie die folgende Definition für das berechnete Feld zeigt:

```
SalaryPaid =
SUMX (
    'Schedule',
```

```
    VAR SalaryRows =
        FILTER (
            SalaryEmployee,
            AND (
                SalaryEmployee[EmployeeId] = Schedule[EmployeeId],
                AND (
                    SalaryEmployee[FromDate] <= Schedule[Date],
                    SalaryEmployee[ToDate] > Schedule[Date]
                )
            )
        )
    RETURN
        IF ( COUNTROWS ( SalaryRows ) = 1, MAXX ( SalaryRows, [DailySalary] ) )
)
```

Der Code wird dadurch kompliziert, dass der Filter eine aufwendige `FILTER`-Funktion durchlaufen muss, die die »Zwischen«-Bedingung auswertet. Außerdem muss sichergestellt sein, dass eine eindeutige Gehaltsangabe existiert. Sie müssen die Ergebnisse der Formel daher überprüfen, bevor Sie sie zurückgeben. Solange das Datenmodell korrekt ist, funktioniert die Formel. Sollte die Gehaltstabelle aus irgendeinem Grund sich überlappende Kalenderdaten aufweisen, kann jedoch ein falsches Ergebnis zustande kommen. Um das zu überprüfen und ggf. zu korrigieren, wäre noch eine zusätzliche Logik erforderlich.

Mit dem vorstehenden Code können Sie den Bericht so erweitern, dass er jetzt wie in Abbildung 7–28 das in den jeweiligen Zeiträumen gezahlte Gehalt anzeigt.

Employee	Year	WorkingDays	SalaryPaid
Michelle	2015	261	$99,928.00
Michelle	2016	119	$51,684.00
Paul	2015	261	$81,461.00
Paul	2016	42	$16,851.00
Total		**683**	**$249,924.00**

Abbildung 7–28 Dieser Bericht zeigt die Anzahl der Arbeitsstunden gefiltert nach Jahr und Mitarbeiter.

Die Sache wird jedoch schwieriger, wenn Sie eine Filterung nach den Geschäften vornehmen wollen, denn dabei dürfen Sie immer nur den Zeitraum berücksichtigen, in dem der betreffende Angestellte tatsächlich in der jeweiligen Filiale tätig war. Mit dem Geschäftsfilter dürfen Sie also nur die Zeilen von *Schedule* auswählen, die in den entsprechenden Zeitraum fallen. Dazu müssen Sie auch hier wieder die Funktion `FILTER` anwenden:

```
SalaryPaid =
SUMX (
    FILTER (
        'Schedule',
        AND (
            Schedule[Date] >= MIN ( StoreEmployee[FromDate] ),
```

```
            Schedule[Date] <= MAX ( StoreEmployee[ToDate] )
        )
    ),
    VAR SalaryRows =
        FILTER (
            SalaryEmployee,
            AND (
                SalaryEmployee[EmployeeId] = Schedule[EmployeeId],
                AND (
                    SalaryEmployee[FromDate] <= Schedule[Date],
                    SalaryEmployee[ToDate] > Schedule[Date]
                )
            )
        )
    RETURN
        IF ( COUNTROWS ( SalaryRows ) = 1, MAXX ( SalaryRows, [DailySalary] ) )
)
```

Wie Sie in Abbildung 7–29 sehen, funktioniert diese Formel korrekt. Allerdings ist sie äußerst kompliziert und kann bei nicht ordnungsgemäßer Anwendung falsche Ergebnisse liefern.

Employee	Store	Year	SalaryPaid
Michelle	Miami	2015	$99,928.00
Michelle	Indianapolis	2016	$51,684.00
Paul	Indianapolis	2015	$38,523.00
Paul	Miami	2015	$42,938.00
Paul	Seattle	2016	$16,851.00
Total			**$249,924.00**

Abbildung 7–29 Die letzte Version von *SalaryPaid* gibt auch bei Filterung nach dem Geschäft die korrekten Zahlen zurück.

Das Problem bei diesem Modell sind die verschlungenen Beziehungen zwischen Geschäften, Gehalt und Angestellten. Wenn Sie DAX nutzen, um sich durch dieses Beziehungsgeflecht zu bewegen, handeln Sie sich dabei sehr komplizierten und äußerst fehleranfälligen Code ein. Wie zuvor besteht auch hier die Lösung darin, die Komplexität vom DAX-Code in den Ladevorgang zu verlagern und das Datenmodell zu einem Sternschema umzuformen.

Für jede Zeile in *Schedule* können Sie sehr schnell berechnen, in welchem Geschäft ein Angestellter an einem gegebenen Tag tätig ist und welches Tagesgehalt er an diesem Datum bezieht. Wie immer können wir mit einer korrekten Denormalisierung die Komplexität von den Aggregationsformeln zur Faktentabelle verschieben. Dadurch erhalten wir ein Modell, mit dem wir viel einfacher arbeiten können.

Erstellen Sie dazu zwei berechnete Spalten in *Schedule*, nämlich eine für das Tagesgehalt und eine für die Geschäfts-ID. Das können Sie wie folgt erledigen:

```
Schedule[DailySalary] =
VAR CurrentEmployeeId = Schedule[EmployeeId]
VAR CurrentDate = Schedule[Date]
```

```
RETURN
   CALCULATE (
      VALUES ( SalaryEmployee[DailySalary] ),
      SalaryEmployee[EmployeeId] = CurrentEmployeeId,
      SalaryEmployee[FromDate] <= CurrentDate,
      SalaryEmployee[ToDate] > CurrentDate
   )

Schedule[StoreId] =
VAR CurrentEmployeeId = Schedule[EmployeeId]
VAR CurrentDate = Schedule[Date]
RETURN
   CALCULATE (
      VALUES ( StoreEmployee[StoreId] ),
      StoreEmployee[EmployeeId] = CurrentEmployeeId,
      StoreEmployee[FromDate] <= CurrentDate,
      StoreEmployee[ToDate] >= CurrentDate
   )
```

Anschließend können Sie die beiden Beziehungen mit den Tabellen *SalaryEmployee* und *StoreEmployee* loswerden und das Datenmodell in das einfachere Sternschema aus Abbildung 7–30 umwandeln.

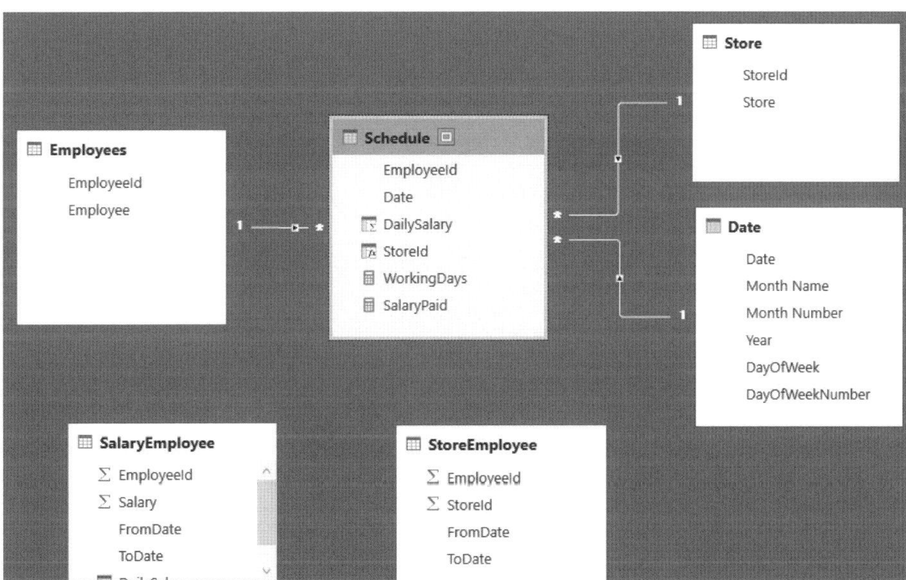

Abbildung 7–30 Das denormalisierte Modell folgt dem Sternschema.

> **Wir haben *SalaryEmployee* und *StoreEmployee* in dieser Abbildung absichtlich stehen gelassen, um zu zeigen, dass diese Tabellen, auf die wir die berechneten Spalten gestützt haben, keinerlei Beziehungen mehr zu den restlichen Tabellen haben. In einem Produktionsmodell würden Sie diese Tabellen ausblenden, damit die Benutzer sie nicht sehen können, da sie für deren Zwecke keine verwendbaren Informationen enthalten.**

Mit dem neuen Modell wird der Code zur Berechnung des gezahlten Gehalts sehr einfach:

```
SalaryPaid = SUM ( Schedule[DailySalary] )
```

Auch hier hat eine geschickte Denormalisierungsstrategie wieder zum bestmöglichen Datenmodell geführt. Komplexe Beziehungen in einem Modell machen den Code kompliziert und fehleranfällig. Die Denormalisierung mithilfe von SQL oder DAX und berechneten Spalten dagegen zerlegt eine vielschichtige Aufgabe in mehrere kleinere. Dadurch lassen sich die einzelnen Formeln viel leichter schreiben und debuggen, und die endgültigen Aggregationsformeln sind ebenfalls äußerst einfach und werden schnell ausgeführt.

Zusammenfassung

In diesem Kapitel sind wir von den Standardmodellen abgewichen, um Situationen unter die Lupe zu nehmen, in denen Zeiträume eine wichtige Rolle spielen. Dadurch müssen Sie in anderen Bahnen denken und den Begriff des Faktums neu definieren. Sie können ein Faktum zwar zusammen mit seiner Dauer speichern, aber dann müssen Sie Ihre Auffassung der Zeit überdenken, da sich ein einzelnes Faktum auf mehrere Zeiträume auswirken kann. Die folgende Übersicht zeigt, was Sie in diesem Kapitel gelernt haben:

- Datum und Uhrzeit müssen in getrennten Spalten stehen.
- Die Aggregation einfacher Intervalle ist leicht. Sie sollten die Kardinalität der Fakten nur auf diejenige reduzieren, die für die vorliegende Analyseaufgabe am besten geeignet ist. Reduzieren Sie gleichzeitig auch die Kardinalität der Uhrzeitspalte.
- Wenn Sie datumsübergreifende Zeitdauern (oder Intervalle) speichern, müssen Sie das Modell auf die richtige Weise definieren. Es gibt viele Möglichkeiten dazu, und es ist Ihre Aufgabe, die beste davon zu finden. Glücklicherweise können Sie einfach durch Ändern des Datenmodells von einer Lösung zu einer anderen übergehen. Verwenden Sie dann diejenige, die sich für Ihre aktuelle Aufgabe am besten eignet.
- Manchmal ist es hilfreich, unsere Auffassung von der Zeit zu überdenken. Wenn Ihr Tag nicht um Mitternacht endet, können Sie ihn nach Belieben modellieren, z. B. auch so, dass er um 2.00 Uhr morgens beginnt. Sie sind nicht der Sklave Ihres Modells; im Gegenteil, das Modell muss sich an Ihre Bedürfnisse anpassen.

- Die Analyse laufender Ereignisse kommt in vielen Geschäftszweigen häufig vor. In diesem Kapitel haben Sie verschiedene Möglichkeiten zur Lösung dieser Aufgabe kennengelernt. Je genauer das Modell auf Ihre Bedürfnisse zugeschnitten ist, umso leichter wird der DAX-Code. Allerdings wird die Vorbereitung der Daten dadurch aufwendiger.
- Wenn mehrere Tabellen jeweils ihre eigenen Zeiträume festlegen, können Sie versuchen, das Problem mit einem einzigen berechneten DAX-Feld zu lösen, was jedoch sehr komplizierten Code erfordert. Eine Vorausberechnung der Werte in einer berechneten Spalte oder Tabelle und eine angemessene Denormalisierung führen zu einfacherem und weniger fehleranfälligem DAX-Code.

Die wichtigste Lektion ist wiederum: Wird der DAX-Code zu kompliziert, ist das ein gutes Zeichen dafür, dass Sie das Modell bearbeiten müssen. Es stimmt zwar, dass das Modell nur für einen einzelnen Bericht erstellt werden sollte, aber nichtsdestoweniger ist ein gutes Modell der Schlüssel zu einer effizienten Lösung.

KAPITEL 8

m:n-Beziehungen

m:n-Beziehungen sind ein wichtiges Instrument für Datenanalytiker. Da sie das Datenmodell vielschichtiger machen als gewöhnlich, werden sie oft als problematisch angesehen. Wir möchten Ihnen jedoch raten, m:n-Beziehungen eher als eine Chance anzusehen. Der Umgang damit ist in Wirklichkeit leicht. Sie müssen nur die grundlegende Technik erlernen und dann nach Ihrem Bedarf anwenden.

Wie Sie in diesem Kapitel sehen werden, sind m:n-Beziehungen äußerst nützlich. Sie erlauben es Ihnen, großartige Datenmodelle aufzubauen, und nehmen Ihnen dabei sogar einen Teil der Komplexität bei der Modellierung und bei der Interpretation der Ergebnisse ab. Vor allem aber sind m:n-Beziehungen in fast jedem Datenmodell vorhanden, auch in einfachen Sternschemata. In diesem Kapitel wollen wir Ihnen zeigen, wie Sie solche Beziehungen erkennen, und vor allem, wie Sie sie nutzen, um Erkenntnisse aus Ihren Daten zu gewinnen.

Einführung

Es gibt Situationen, in denen die Beziehungen zwischen zwei Entitäten nicht so einfach sind, wie wir es bis jetzt gesehen haben. Das klassische Beispiel dafür ist ein Girokonto. Die Bank speichert die Transaktionen, die ein solches Konto betreffen. Das Konto kann jedoch mehreren Personen gleichzeitig gehören, und ebenso kann eine Person mehrere Girokonten haben. Daher ist es weder möglich, den Kundenschlüssel in der Kontentabelle zu speichern, noch den Kontoschlüssel in der Kundentabelle. Diese Beziehung verbindet mehrere Entitäten mit mehreren anderen Entitäten und kann nicht durch eine einzige Spalte ausgedrückt werden.

Es gibt noch viele andere Situationen, in denen m:n-Beziehungen auftreten. Beispielsweise kann ein Vertriebsmitarbeiter mehrere Aufträge bearbeiten, ein Auftrag aber auch von mehreren Mitarbeitern bearbeitet werden. Ein weiteres Beispiel ist Grundeigentum: Eine Person kann mehrere Häuser besitzen, ein Haus aber auch mehrere Besitzer haben.

Die kanonische Vorgehensweise zur Modellierung einer m:n-Beziehung besteht darin, eine Brückentabelle mit Informationen darüber zu verwenden, welche Entitäten der einen Art (z. B. Konten) zu welchen Entitäten der anderen (z. B. Kunden) gehören. Abbildung 8–1 zeigt das Modell für die m:n-Beziehung unseres Bankkontobeispiels.

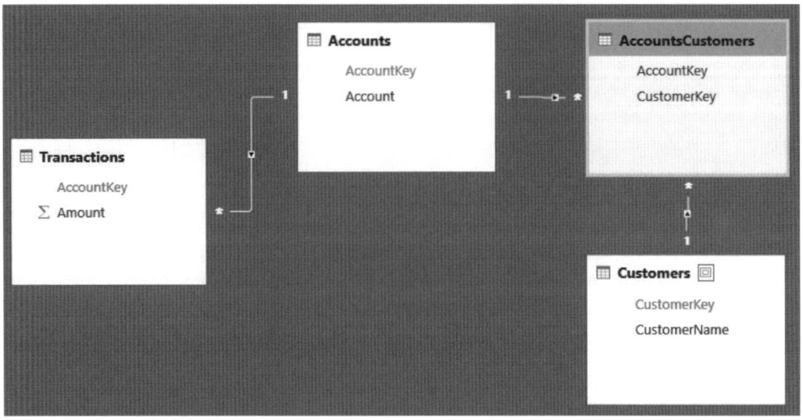

Abbildung 8–1 Die Beziehung zwischen *Customers* und *Accounts* läuft über die Brückentabelle *AccountsCustomers*.

Die erste wichtige Erkenntnis zu diesem Thema besteht darin, dass eine m:n-Beziehung zwar aus der Sicht des Datenmodells eine eigene Art von Beziehung darstellt, bei der Implementierung aber zu einem Paar gängiger 1:n-Beziehungen umgewandelt wird. Daher sind m:n-Beziehungen eher ein Prinzip als eine physische Beziehung. Wir sprechen zwar von m:n-Beziehungen als eigene Form von Beziehungen, implementieren sie aber jeweils als ein Beziehungspaar.

Wie Sie sehen, verlaufen die Beziehungen, die *Customers* und *Accounts* mit der Brückentabelle verknüpfen, in entgegengesetzte Richtungen. Beide beginnen bei der Brückentabelle und verlaufen zu den Dimensionen. Die Brückentabelle befindet sich immer auf der n-Seite.

Warum sind m:n-Beziehungen komplizierter als andere? Dafür gibt es mehrere Gründe:

- **Standardmäßig funktionieren m:n-Beziehungen im Datenmodell nicht** Genauer ausgedrückt, hängt es von der verwendeten Tabular-Version und deren Einstellungen ab, ob sie funktionieren oder nicht. In Power BI können Sie die bidirektionale Filterung aktivieren, doch in Microsoft Excel (bis einschließlich Excel 2016) müssen Sie DAX-Code schreiben, damit die Formeln m:n-Beziehungen korrekt durchlaufen.
- **m:n-Beziehungen führen gewöhnlich zu nicht additiven Berechnungen** Das erschwert die Deutung der zurückgegebenen Zahlen und das Debuggen des Codes.
- **Die Leistung kann leiden** Je nach Umfang der m:n-Filterung kann das Durchlaufen von zwei Beziehungen in entgegengesetzte Richtungen aufwendig sein. Bei der Verwendung von m:n-Beziehungen kann es daher zu Leistungsproblemen kommen.

Sehen wir uns all diese Punkte noch etwas ausführlicher an.

Das bidirektionale Muster

Im Normalfall bewegt sich ein Filter für eine Tabelle von der 1-Seite zur n-Seite, aber nicht umgekehrt. Wenn Sie daher in unserem Beispiel einen Bericht aufstellen und nach den Kunden filtern, erreicht der Filter zwar noch die Brückentabelle, wird von dort aus aber nicht mehr weitergeleitet. Der Filter von *Customers* kommt daher nicht mehr bei der Tabelle *Accounts* an (siehe Abbildung 8–2).

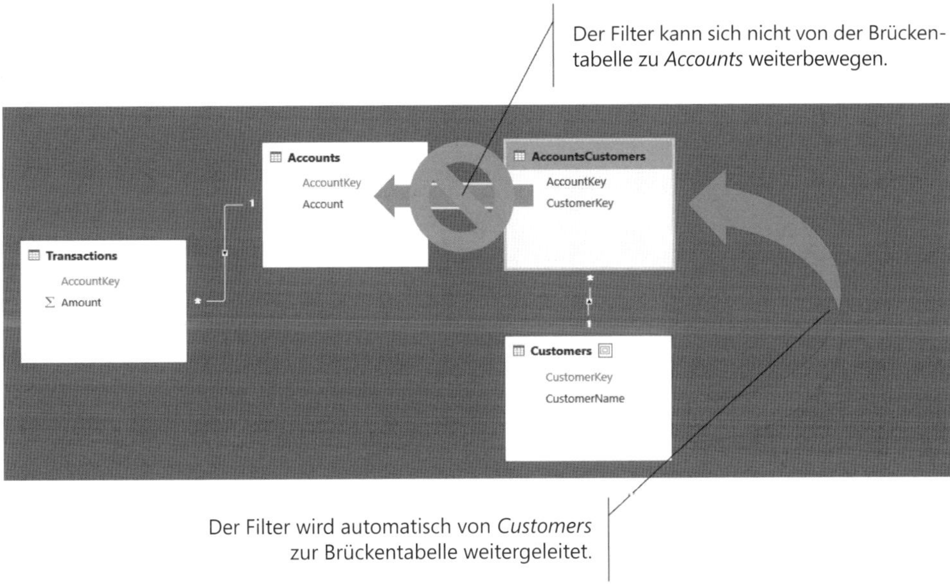

Abbildung 8–2 Der Filter kann sich von der 1-Seite zur n-Seite bewegen, aber nicht umgekehrt.

Wenn Sie einen Bericht aufstellen, der die Kunden in den Zeilen aufführt und als Wert in *Amount* eine einfache, mit `SUM` ermittelte Summe der Beträge ausgibt, erscheint in allen Zeilen dieselbe Zahl, da sich der Filter von *Customers* nicht auf *Accounts* und damit auch nicht auf die Transaktionen auswirkt. Das Ergebnis sehen Sie in Abbildung 8–3.

CustomerName	Amount
Luke	€ 5,000
Mark	€ 5,000
Paul	€ 5,000
Robert	€ 5,000
Total	**€ 5.000**

Abbildung 8–3 Eine Filterung des Betrags nach Kunden ist wegen der m:n-Beziehung nicht möglich.

Zur Lösung des Problems können Sie die Filterweiterleitung für die Beziehung zwischen der Brückentabelle und *Accounts* als bidirektional einstellen. In Power BI ist das eine einfache Einstellung, die in den Modellierungswerkzeugen zur Verfügung steht. In Excel dagegen müssen Sie dafür DAX-Code schreiben.

Eine Möglichkeit besteht darin, die bidirektionale Filterung im ganzen Modell einzuschalten, sodass sie in allen Berechnungen zur Verfügung steht. Alternativ können Sie die Funktion `CROSSFILTER` als Parameter von `CALCULATE` angeben, um die bidirektionale Filterung nur für die Dauer der Berechnung zu aktivieren:

```
SumOfAmount :=
CALCULATE (
    SUM ( Transactions[Amount] ),
    CROSSFILTER ( AccountsCustomers[AccountKey], Accounts[AccountKey], BOTH )
)
```

Beide Vorgehensweisen führen zum selben Ergebnis. Der Filter kann jetzt von der m-Seite der Beziehung zwischen *Accounts* und der Brückentabelle zur 1-Seite weitergeleitet werden. Dadurch zeigt *Accounts* nur noch die Zeilen, die zu dem ausgewählten Kunden gehören.

In Abbildung 8–4 sehen Sie den Bericht mit dem neuen berechneten Feld neben dem vorherigen mit der einfachen Summenbildung.

CustomerName	Amount	SumOfAmount
Luke	$5,000.00	$800.00
Mark	$5,000.00	$2,800.00
Paul	$5,000.00	$1,700.00
Robert	$5,000.00	$1,700.00
Total	**$5.000.00**	**$5.000.00**

Abbildung 8–4 *SumOfAmount* berechnet den korrekten Wert, wohingegen *Amount* immer nur die Gesamtsumme angibt.

Trotz des identischen Ergebnisses gibt es einen Unterschied zwischen den beiden Vorgehensweisen. Wenn Sie die Beziehung als bidirektional einstellen, dann profitieren alle berechneten Felder von der Weiterleitung des Filters von der m- zur 1-Seite. Verwenden Sie dagegen den DAX-Code, dann müssen Sie das gleiche Muster für alle berechneten Felder einsetzen, um die Weiterleitung zu erzwingen. Bei einer großen Anzahl von berechneten Feldern kann es mühselig sein, die drei Zeilen mit dem bidirektionalen Muster für alle davon zu wiederholen. Allerdings kann das Modell mehrdeutig werden, wenn Sie die bidirektionalen Beziehungen durchgängig für eine Beziehung einschalten. Daher können Sie diese Methode nicht immer wählen, sondern müssen darauf ausweichen, mehr Code zu schreiben.

In Excel haben Sie keine Wahl, da Sie darin keine bidirektionalen Beziehungen einrichten können. Power BI dagegen erlaubt es Ihnen, die bevorzugte Technik auszuwählen. Nach unserer Erfahrung sind bidirektionale Beziehungen nicht nur komfortabler, sondern verringern auch die Menge von Fehlern im Code.

Einen ähnlichen Effekt wie den von `CROSSFILTER` können Sie durch die Nutzung der Tabellenerweiterung in DAX erreichen. Eine ausführliche Erklärung dieser Technik würde ein eigenes Kapitel erfordern. Wir haben es in unserem Buch *The Definitive Guide to DAX* genauer erklärt. Hier wollen wir Ihnen nur zeigen, dass Sie das vorstehende berechnete Feld mithilfe der Tabellenerweiterung auch wie folgt schreiben können:

```
SumOfAmount :=
CALCULATE (
    SUM ( Transactions[Amount] ),
    AccountsCustomers
)
```

Das Resultat ist fast das gleiche wie zuvor. Der Filter wird nach wie vor weitergeleitet, doch diesmal durch Tabellenerweiterung. Der Hauptunterschied besteht darin, dass das Muster mit der Tabellenerweiterung den Filter immer anwendet, während die bidirektionale Filterung nur bei aktivem Filter erfolgt. Um den Unterschied vorzuführen, fügen wir der Transaktionstabelle eine neue Zeile hinzu, die einen Wert von 5.000 Dollar enthält, aber nicht mit einem Konto verknüpft ist und damit auch nicht zu einem Kunden gehört. Das Ergebnis sehen Sie in Abbildung 8–5.

CustomerName	SumOfAmount CrossFilter	SumOfAmount Table Expansion
Luke	$800.00	$800.00
Mark	$2,800.00	$2,800.00
Paul	$1,700.00	$1,700.00
Robert	$1,700.00	$1,700.00
Total	**$10.000.00**	**$5.000.00**

Abbildung 8–5 `CROSSFILTER` und Tabellenerweiterung führen zu unterschiedlichen Gesamtsummen.

Die beiden berechneten Felder unterscheiden sich genau um die 5.000 Dollar, die zu keinem Kunden gehören. Sie werden in der `CROSSFILTER`-Version berücksichtigt, aber nicht in der Version mit Tabellenerweiterung. Wenn Sie `CROSSFILTER` für die Gesamtsumme anwenden, wenn kein Kundenfilter aktiv ist, zeigt die Faktentabelle sämtliche Zeilen. Bei der Tabellenerweiterung dagegen ist der Filter immer aktiv und gibt daher nur die Zeilen der Faktentabelle aus, die über einen der Kunden zu erreichen sind. Dadurch wird die zusätzliche Zeile ausgeblendet und bei der Bildung der Gesamtsumme nicht berücksichtigt.

Wie so oft in solchen Fällen heißt das nicht, dass einer der Werte richtiger ist als der andere. Die Werte sind unterschiedlich, da es sich um die Ergebnisse unterschiedlicher Berechnungen handelt. Sie müssen diese Unterschiede kennen, um jeweils die richtige Formel für die vorliegende Aufgabe auszuwählen. Was die Leistung angeht, können Sie erwarten, dass die Version mit `CROSSFILTER` ein wenig schneller ist, da hierbei der Filter nur angewendet wird, wenn er nötig ist. Die bidirektionale Filterung zeigt die gleiche Leistung wie `CROSSFILTER` und liefert auch die gleichen Ergebnisse.

Nicht additive Berechnungen

Das zweite wichtige Merkmal von m:n-Beziehungen besteht darin, dass berechnete Felder, die darüber aggregiert werden, gewöhnlich nicht additiv sind. Das ist kein Fehler im Modell, sondern die Natur dieser Beziehungen. Um das besser zu verstehen, sehen Sie sich den Bericht in Abbildung 8–6 an. Er zeigt die Tabellen *Accounts* und *Customers* in einer gemeinsamen Matrix an.

Account	Luke	Mark	Paul	Robert	**Total**
Luke	$800.00				**$800.00**
Mark		$800.00			**$800.00**
Mark-Paul		$1,000.00	$1,000.00		**$1,000.00**
Mark-Robert		$1,000.00		$1,000.00	**$1,000.00**
Paul			$700.00		**$700.00**
Robert				$700.00	**$700.00**
Total	**$800.00**	**$2,800.00**	**$1,700.00**	**$1,700.00**	**$10,000.00**

Abbildung 8–6 m:n-Beziehungen führen zu nicht additiven Berechnungen.

Die Spaltensummen sind korrekt, wie Sie leicht erkennen können, denn sie geben tatsächlich die Summe der Werte in der jeweiligen Spalte an. Die Zeilensummen dagegen gehen nicht auf.

Das liegt daran, dass der Kontostand für alle Besitzer des Kontos angegeben wird. Beispielsweise ist das Konto Mark-Paul im gemeinsamen Besitz von Mark und Paul. Beiden stehen 1.000 Dollar zur Verfügung, aber insgesamt sind es trotzdem nur 1.000 Dollar.

Die Nicht-Additivität ist kein Problem, sondern das richtige Verhalten bei m:n-Beziehungen. Sie müssen sich aber dieses Umstands bewusst sein, da Sie leicht zu falschen Schlüssen kommen können, wenn sie ihn nicht berücksichtigen. Nehmen wir an, Sie gehen alle Kunden durch, berechnen die Summe der Beträge und aggregieren sie am Ende. Das Ergebnis weicht von dem der Berechnung für die Gesamtsumme ab. Das können Sie in dem Bericht in Abbildung 8–7 erkennen, der das Ergebnis der beiden folgenden Berechnungen zeigt:

```
Interest := [SumOfAmount] * 0.01
Interest SUMX := SUMX ( Customers, [SumOfAmount] * 0.01 )
```

CustomerName	Account	SumOfAmount	Interest	Interest SUMX
Luke	Luke	$800.00	$8.00	$8.00
	Total	**$800.00**	**$8.00**	**$8.00**
Mark	Mark	$800.00	$8.00	$8.00
	Mark-Paul	$1,000.00	$10.00	$10.00
	Mark-Robert	$1,000.00	$10.00	$10.00
	Total	**$2.800.00**	**$28.00**	**$28.00**
Paul	Mark-Paul	$1,000.00	$10.00	$10.00
	Paul	$700.00	$7.00	$7.00
	Total	**$1.700.00**	**$17.00**	**$17.00**
Robert	Mark-Robert	$1,000.00	$10.00	$10.00
	Robert	$700.00	$7.00	$7.00
	Total	**$1.700.00**	**$17.00**	**$17.00**
Total		**$5.000.00**	**$50.00**	**$70.00**

Abbildung 8–7 Die Summen der beiden Zinsberechnungen weichen voneinander ab, da wir es hier mit einer m:n-Beziehung zu tun haben.

Die Version mit `SUMX` verlagert die Summierung in der Berechnung nach außen und erzwingt damit Additivität. Dadurch ergab sich die falsche Zahl. Bei der Arbeit mit m:n-Beziehungen müssen Sie diesen Umstand berücksichtigen und entsprechend vorgehen.

Kaskadierende m:n-Beziehungen

Wie Sie im letzten Abschnitt schon gesehen haben, gibt es verschiedene Möglichkeiten für den Umgang mit m:n-Beziehungen. Wenn Sie sie einmal gelernt haben, ist die Handhabung solcher Beziehungen einfach. Etwas mehr Aufmerksamkeit ist jedoch erforderlich, wenn mehrere m:n-Beziehungen verkettet sind. Wir sprechen hier von *kaskadierenden m:n-Beziehungen*.

Sehen wir uns dazu zunächst wieder unser Kontobeispiel an. Nehmen wir an, wir möchten für jeden Kunden die Kategorien speichern, zu denen er gehört. Dabei kann ein Kunde in mehrere Kategorien fallen, und natürlich kann eine Kategorie mehrere Kunden enthalten. Es gibt also eine m:n-Beziehung zwischen Kunden und Kategorien.

Das Datenmodell ist eine einfache Variante des vorherigen. Diesmal enthält es zwei Brückentabellen, nämlich eine zwischen *Accounts* und *Customers* und eine zwischen *Customers* und *Categories* (siehe Abbildung 8–8).

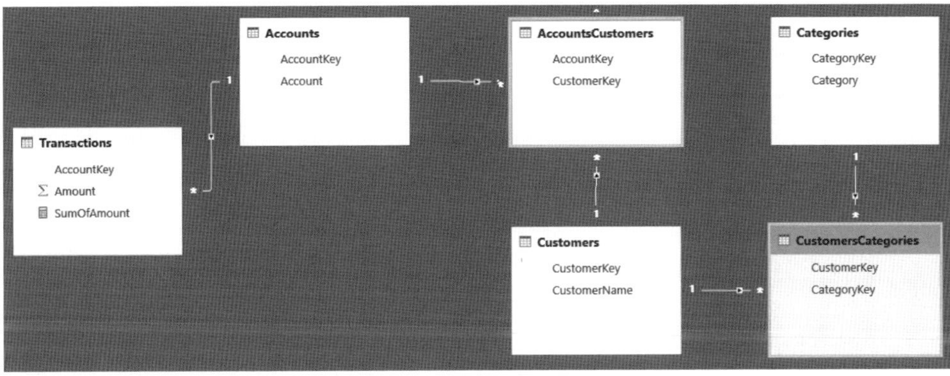

Abbildung 8–8 Bei kaskadierenden m:n-Beziehungen gibt es mehrere Brückentabellen.

Wenn Sie die Beziehungen zwischen *Accounts* und *AccountsCustomers* sowie zwischen *Customers* und *CustomersCategories* bidirektional machen, wird das Modell voll funktionsfähig, sodass Sie damit Berichte wie den aus Abbildung 8–9 erstellen können, der die in den Konten verfügbaren Beträge gefiltert nach Kategorie und Kunde zeigt.

Category	Luke	Mark	Paul	Robert	**Total**
House Owner		$2,800.00	$1,700.00		**$3,500.00**
Married		$2,800.00		$1,700.00	**$3,500.00**
Premium Customer		$2,800.00	$1,700.00		**$3,500.00**
Single	$800.00		$1,700.00		**$2,500.00**
Standard Customer	$800.00			$1,700.00	**$2,500.00**
Total	**$800.00**	**$2,800.00**	**$1,700.00**	**$1,700.00**	**$5,000.00**

Abbildung 8–9 Kaskadierende m:n-Beziehungen mit bidirektionaler Filterung sind sowohl zeilen- als auch spaltenweise nicht additiv.

Offensichtlich verlieren Sie in allen Dimensionen, die Sie über eine m:n-Beziehung untersuchen, die Additivität. Daher sind weder die Zeilen noch die Spalten additiv, und die Zahlen lassen sich schwerer deuten.

Statt der bidirektionalen Filterung können Sie das `CROSSFILTER`-Muster verwenden. Dies müssen Sie mit dem folgenden Code für beide Beziehungen tun:

```
SumOfAmount :=
CALCULATE (
    SUM ( Transactions[Amount] ),
    CROSSFILTER ( AccountsCustomers[AccountKey], Accounts[AccountKey], BOTH ),
    CROSSFILTER ( CustomersCategories[CustomerKey], Customers[CustomerKey], BOTH )
)
```

Haben Sie sich dagegen für das Muster mit Tabellenerweiterung entschieden, müssen Sie beim Schreiben des Codes besondere Vorsicht walten lassen. Die Tabellenfilter müssen in der richtigen Reihenfolge ausgewertet werden, nämlich von der am weitesten von der Faktentabelle entfernten Tabelle zur nächstliegenden. Das heißt, Sie müssen den Filter erst von *Categories* nach *Customers* und dann von *Customers* zu *Accounts* verschieben. Wenn Sie das nicht tun, erhalten Sie falsche Ergebnisse. Das richtige Muster sieht wie folgt aus:

```
SumOfAmount :=
CALCULATE (
    SUM ( Transactions[Amount] ),
    CALCULATETABLE ( AccountsCustomers, CustomersCategories )
)
```

Wenn Sie dies nicht beachten, könnten Sie versucht sein, den Code wie folgt zu schreiben:

```
SumOfAmount :=
CALCULATE (
    SUM ( Transactions[Amount] ),
    AccountsCustomers,
    CustomersCategories
)
```

Das führt jedoch zu den falschen Ergebnissen aus Abbildung 8–10, da die Filter nicht in der richtigen Reihenfolge weitergeleitet werden.

Category	Luke	Mark	Paul	Robert	**Total**
House Owner	$800.00	$2,800.00	$1,700.00	$1,700.00	**$5,000.00**
Married	$800.00	$2,800.00	$1,700.00	$1,700.00	**$5,000.00**
Premium Customer	$800.00	$2,800.00	$1,700.00	$1,700.00	**$5,000.00**
Single	$800.00	$2,800.00	$1,700.00	$1,700.00	**$5,000.00**
Standard Customer	$800.00	$2,800.00	$1,700.00	$1,700.00	**$5,000.00**
Total	**$800.00**	**$2,800.00**	**$1,700.00**	**$1,700.00**	**$5,000.00**

Abbildung 8–10 Bei Verwendung der falschen Reihenfolge führt die Tabellenerweiterung zu den falschen Ergebnissen.

Das ist einer der Gründe, weshalb wir nach Möglichkeit lieber bidirektionale Beziehungen verwenden, denn dabei müssen wir diese Einzelheiten nicht beachten. Bei der Tabellenerweiterung kann man sehr leicht verkehrten Code schreiben, der sich angesichts der ohnehin schon erhöhten Komplexität der nicht additiven Berechnungen auch nur schwer überprüfen und debuggen lässt.

Bevor wir das Thema der kaskadierenden m:n-Beziehungen abschließen, müssen wir noch erwähnen, dass sich das Modell dabei meistens auch mit einer einzigen Brückentabelle aufbauen lässt. In unserem vorliegenden Modell hatten wir zwei, nämlich eine zwischen *Categories* und *Customers* und eine zwischen *Customers* und *Accounts*. Eine gute Alternative besteht jedoch darin, das Modell wie in Abbildung 8–11 mithilfe einer einzigen Brückentabelle zu vereinfachen, die alle drei Tabellen verknüpft.

Eine Brückentabelle, die drei Dimensionen verknüpft, ist nicht kompliziert, und das Datenmodell wirkt dadurch sogar etwas leichter analysierbar – zumindest sobald Sie sich an die Form von Datenmodellen mit m:n-Beziehungen gewöhnt haben. Außerdem müssen Sie hier nur eine einzige Beziehung bidirektional machen. Sowohl bei der Verwendung von `CROSSFILTER` als auch bei der Tabellenerweiterung brauchen Sie nur einen einzigen Parameter, was wiederum die Gefahr von Fehlern im Code senkt.

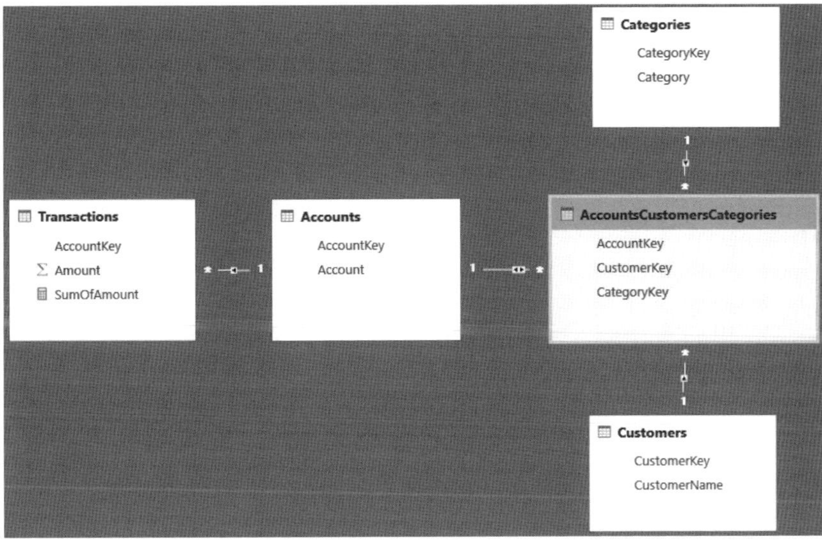

Abbildung 8–11 Eine einzige Brückentabelle kann mehrere Tabellen verknüpfen.

Dieses Modell, in dem drei Tabellen verknüpft werden, eignet sich auch für kategorisierte m:n-Beziehungen, also für solche, bei der zur Filterung eine andere Tabelle verwendet wird. Nehmen wir an, Sie haben unterschiedliche Arten von Beziehungen zwischen Entitäten (unterschiedliche Arten von Besitzern für verschiedene Girokonten, von denen eines das Primärkonto ist und die anderen die Sekundärkonten sind). Dies können Sie mit einer Brückentabelle modellieren, die auch eine Verknüpfung zu der Kategorie enthält. Das Modell ist einfach, aber sehr leistungsfähig.

Natürlich müssen Sie eine solche Super-Brückentabelle erst einmal aufstellen. In diesem Beispiel haben wir eine einfache berechnete Tabelle mit DAX erstellt, aber wie üblich können Sie dazu auch SQL oder den Abfrage-Editor verwenden.

Zeitliche m:n-Beziehungen

Im vorherigen Abschnitt haben Sie gelernt, dass Sie m:n-Beziehungen auch dann modellieren können, wenn die Brückentabelle mehrere Tabellen verknüpft. Jede dieser Tabellen können Sie dabei als einen eigenen Filter betrachten. Ingesamt erhalten Sie die Zeilen der Faktentabelle, die alle diese Bedingungen erfüllen. Eine Variante davon ist eine m:n-Beziehung mit einer Bedingung, die sich nicht durch eine einfache Beziehung ausdrücken lässt, sondern als eine Dauer. Dabei sprechen wir von *zeitlichen m:n-Beziehungen*. Sie stellen eine interessante Mischung aus den in Kapitel 7 behandelten Zeiträumen und den m:n-Beziehungen aus diesem Kapitel dar.

Mit solchen Beziehungen können Sie beispielsweise eine Gruppe von Personen modellieren, deren Zusammensetzung sich mit der Zeit ändert. Eine Person kann mehreren Teams angehören oder auch mit der Zeit das Team wechseln, sodass die Beziehungen zwischen den Einzelpersonen und den Teams eine Dauer aufweisen. Unser Ausgangsmodell sehen Sie in Abbildung 8–12. Wie Sie erkennen können, handelt es sich um ein ganz normales m:n-Modell.

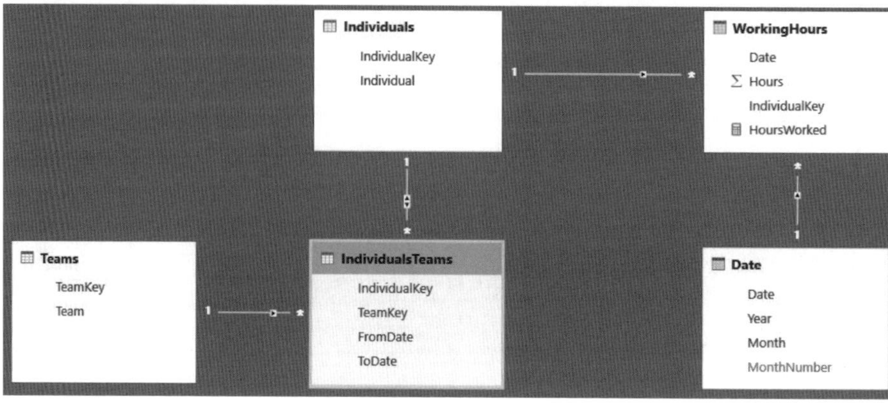

Abbildung 8–12 Das Ausgangsmodell für unser Beispiel einer zeitlichen m:n-Beziehung

Der entscheidende Punkt dieses Modells ist nicht die m:n-Beziehung, sondern die Tatsache, dass die Brückentabelle zwei Datumsangaben (*FromDate* und *ToDate*) für den Zeitraum enthält, an dem die Person in dem Team gearbeitet hat. Wenn Sie das Modell in seinem jetzigen Zustand dazu heranziehen, um die Anzahl der geleisteten Arbeitsstunden nach Team und Einzelpersonen zu bestimmen, erhalten Sie falsche Ergebnisse. Es ist erforderlich, zeitliche Einschränkungen zu verwenden, um die Einzelpersonen während eines gegebenen Zeitraums dem richtigen Team zuzuweisen; ein einfacher Filter nach Personen reicht dazu nicht aus. Um zu verdeutlichen, was hier geschieht, zeigt Abbildung 8–13 die Brückentabelle, wobei die Zeilen für Catherine hervorgehoben sind.

FromDate	ToDate	Individual	Team
1/1/2015	1/31/2015	Catherine	Developers
2/1/2015	12/31/2015	Catherine	Sales
1/1/2016		Catherine	Testers
1/1/2015		Louis	Testers
1/1/2015	12/31/2015	Michelle	Testers
1/1/2016		Michelle	Sales
1/1/2015	2/28/2015	Paul	Developers
3/1/2015	9/30/2015	Paul	Testers
8/1/2015	12/31/2015	Paul	Sales
1/1/2016		Paul	Developers
1/1/2015	4/30/2015	Thomas	Developers
5/1/2015	5/31/2015	Thomas	Sales
6/1/2015	12/31/2015	Thomas	Developers
1/1/2016		Thomas	Testers

Abbildung 8–13 Wenn Sie die Brückentabelle nach Catherine filtern, erhalten Sie alle Teams, in denen sie irgendwann einmal gearbeitet hat.

Bei der Filterung nach Namen erhalten Sie alle Teams, in denen Catherine je gearbeitet hat, aber wenn Sie sich beispielsweise die Werte für 2015 ansehen wollen, sind sie nur an den ersten beiden Zeilen interessiert. Außerdem hat Catherine im Jahr 2015 in zwei verschiedenen Teams gearbeitet, weshalb Sie für den Januar das Team *Developers* und für Februar bis Dezember *Sales* betrachten müssen.

Modelle mit zeitlichen m:n-Beziehungen sind aufwendig zu lösen und lassen sich gewöhnlich auch nur schwer optimieren. Dagegen fällt man nur zu leicht in die vielen Fallgruben, die darin lauern. So könnten Sie versucht sein, einen zeitlichen Filter auf die m:n-Beziehung anzuwenden, um nur die Zeilen anzuzeigen, die für den ausgewählten Zeitraum gültig sind. Aber überlegen Sie, was geschieht, wenn Sie die Zeilen auf Catherine für das Jahr 2015 einschränken: Sie sehen dann immer noch zwei verschiedene Teams (*Developers* und *Sales*).

Zur Lösung des Problems müssen Sie die folgenden Schritte durchführen:

1. Bestimmen Sie die Zeiträume, in denen jede einzelne Person in einem bestimmten Team gearbeitet hat.
2. Verschieben Sie den Filter von den Datumsangaben zur Faktentabelle und achten Sie dabei sorgfältig darauf, ihn mit jedem anderen Filter zu schneiden, der bereits auf die Faktentabelle angewendet wird.

Diese beiden Operationen müssen Sie iterativ für alle einzelnen Personen durchführen, da für jede Person unterschiedliche Zeiträume in Betracht kommen. Das erreichen Sie mit dem folgenden Code:

```
HoursWorked :=
SUMX (
   ADDCOLUMNS (
      SUMMARIZE (
         IndividualsTeams,
         Individuals[IndividualKey],
         IndividualsTeams[FromDate],
         IndividualsTeams[ToDate]
      ),
      "FirstDate", [FromDate],
      "LastDate", IF ( ISBLANK ( [ToDate] ), MAX ( WorkingHours[Date] ), [ToDate]
)
   ),
   CALCULATE (
      SUM ( WorkingHours[Hours] ),
      DATESBETWEEN ( 'Date'[Date], [FirstDate], [LastDate] ),
      VALUES ( 'Date'[Date] )
   )
)
```

In dieser Situation haben Sie keine Möglichkeit, die m:n-Beziehung in dem Datenmodell zu modellieren, da die Dauer der Beziehung Sie dazu zwingt, DAX-Code einzusetzen, um den Filter von der Brücken- zur Faktentabelle zu bewegen. Der Code ist nicht einfach und erfordert ein genaues Verständnis der Filterkontextweiterleitung über Beziehungen. Außerdem ist der Code eben wegen seiner Kompliziertheit nicht optimal. Er funktioniert jedoch und ermöglicht

Ihnen, Berichte wie den aus Abbildung 8–14 zu erstellen. Dort können Sie sehen, dass der Filter für die Zeiträume korrekt zur Faktentabelle weitergeleitet wird.

	Year	2015						
Individual	Team	January	February	March	April	May	June	July
Catherine	Developers	60						
	Sales		54	68	54	67	57	65
	Testers							
Louis	Testers	60	56	64	60	60	60	61
Michelle	Sales							
	Testers	64	54	65	61	60	60	64
Paul	Developers	62	54					
	Sales							
	Testers			64	60	61	61	62
Thomas	Developers	66	54	61	62		64	61
	Sales					59		
	Testers							

Abbildung 8–14 Der Bericht zeigt die von den einzelnen Personen in den verschiedenen Teams geleisteten Arbeitsstunden.

Wie Sie gesehen haben, ist der Code ziemlich kompliziert. In diesem Modell sind m:n-Beziehungen außerdem wahrscheinlich das falsche Instrument. Wir haben Ihnen absichtlich ein Modell gezeigt, in dem m:n-Beziehungen auf den ersten Blick wie die richtige Wahl aussehen, aber bei genauerer Betrachtung wird deutlich, dass es bessere Möglichkeiten gibt. Selbst wenn eine Person im Lauf der Zeit verschiedenen Teams angehören kann, sollte sie doch an einem Tag immer nur Mitglied eines einzigen Teams sein. Wenn diese Bedingung erfüllt ist, dann besteht die richtige Vorgehensweise zur Modellierung dieser Situation darin, das Team als Dimension ohne Verknüpfung mit den Einzelpersonen zu betrachten und in der Faktentabelle die Beziehung zwischen Teams und Individuen zu speichern. In dem Modell, das wir als Beispiel verwenden, wird diese Bedingung jedoch nicht erfüllt, wie Abbildung 8–15 zeigt. Dort können Sie sehen, dass Paul im August und September 2015 in zwei verschiedenen Teams war.

	Year	2015					
Individual	Team	June	July	August	September	October	November
Paul	Sales			62	58	63	59
	Testers	61	62	62	58		

Abbildung 8–15 Im August und September 2015 hat Paul in zwei verschiedenen Teams gearbeitet.

Anhand dieses Falls wollen wir auch das nächste Thema erläutern, nämlich Zuordnungsfaktoren in m:n-Beziehungen.

Prozentuale Zuordnungsfaktoren

In dem Bericht aus Abbildung 8–15 sieht es so aus, als hätte Paul im August sowohl für das Team *Sales* als auch für *Testers* je 62 Stunden gearbeitet. Diese Zahlen sind offensichtlich falsch. Paul kann nicht gleichzeitig für beide Teams gearbeitet haben. In dieser Situation – also wenn die m:n-Beziehungen Überlappungen hervorrufen – ist es gewöhnlich sinnvoll, in der Beziehung einen Korrekturfaktor zu speichern, der anzeigt, wie viel von Pauls Gesamtzeit auf die einzelnen Teams entfällt. Sehen wir uns das in Abbildung 8–16 etwas genauer an.

FromDate	ToDate	Individual	Team
1/1/2015	1/31/2015	Catherine	Developers
2/1/2015	12/31/2015	Catherine	Sales
1/1/2016		Catherine	Testers
1/1/2015		Louis	Testers
1/1/2015	12/31/2015	Michelle	Testers
1/1/2016		Michelle	Sales
1/1/2015	2/28/2015	Paul	Developers
3/1/2015	9/30/2015	Paul	Testers
8/1/2015	12/31/2015	Paul	Sales
1/1/2016		Paul	Developers
1/1/2015	4/30/2015	Thomas	Developers
5/1/2015	5/31/2015	Thomas	Sales
6/1/2015	12/31/2015	Thomas	Developers
1/1/2016		Thomas	Testers

Abbildung 8–16 Im August und September 2015 hat Paul sowohl für *Testers* als auch für *Sales* gearbeitet.

Die Daten in diesem Modell sehen nicht korrekt aus. Um nicht 100 % von Pauls Zeit beiden Teams zuzuschlagen, können Sie der Brückentabelle einen Wert hinzufügen, der die prozentualen Anteile für die einzelnen Teams angibt. Dadurch müssen Sie die Zeiträume aufteilen und wie in Abbildung 8–17 in mehreren Zeilen speichern.

FromDate	ToDate	Individual	Team	Perc
1/1/2015	1/31/2015	Catherine	Developers	100.00 %
2/1/2015	12/31/2015	Catherine	Sales	100.00 %
1/1/2016		Catherine	Testers	100.00 %
1/1/2015		Louis	Testers	100.00 %
1/1/2015	12/31/2015	Michelle	Testers	100.00 %
1/1/2016		Michelle	Sales	100.00 %
1/1/2015	2/28/2015	Paul	Developers	100.00 %
3/1/2015	7/30/2015	Paul	Testers	100.00 %
8/1/2015	9/30/2015	Paul	Testers	60.00 %
8/1/2015	9/30/2015	Paul	Sales	40.00 %
10/1/2015	12/31/2015	Paul	Sales	100.00 %
1/1/2016		Paul	Developers	100.00 %
1/1/2015	4/30/2015	Thomas	Developers	100.00 %
5/1/2015	5/31/2015	Thomas	Sales	100.00 %
6/1/2015	12/31/2015	Thomas	Developers	100.00 %
1/1/2016		Thomas	Testers	100.00 %

Abbildung 8–17 Durch Duplizierung einiger Zeilen können Sie Überlappungen vermeiden. Des Weiteren können Sie Prozentsätze hinzufügen, um die Zeitanteile zuzuweisen.

Jetzt sind die sich überlappenden Zeiträume in sich nicht überlappende aufgeteilt. Außerdem haben wir jetzt die Angabe, dass 60 % der Gesamtzeit dem Team *Testers* zugeordnet werden soll und 40 % dem Team *Sales*.

Der letzte Schritt besteht darin, diese Zahlen zu berücksichtigen. Dazu reicht es, den Code für das berechnete Feld so abzuwandeln, dass er den Prozentsatz berücksichtigt. Damit sieht er wie folgt aus:

```
HoursWorked :=
SUMX (
   ADDCOLUMNS (
```

```
        SUMMARIZE (
          IndividualsTeams,
          Individuals[IndividualKey],
          IndividualsTeams[FromDate],
          IndividualsTeams[ToDate],
          IndividualsTeams[Perc]
        ),
        "FirstDate", [FromDate],
        "LastDate", IF ( ISBLANK ( [ToDate] ), MAX ( WorkingHours[Date] ), [ToDate]
    )
      ),
      CALCULATE (
        SUM ( WorkingHours[Hours] ),
        DATESBETWEEN ( 'Date'[Date], [FirstDate], [LastDate] ),
        VALUES ( 'Date'[Date] )
      ) * IndividualsTeams[Perc]
    )
```

Wie Sie sehen, haben wir die Spalte *Perc* zu SUMMARIZE hinzugefügt und dann im letzten Schritt der Formel als Multiplikator verwendet, um den einzelnen Teams jeweils den richtigen Anteil der Arbeitsstunden zuzuordnen. Leider wird der Code dadurch noch komplizierter, als er ohnehin schon war.

Wie Sie in Abbildung 8–18 sehen, werden Pauls Stunden für August und September jetzt korrekt auf die beiden Teams aufgeteilt, in denen er gearbeitet hat.

	Year	2015					
Individual	Team	June	July	August	September	October	November
Catherine	Sales	57	65	61	58	64	56
Louis	Testers	60	61	62	60	63	60
Michelle	Testers	60	64	60	58	65	57
Paul	Sales			25	23	63	59
	Testers	61	61	37	35		
Thomas	Developers	64	61	61	58	64	60

Abbildung 8–18 Der Bericht zeigt korrekt, dass Paul im August und September in zwei Teams tätig war, und teilt die Arbeitsstunden auf diese Teams auf.

Wir sind dabei jedoch zu einem leicht abweichenden Datenmodell übergegangen, in dem die sich überlappenden Zeiträume in Prozentsätze umgewandelt wurden. Das mussten wir tun, da wir kein nicht additives berechnetes Feld haben wollten. Während m:n-Beziehungen im Allgemeinen nicht additiv sind, mussten wir in diesem Fall aufgrund der Daten, mit denen wir hier arbeiten, Additivität garantieren.

Dieser wichtige Vorgang führt uns zum nächsten Schritt zur Optimierung des Modells, nämlich der Materialisierung von m:n-Beziehungen.

m:n-Beziehungen materialisieren

Wie Sie in den vorausgegangenen Beispielen gesehen haben, können m:n-Beziehungen zeitliche Daten (oder allgemein ausgedrückt, einen komplexen Filter), Prozentwerte und Zuordnungsfaktoren enthalten. Das führt gewöhnlich zu sehr aufwendigem DAX-Code, wobei »aufwendig« bei DAX auch oft »langsam« bedeutet. Für kleine Datenvolumina sind die zuvor gezeigten Ausdrücke brauchbar, aber für umfangreiche Datasets und in stark beanspruchten Umgebungen sind sie zu langsam. Im nächsten Abschnitt beschreiben wir einige Leistungsaspekte von m:n-Beziehungen. Hier dagegen wollen wir Ihnen zeigen, wie Sie m:n-Beziehungen loswerden, um schnelleren und gewöhnlich einfacheren DAX-Code schreiben zu können.

Meistens können Sie m:n-Beziehungen aus dem Modell entfernen, indem Sie die Faktentabelle nutzen, um die Beziehungen zwischen den beiden Dimensionen zu speichern, in unserem Beispiel also zwischen Teams und Personen. Diese beiden Dimensionen sind über eine Brückentabelle verbunden, die wir bei jedem Datenschnitt nach dem Team durchlaufen und filtern müssen. Eine wirtschaftlichere Lösung besteht darin, den Teamschlüssel direkt in der Faktentabelle zu speichern, indem wir die m:n-Beziehung dort materialisieren.

Eine solche Materialisierung erfordert es, die Spalten von der Brücken- in die Faktentabelle zu denormalisieren, wodurch die Anzahl der Zeilen in der Faktentabelle steigt. Im Fall von Pauls Arbeitsstunden, die im August und September auf zwei verschiedene Teams entfallen, müssen Sie die Zeilen duplizieren, sodass Sie eine für jedes Team haben. Dadurch ergibt sich ein perfektes Sternschema, das Sie in Abbildung 8–19 sehen.

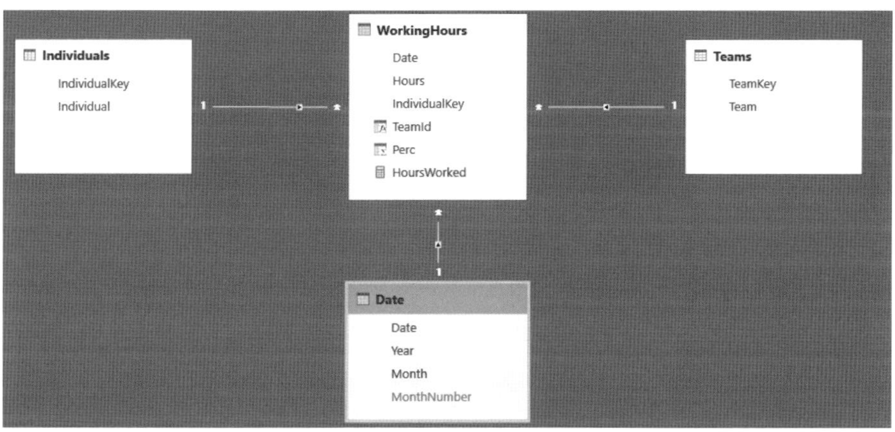

Abbildung 8–19 Wenn Sie die m:n-Beziehung entfernen, erhalten Sie ein normales Sternschema.

Die Erhöhung der Zeilenzahl erfordert einige ETL-Schritte. Das erledigen Sie gewöhnlich mit einer SQL-Sicht oder im Abfrage-Editor. Die gleiche Aufgabe mit DAX zu erledigen, ist äußerst kompliziert, da DAX nicht als Datenbearbeitungssprache, sondern hauptsächlich als Abfragesprache konzipiert ist.

Sobald Sie die m:n-Beziehung materialisiert haben, lässt sich die Formel jedoch extrem einfach schreiben, da Sie nun nur noch die Summe der Stunden mit dem Prozentsatz multiplizieren müssen. Um eine Multiplikation zur Abfragezeit zu vermeiden, können Sie diese Berechnung jedoch auch während der ETL-Phase durchführen.

Die Faktentabelle als Brücke verwenden

Eine der merkwürdigen Eigenheiten von m:n-Beziehungen besteht darin, dass sie oft dort auftreten, wo Sie sie nicht erwarten. Das Hauptmerkmal von m:n-Beziehungen ist die Brückentabelle, also eine Tabelle mit zwei Beziehungen in entgegengesetzten Richtungen, die zwei Dimensionen verknüpfen. Dieses Schema ist viel häufiger als erwartet – es tritt tatsächlich in jedem Sternschema auf. In Abbildung 8–20 sehen Sie beispielsweise eines der Sternschemata, die wir in diesem Buch schon häufiger verwendet haben.

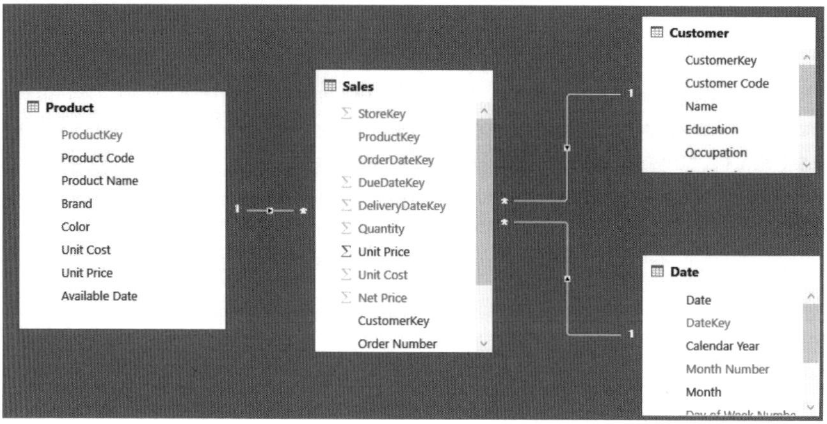

Abbildung 8–20 Eine typische m:n-Beziehung mit der Anzahl der Zeilen in jeder Tabelle

Auf den ersten Blick scheint es in diesem Modell keine m:n-Beziehung zu geben. Allerdings hat die Tabelle *Sales* mehrere Beziehungen in entgegengesetzten Richtungen, die verschiedene Dimensionen verknüpfen. Sie weist also die gleiche Struktur auf wie eine Brückentabelle.

Daher können Sie eine Faktentabelle als Brücke zwischen zwei beliebigen Dimensionen betrachten. Dieses Prinzip haben wir in diesem Buch schon mehrfach genutzt, ohne allerdings ausdrücklich zu erwähnen, dass wir eine m:n-Beziehung durchlaufen. Nehmen Sie aber zum Beispiel an, Sie wollen die Anzahl der Kunden bestimmen, die ein bestimmtes Produkt gekauft haben. Das können Sie auf die folgenden Weisen tun:

- Sie aktivieren die bidirektionale Filterung für die Beziehung zwischen *Sales* und *Customer*.
- Sie verwenden `CROSSFILTER`, um die Beziehung bei Bedarf bidirektional zu machen.
- Sie verwenden das bidirektionale Muster, indem Sie `CALCULATE ( COUNTROWS ( Customer ), Sales )` schreiben.

Alle drei DAX-Muster führen zum richtigen Ergebnis: Damit filtern Sie die Menge der Produkte und zählen die Kunden, die einige dieser Artikel gekauft haben. In diesen drei Mustern können Sie die gleiche Technik erkennen, die wir in Modellen mit m:n-Beziehungen verwendet haben.

Bei Ihrer Arbeit als Datenmodellierer werden Sie lernen, diese Muster und verschiedenen Modelle zu erkennen und dann jeweils die richtige Technik anzuwenden. m:n-Beziehungen sind sehr leistungsfähige Instrumente, und wie Sie in diesem kurzen Abschnitt gesehen haben, treten sie in unterschiedlichen Situationen auf.

Überlegungen zur Leistung

Weiter vorn haben wir bereits verschiedene Vorgehensweisen zur Modellierung komplexer m:n-Beziehungen beschrieben. Dabei sind wir zu dem Schluss gekommen, dass es zur Steigerung der Leistung und zur Vereinfachung am besten ist, die m:n-Beziehung in der Faktentabelle zu materialisieren, wenn anspruchsvolle Filtervorgänge oder die Multiplikation mit einem Zuordnungsfaktor erforderlich sind.

Leider haben wir in diesem Buch nicht genug Platz, um die Leistung von m:n-Beziehungen ausführlich zu erklären. Wir möchten Ihnen jedoch eine grundlegende Erwägung zeigen, um Ihnen eine grobe Vorstellung von der Geschwindigkeit zu geben, die Sie von einem Modell mit solchen Beziehungen erwarten können.

Bei einem m:n-Modell haben Sie es mit drei Arten von Tabellen zu tun: Dimensionen, Fakten- und Brückentabellen. Um Werte über eine m:n-Beziehung zu berechnen, muss die Engine die Brückentabelle mit der Dimension als Filter scannen und dann anhand der resultierenden Zeilen die Faktentabelle scannen. Letzteres kann eine Zeit dauern, unterscheidet sich aber nicht vom Scan der Faktentabelle in dem Fall, dass die Dimension direkt damit verbunden ist. Der Mehraufwand aufgrund der m:n-Beziehung hängt daher nicht von der Größe der Faktentabelle ab. Eine umfangreichere Faktentabelle verlangsamt alle Berechnungen. Was das angeht, unterscheiden sich m:n- nicht von anderen Beziehungen.

Die Größe der Dimension ist gewöhnlich auch kein Problem; jedenfalls bis zu einer Anzahl von ca. 1.000.000 Zeilen, die aber bei BI-Lösungen für den Eigengebrauch sehr unwahrscheinlich ist. Wie bei der Faktentabelle gilt auch hier, dass die Engine die Dimension in jedem Fall scannen muss, auch wenn sie direkt mit der Faktentabelle verknüpft ist. Daher hängt die Leistung von m:n-Beziehungen auch nicht von der Größe der Dimensionen ab, die mit der Tabelle verknüpft sind.

Die letzte Tabelle, die wir betrachten müssen, ist die Brückentabelle. Anders als bei den anderen Tabellen spielt ihre Größe eine Rolle. Genauer, nicht ihre Gesamtgröße, sondern die Anzahl der Zeilen, die zur Filterung der Faktentabellen dienen. Das wollen wir an einem extremen Beispiel verdeutlichen. Stellen Sie sich vor, Sie haben eine Dimension mit 1.000 Zeilen, eine zweite mit 10.000 Zeilen und dazwischen eine Brückentabelle mit 100.000 Zeilen (siehe Abbildung 8–21).

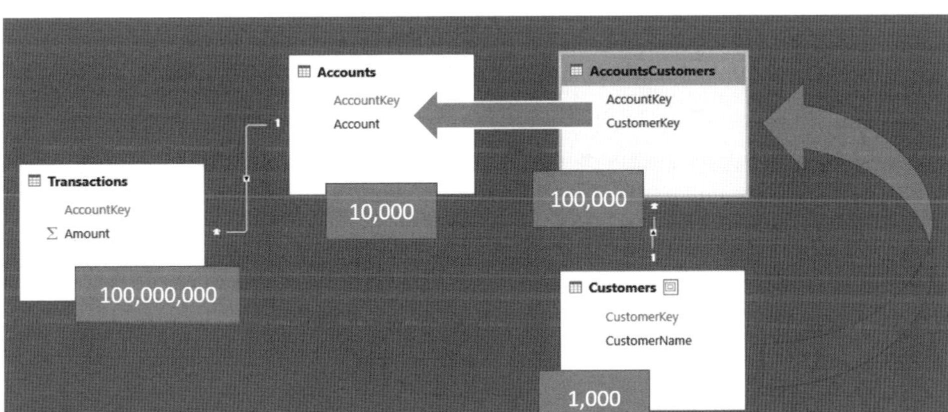

Abbildung 8–21 Eine typische m:n-Beziehung mit Angabe der Zeilenzahl für jede Tabelle

Wie bereits erwähnt, spielt die Größe der Faktentabelle keine Rolle. In diesem Beispiel umfasst sie 100.000.000 Zeilen, aber davon sollten Sie sich nicht einschüchtern lassen. Ausschlaggebend für die Leistung ist die Selektivität der Brückentabelle für die Tabelle *Accounts*. Nehmen wir an, dass Sie nach zehn Kunden filtern und die Brücke ungefähr 100 Konten herausfiltert. Das ergibt eine ausgeglichene Verteilung und eine sehr gute Leistung. Diese Situation sehen Sie in Abbildung 8–22.

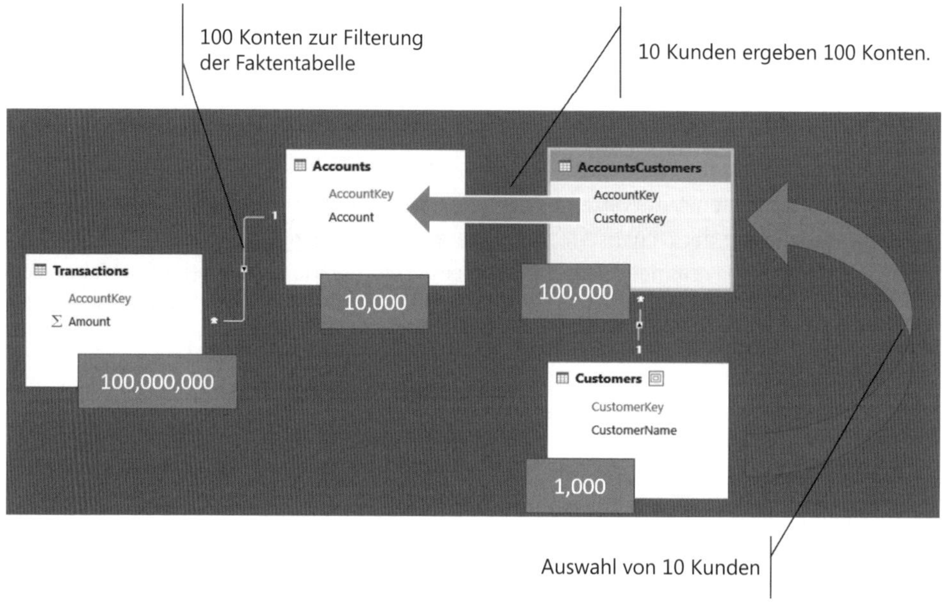

Abbildung 8–22 Bei kleiner Anzahl der gefilterten Konten ergibt sich eine sehr gute Leistung.

Bei einer weit weniger selektiven Brückentabelle wird die Leistung dagegen je nach Anzahl der gefilterten Konten schlechter. In dem Beispiel in Abbildung 8–23 führt die Filterung nach zehn Kunden zu 10.000 Konten, was die Leistung beeinträchtigt.

Kurz, je selektiver die Brückentabelle, umso höher die Leistung. Da Brückentabellen gewöhnlich eine normale Selektivität aufweisen, ergibt sich die einfachere Aussage: je umfangreicher die Brückentabelle, umso schlechter die Leistung. Es ist nicht ganz korrekt, das so auszudrücken, aber in dieser Form lässt es sich einfacher merken und anwenden, und bis zu einem gewissen Grad liegen Sie damit auch richtig.

Nach unserer Erfahrung verursachen Brückentabellen mit bis zu 1.000.000 Zeilen keine Probleme. Werden sie umfangreicher, müssen Sie ihnen jedoch etwas mehr Aufmerksamkeit schenken und versuchen, ihre Größe zu verringern. Wichtig ist, dass Sie keine Zeit dafür aufwenden, die Faktentabelle zu verkleinern. Konzentrieren Sie sich stattdessen auf die Brückentabelle und reduzieren Sie deren Größe. Dadurch befinden Sie sich auf dem richtigen Weg zur Optimierung des m:n-Verhaltens.

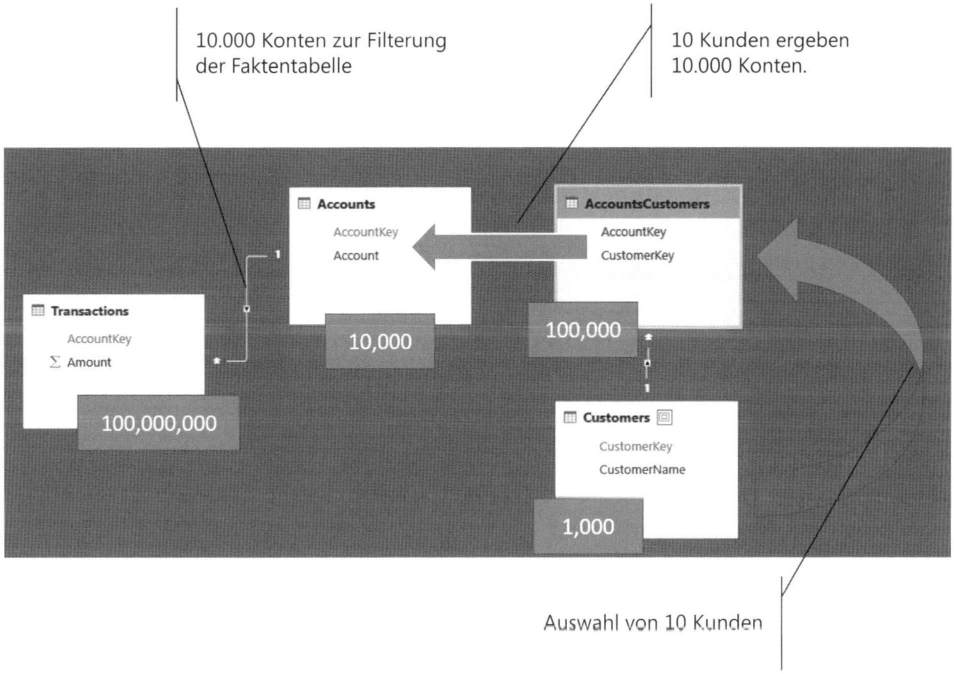

Abbildung 8–23 Bei großer Anzahl der gefilterten Konten leidet die Leistung.

Zusammenfassung

Da m:n-Beziehungen unglaubliche Analysemöglichkeiten eröffnen, müssen Sie lernen, wie Sie sie nutzen. Dazu müssen Sie sich allerdings auch mit den Einschränkungen und dem Mehraufwand beschäftigen, den Beziehungen dieser Art für den DAX-Code und die Anwendung mit sich bringen. Beachten Sie insbesondere die folgenden Punkte:

- Zur Handhabung von m:n-Beziehungen können Sie drei Hauptmuster verwenden: bidirektionale Beziehungen, `CROSSFILTER` und Tabellenerweiterung. Was die richtige Wahl ist, hängt von der DAX-Version und davon ab, was für ein Ergebnis Sie haben wollen.
- Einfache m:n-Beziehungen erfordern nicht viel Aufwand. Sobald Sie sich mit ihrer nicht additiven Natur vertraut gemacht und gelernt haben, wie Sie die Beziehungen richtig einrichten, funktionieren sie problemlos.
- Kaskadierende und gefilterte m:n-Beziehungen erfordern etwas mehr Aufwand, insbesondere wenn Sie die Tabellenerweiterung nutzen. In diesem Fall können Sie einfacheren Code schreiben, indem Sie alle Brückentabellen zu einer einzigen reduzieren.
- Zeitliche m:n-Beziehungen sowie solche mit Zuordnungsfaktoren sind von Natur aus kompliziert. Sie bieten viele Möglichkeiten, lassen sich aber nur schwer handhaben.

- Wenn Sie mit sehr komplexen m:n-Beziehungen zu tun haben, besteht die beste Möglichkeit darin, ganz darauf zu verzichten. Durch Materialisieren in der Faktentabelle können Sie fast alle m:n-Beziehungen loswerden. Dazu müssen Sie allerdings die neue Faktentabelle genau untersuchen, die Anzahl ihrer Zeilen erhöhen und wahrscheinlich den zuvor geschriebenen Code anpassen.
- Um die Leistung zu erhöhen, besteht die erste Maßnahme darin, die Größe der Brückentabelle zu verringern, um damit ihre Selektivität zu erhöhen. Wenn Ihre Brückentabelle zwar umfangreich, aber trotzdem hochgradig selektiv ist, dann wird Ihr DAX-Code ohnehin schon schnell ausgeführt.

KAPITEL 9

Unterschiedliche Granularitäten

In den vorherigen Kapiteln haben wir schon viel über Granularität geschrieben. Dabei haben Sie gesehen, wie wichtig es ist, dass die Daten immer die richtige Granularität aufweisen. Manchmal sind die Daten jedoch in mehreren Faktentabellen mit unterschiedlicher Granularität gespeichert, ohne dass sich das Datenmodell ändern lässt. Jede der Tabellen weist dabei die für sie richtige Granularität auf. In einem solchen Fall kann es sehr mühselig werden, Berechnungen zu schreiben, in denen beide Tabellen genutzt werden.

In diesem Kapitel sehen wir uns genauer an, wie Sie mit unterschiedlichen Granularitäten umgehen. Dabei betrachten wir mehrere Modellierungsoptionen und verschiedene Arten von DAX-Code. In allen gezeigten Beispielen lässt sich die Granularität nicht durch eine Änderung des Modells anpassen. Wenn mehrere Tabellen jeweils eine unterschiedliche Granularität aufweisen, die aber für die jeweilige Tabelle gerade richtig ist, und Sie zwei solcher Tabellen in einem Bericht kombinieren müssen, haben Sie ein Problem.

Einführung in Granularität

Granularität ist der Detaillierungsgrad, mit dem Sie Informationen speichern. In einem typischen Sternschema wird die Granularität durch die Dimensionen bestimmt, nicht durch die Faktentabelle. Je mehr Dimensionen es gibt, umso höher ist die Granularität. Die Granularität ist auch umso höher, je detaillierter die Dimensionen sind. Betrachten Sie als Beispiel das Modell aus Abbildung 9–1.

In diesem Modell wird die Granularität durch das Vorhandensein von *Date*, *Store*, *Customer* und *Product* bestimmt. Dagegen tragen *ProductSubcategory* und *ProductCategory* als Schneeflockendimensionen nicht zur Granularität bei. Die Tabelle *Sales* muss mindestens eine Zeile für jede einzigartige Kombination der Werte in den Dimensionen enthalten. Wenn es in *Sales* zwei Zeilen mit der identischen Kombination von Dimensionsschlüssel gibt, so können sie ohne Verlust der Aussagekraft zu einer einzigen Zeile zusammengefasst werden. Einen Ausschnitt aus dem Inhalt von *Sales* sehen Sie in Abbildung 9–2. Darin sind mehrere Zeilen mit derselben Kombination von Schlüsseln und Werten zu erkennen.

Es gibt keine Möglichkeit, um in einem Bericht zwischen diesen Zeilen zu unterscheiden. Nach welcher Dimension Sie auch immer filtern, ihre Werte werden stets zusammen aggregiert. Daher können Sie die ersten acht Zeilen zu einer einzigen Zeile zusammenfassen, die als Mengenangabe 8 enthält und ansonsten die identischen Spaltenwerte aufweist. Das mag auf den ersten Blick merkwürdig erscheinen, ist aber korrekt. Die Aussagekraft des Modells ändert sich nicht, wenn Sie die Anzahl der Zeilen auf die erforderliche Granularität reduzieren. Mehr Zeilen bedeuten nur Platzverschwendung.

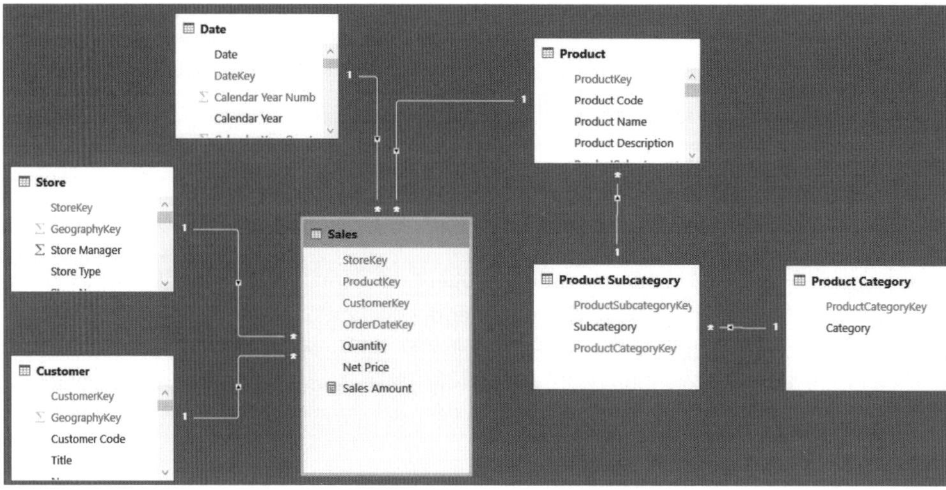

Abbildung 9–1 Ein einfaches Schneeflockenmodell mit vier Dimensionen und einer Faktentabelle

StoreKey	ProductKey	CustomerKey	OrderDateKey	Quantity	Net Price
306	2490	19075	20091023	1	$11.99
306	2490	19075	20091023	1	$11.99
306	2490	19075	20091023	1	$11.99
306	2490	19075	20091023	1	$11.99
306	2490	19075	20091023	1	$11.99
306	2490	19075	20091023	1	$11.99
306	2490	19075	20091023	1	$11.99
306	2490	19075	20091023	1	$11.99
306	2496	19075	20091016	1	$7.99
306	2496	19075	20091016	1	$7.99
306	2496	19075	20091016	1	$7.99
306	2496	19075	20091016	1	$7.99
306	2496	19075	20091016	1	$7.99
306	2496	19075	20091016	1	$7.99
306	2496	19075	20091016	1	$7.99

Abbildung 9–2 Die ersten acht Zeilen dieser Tabelle sind völlig identisch.

Die Lage ändert sich jedoch, wenn Sie eine weitere Dimension hinzufügen. So kann es beispielsweise sein, dass sich diese acht Zeilen bei dem jeweils gewährten Aktionsrabatt unterscheiden. Wenn Sie also *Promotion* als neue Dimension hinzufügen, erhöhen Sie dadurch die Granularität.

Schneeflockendimensionen zählen bei der Festlegung der Granularität nicht mit, da sie weniger Details aufweisen als die Dimension, mit der sie verknüpft sind. Da sich beispielsweise *Product* auf der n-Seite ihrer Beziehung zu *ProductSubcategory* bezieht, gibt es viele Produkte mit derselben Kategorie. Wenn Sie den Schlüssel von *ProductSubcategory* zur Faktentabelle hinzufügen, ändern Sie dadurch nicht deren Zeilenzahl.

Diese Überlegungen müssen Sie immer berücksichtigen, wenn Sie ein neues Modell aufbauen. Versuchen Sie, nach der Definition der Dimensionen die Größe der Faktentabelle auf deren natürliche Granularität zu reduzieren, indem Sie bei der Datenextraktion eine Gruppierung und Voraggregation durchführen. Dadurch erhalten Sie ein kleineres Modell, oder genauer, ein Modell optimaler Größe: nicht zu klein und nicht zu groß, sondern ideal.

Beachten Sie, dass die in diesem Abschnitt gezeigte Faktentabelle keine Informationen über die Bestellnummer gibt. Wenn Sie die Bestellnummer in die Tabelle aufnehmen, werden viele Zeilen unterschiedlich, auch wenn sie die gleichen Dimensionen aufweisen. So lassen sich beispielsweise zwei identische Bestellungen eines Kunden gruppieren, solange Sie die Bestellnummer nicht berücksichtigen. Sobald Sie die Bestellnummer hinzufügen, ist diese Gruppierung nicht mehr möglich. Das Vorhandensein solcher Detailinformationen in der Faktentabelle ändert daher deren Granularität. Es kann gute Gründe dafür geben, diese Informationen in der Faktentabelle festzuhalten. Sie müssen sich aber darüber im Klaren sein, dass dies in Sachen Größe und Speichernutzung hohe Kosten verursacht. Speichern Sie diese Felder nur dann, wenn das für Ihre Berichte wirklich nötig ist.

Beziehungen zwischen Tabellen unterschiedlicher Granularität

Nachdem wir uns mit den allgemeinen Aspekten der Granularität beschäftigt haben, wollen wir uns als Nächstes Beispiele ansehen, bei denen die Faktentabellen unterschiedliche Granularitäten aufweisen. Ein großartiges Beispiel dafür bietet die Vorhersage von Verkaufszahlen.

Vorhersagedaten analysieren

Wenn Sie eine Vorhersage analysieren, schauen Sie sich die Unterschiede zwischen den tatsächlichen Verkaufszahlen (im aktuellen oder in früheren Jahren) und den für diesen Zeitraum vorhergesagten Zahlen an. Dadurch erhalten Sie interessante Leistungsindikatoren und Berichte. Allerdings stellt sich Ihnen dabei das Problem der Granularität. Es ist nämlich äußerst unwahrscheinlich, dass Sie Vorhersagen für jedes Produkt und jeden Tag haben, wohingegen die Verkäufe nach einzelnen Produkten und einzelnen Tagen aufgeführt sind. Sehen wir uns das an einem Beispiel an. Abbildung 9–3 zeigt ein Datenmodell mit einem Standardsternschema für *Sales* sowie die Tabelle *Budget*, die die vorhergesagten Zahlen für das nächste Jahr enthält.

Die Vorhersageinformationen sind für einzelne Regionen und Marken gegeben, aber natürlich ist es nicht sinnvoll, eine Vorhersage für einzelne Tage zu treffen. Solche Projektionen erfolgen auf einer höheren Ebene. Das Gleiche gilt auch für die Produkte: Es ist nicht möglich, die Verkäufe einzelner Produkte vorherzusagen (es sei denn, Sie haben sehr wenige Verkäufe). In dem Beispiel aus Abbildung 9–3 hat sich der zuständige Manager daher auf nur zwei Attribute beschränkt, nämlich Region und Marke.

Wenn Sie einen Bericht erstellen, der die Verkäufe und die Projektion nebeneinander zeigt, dann haben Sie Probleme aufgrund fehlender Beziehungen. Wie Sie in Abbildung 9–4 sehen, können Sie die Verkäufe des Jahres 2009 nach Marken filtern (mithilfe der Spalte *Brand* in der Tabelle *Product*). Bei den Vorhersagedaten können Sie diese Filterung jedoch nicht durchführen, da es keine Beziehung zwischen *Product* und *Budget* gibt.

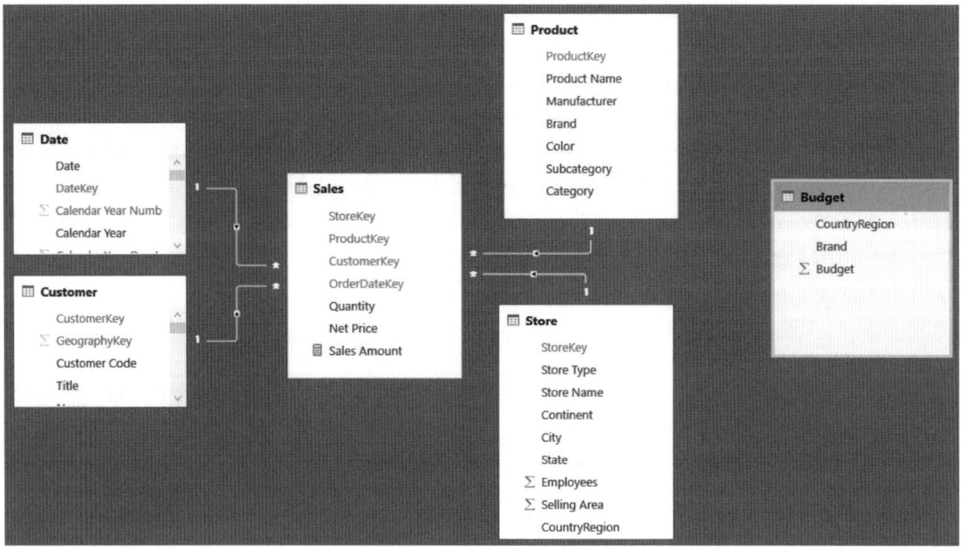

Abbildung 9–3 Dieses Datenmodell enthält die Verkaufs- und die Vorhersagedaten in derselben Struktur.

Brand	Sales 2009	Budget 2009
A. Datum	$36,200.51	$1,141,350.00
Adventure Works	$32,581.41	$1,141,350.00
Contoso	$132,922.31	$1,141,350.00
Fabrikam	$110,962.34	$1,141,350.00
Litware	$102,200.93	$1,141,350.00
Northwind Traders	$2,505.23	$1,141,350.00
Proseware	$67,563.50	$1,141,350.00
Southridge Video	$35,644.43	$1,141,350.00
Total	**$629,836.71**	**$1,141,350.00**

Abbildung 9–4 Die Vorhersagedaten können nicht nach Marken gefiltert werden, da es keine Beziehung zwischen *Product* und *Brand* gibt.

In Kapitel 1 hatten wir einen ähnlichen Fall. Dort hatten Sie jedoch noch nicht die Kenntnisse, über die Sie jetzt verfügen, weshalb wir jetzt die verschiedenen Lösungsmöglichkeiten genauer erläutern können.

Es ist wichtig, sich klar zu machen, dass dieses Granularitätsproblem kein Fehler des Modells ist. Die Vorhersage und die Verkäufe weisen jeweils ihre eigene Granularität auf. Beide Tabellen sind auf die richtige Weise modelliert. Es ist nur leider nicht so einfach, eine Filterung nach beiden zu erreichen.

Als Erstes wollen wir uns die einfachste Möglichkeit ansehen, um dieses Modell funktionsfähig zu machen: Wir reduzieren die Granularität beider Tabellen auf denselben Detaillierungsgrad, indem wir aus *Sales* die Einzelheiten entfernen, die in *Budget* nicht vorhanden sind. Das können Sie einfach dadurch erreichen, dass Sie die Abfragen ändern, die *Sales* laden, und dabei die Tabellen entfernen, auf die *Sales* verweist, die aber von *Budget* nicht verwendete Details enthalten. Das resultierende Modell sehen Sie in Abbildung 9–5.

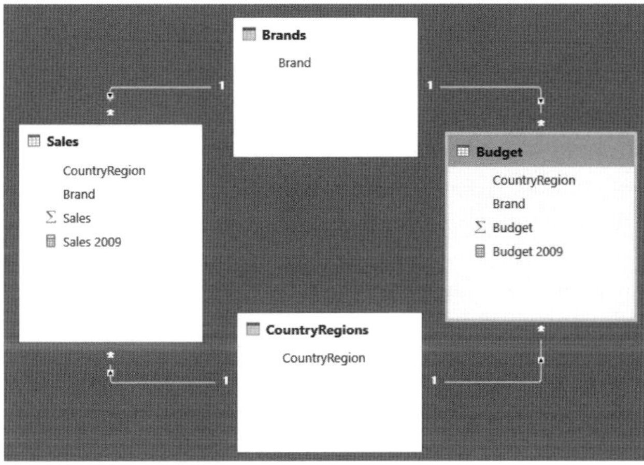

Abbildung 9–5 Durch Vereinfachung beider Tabellen erhalten Sie ein einfaches Sternschema.

Um das vereinfachte Modell zu erhalten, haben wir die Granularität von *Sales* verringert, indem wir alle Details entfernt haben: die Datumsverweise, den Produktschlüssel (ersetzt durch die Marke) und den Geschäftsschlüssel (ersetzt durch die Region). Die Verkaufsbeträge haben wir während der Gruppierung im Voraus berechnet. Alle Dimensionen sind jetzt weg und wurden durch zwei einfache Dimensionen mit der Marke und der Region ersetzt. Das resultierende Modell ist ganz einfach und funktioniert wie beabsichtigt (siehe Abbildung 9–6). Sie können jetzt sowohl *Sales* als auch *Budget* nach der Marke filtern und erhalten dabei sinnvolle Zahlen.

Brand	Sales 2009	Budget 2009
A. Datum	$33,315.51	$48,500.00
Adventure Works	$31,766.41	$67,100.00
Contoso	$132,785.98	$239,500.00
Fabrikam	$99,675.86	$169,500.00
Litware	$106,393.85	$143,000.00
Northwind Traders	$2,505.23	$64,500.00
Proseware	$65,963.93	$115,500.00
Southridge Video	$36,392.89	$61,500.00
Total	**$617,297.77**	**$1,141,350.00**

Abbildung 9–6 Da das Modell auf einem Sternschema beruht, produziert es jetzt sinnvolle Zahlen.

Das Problem bei dieser Lösung ist, dass wir eine Menge analytischer Möglichkeiten über Bord werfen mussten, um es zum Funktionieren zu bringen. Wir mussten alle Detailinformationen über die Verkäufe opfern. Beispielsweise haben wir die Datumsangaben auf 2009 eingeschränkt. Außerdem sind wir nicht mehr in der Lage, die Verkäufe nach Monat, Quartal oder Produktfarbe zu filtern. Rein technisch gesehen funktioniert die Lösung zwar, aber sie ist alles andere als optimal. Wir möchten die Vorhersage filtern können, ohne die Analysemöglichkeiten von *Sales* zu verlieren.

DAX-Code zum Verschieben von Filtern

Die nächste Technik, die wir uns zur Lösung ansehen wollen, stützt sich auf DAX-Code. Das Problem bei dem Datenmodell in Abbildung 9–3 besteht darin, dass Sie zwar mit der Spalte *Brand* in der Tabelle *Product* nach der Marke filtern können, es aber keine Beziehung zwischen *Product* und *Budget* gibt, sodass der Filter nicht in der Lage ist, die Tabelle *Budget* zu erreichen.

Durch die Verwendung eines DAX-Filters können Sie den Filter von der Spalte *Brand* in *Products* zwangsweise zur Spalte *Brand* in *Budget* verschieben. Je nach verwendeter DAX-Version muss dieser Filter auf unterschiedliche Weise geschrieben werden. In Power BI und in Excel 2016 und höher können Sie Mengenfunktionen nutzen. In diesen Versionen führt der folgende Ausdruck für das berechnete Feld *Budget 2009* eine korrekte Filterung nach Marke und Region durch:

```
Budget 2009 :=
CALCULATE (
   SUM ( Budget[Budget] ),
   INTERSECT ( VALUES ( Budget[Brand] ), VALUES ( 'Product'[Brand] ) ),
   INTERSECT ( VALUES ( Budget[CountryRegion] ), VALUES ( Store[CountryRegion] ) )
)
```

Die Funktion `INTERSECT` bildet die Schnittmenge der Werte von *Product[Brand]* und *Budget[Brand]*. Da die Tabelle *Budget* keine Beziehungen hat und daher nicht gefiltert wird, ist das Ergebnis die Schnittmenge aus allen Werten von *Brand* in *Budget* und den sichtbaren Werten in *Product*. Mit anderen Worten, der Filter auf *Product* wird zur Spalte *Brand* von *Budget* verschoben. Ebenso wird auch der Filter *CountryRegion* von *Store* zu *Budget* verschoben.

Diese Technik sieht wie das Muster zur dynamischen Segmentierung aus Kapitel 10 aus. Da wir hier keine Beziehungen vorliegen haben und auch keine erstellen können, müssen wir sie mit DAX-Code nachahmen. Für den Benutzer sieht es so aus, als wäre eine Beziehung vorhanden, obwohl das in Wirklichkeit nicht der Fall ist.

In Excel 2013 steht die Funktion `INTERSECT` nicht zur Verfügung. Dort müssen Sie die Technik aus dem folgenden Code anwenden, die sich auf die Funktion `CONTAINS` stützt:

```
Budget 2009 Contains =
CALCULATE (
   SUM ( Budget[Budget] ),
   FILTER (
      VALUES ( Budget[Brand] ),
      CONTAINS (
         VALUES ( 'Product'[Brand] ),
         'Product'[Brand],
         Budget[Brand]
      )
   ),
   FILTER (
      VALUES ( Budget[CountryRegion] ),
```

```
        CONTAINS (
            VALUES ( Store[CountryRegion] ),
            Store[CountryRegion],
            Budget[CountryRegion]
        )
    )
)
```

Dieser Code ist zwar viel komplizierter als die Variante mit INTERSECT aus dem vorherigen Beispiel, aber die beste Möglichkeit, die Ihnen in Excel 2010 und Excel 2013 zur Verfügung steht. In Abbildung 9–7 sehen Sie, dass die beiden berechneten Felder dieselben Zahlen zurückgeben. Nur die Vorgehensweisen zum Abrufen dieser Ergebnisse unterscheiden sich ein wenig.

Brand	Sales 2009	Budget 2009	Budget 2009 Contains
A. Datum	$36,200.51	$48,500.00	$48,500.00
Adventure Works	$32,581.41	$67,100.00	$67,100.00
Contoso	$132,922.31	$239,500.00	$239,500.00
Fabrikam	$110,962.34	$169,500.00	$169,500.00
Litware	$102,200.93	$143,000.00	$143,000.00
Northwind Traders	$2,505.23	$64,500.00	$64,500.00
Proseware	$67,563.50	$115,500.00	$115,500.00
Southridge Video	$35,644.43	$61,500.00	$61,500.00
Tailspin Toys	$9,439.22	$28,000.00	$28,000.00
The Phone Company	$31,975.17	$78,750.00	$78,750.00
Wide World Importers	$67,841.67	$125,500.00	$125,500.00
Total	**$629,836.71**	**$1,141,350.00**	**$1,141,350.00**

Abbildung 9–7 *Budget 2009* und *Budget 2009 Contains* weisen dasselbe Ergebnis auf.

Die Technik, die wir hier vorgestellt haben, erfordert keine Änderung am Datenmodell, da wir uns hier auf DAX stützten. Das führt zwar zum richtigen Ergebnis, jedoch lässt sich der Code nicht so leicht schreiben, vor allem in älteren Versionen von Excel. Allerdings kann auch die Version mit Mengenfunktionen kompliziert werden, wenn die Tabelle *Budget* nicht nur zwei, sondern erheblich mehr Attribute enthält. Für jede Spalte, die die Granularität dieser Tabelle bestimmt, müssen Sie einen neuen Aufruf der Funktion INTERSECT hinzufügen.

Auch die Leistung ist bei diesen berechneten Feldern ein Problem. Die Funktion INTERSECT nutzt die langsameren Elemente der Sprache DAX, weshalb die Leistung bei umfangreichen Modellen nicht optimal sein wird. Zum Glück wurde DAX im Januar 2017 um die Funktion TREATAS eigens für solche Situationen erweitert. Mit dieser neuesten Version von DAX können Sie das berechnete Feld auch wie folgt schreiben:

```
Budget 2009 :=
CALCULATE (
    SUM ( Budget[Budget] ),
    TREATAS ( VALUES ( Budget[Brand] ), 'Product'[Brand] ),
    TREATAS ( VALUES ( Budget[CountryRegion] ), Store[CountryRegion] )
)
```

Die Funktion TREATAS funktioniert ähnlich wie INTERSECT. Sie ist schneller als INTERSECT, aber langsamer als die Version mit Beziehungen, die wir im nächsten Abschnitt erklären werden.

Filterung über Beziehungen

In diesem Abschnitt bleiben wir bei unserem Beispiel mit den vorhergesagten Verkaufsdaten, setzen zur Lösung aber keinen DAX-Code ein, sondern ändern das Datenmodell, sodass wir Beziehungen nutzen können, um die Filter weiterzuleiten. Dazu kombinieren wir die erste Vorgehensweise, bei der wir die Granularität von *Sales* verringert und zwei neue Dimensionen hinzugefügt haben, mit einem Schneeflockenmodell.

Als Erstes erstellen wir die beiden neuen Dimensionen *Brands* und *CountryRegions* mit dem folgenden DAX-Code:

```
Brands =
DISTINCT (
   UNION (
      ALLNOBLANKROW ( Product[Brand] ),
      ALLNOBLANKROW ( Budget[Brand] )
   )
)

CountryRegions =
DISTINCT (
   UNION (
      ALLNOBLANKROW ( Store[CountryRegion] ),
      ALLNOBLANKROW ( Budget[CountryRegion] )
   )
)
```

Nachdem alle Tabellen erstellt sind, können Sie Beziehungen einrichten – als Schneeflocke für *Sales* und als direkte Dimensionen für *Budget*. Das resultierende Datenmodell sehen Sie in Abbildung 9–8.

In diesem Sternschemamodell können Sie jetzt *Sales* und *Budget* gleichzeitig nach der Spalte *Brand* in *Brands* oder der Spalte *CountryRegion* in *CountryRegions* filtern. Dabei müssen Sie aber aufpassen, dass Sie die richtige Spalte verwenden. Aufgrund der Richtung der Beziehungen ist es nicht möglich, mit der Spalte *Brands* in *Product* die Tabelle *Brands* oder *Budget* zu filtern. Daher ist es ratsam, die Spalten auszublenden, die das Modell nur teilweise (und damit auf unerwünschte Weise) filtern. In dem vorliegenden Modell würden Sie dazu die Spalte *CountryRegion* in *Budget* und *Store* sowie die Spalte *Brand* in *Product* und *Budget* ausblenden.

Da Sie in Power BI volle Kontrolle über die Weiterleitung von Filtern über Beziehungen haben, können Sie für die Beziehung zwischen *Product*, *Brands* und *CountryRegions* die bidirektionale Filterung einschalten. Dadurch erhalten Sie das Modell aus Abbildung 9–9.

Auf den ersten Blick scheinen sich die Modelle in Abbildung 9–8 und 9-9 nicht zu unterscheiden. Die Tabellen sind zwar identisch, aber die Beziehungen sind auf andere Weise eingerichtet: Sowohl die Beziehung zwischen *Product* und *Brands* als auch die zwischen *Store* und *CountryRegions* lässt jetzt eine bidirektionale Filterung zu.

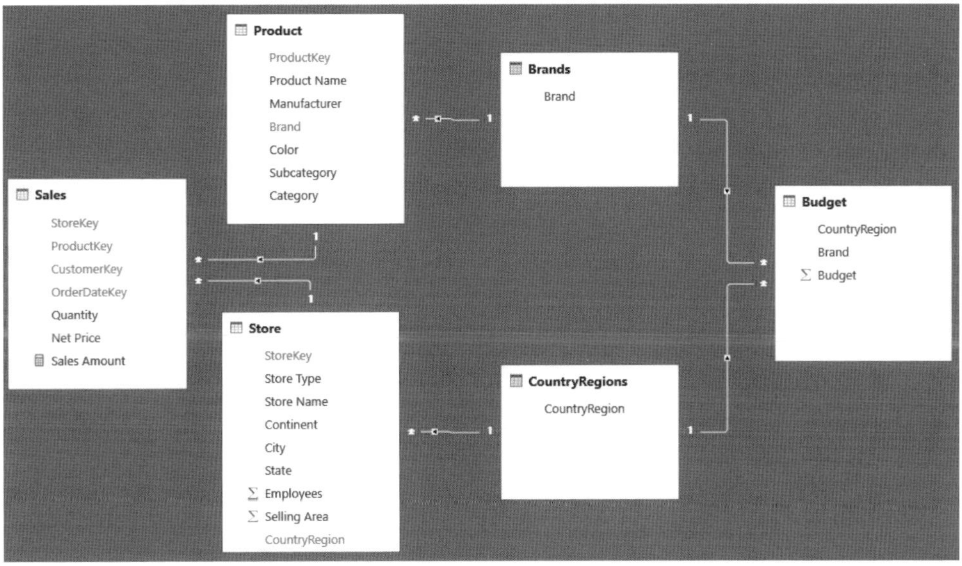

Abbildung 9–8 Die zusätzlichen Dimensionen *Brands* und *CountryRegions* dienen dazu, das Granularitätsproblem zu lösen.

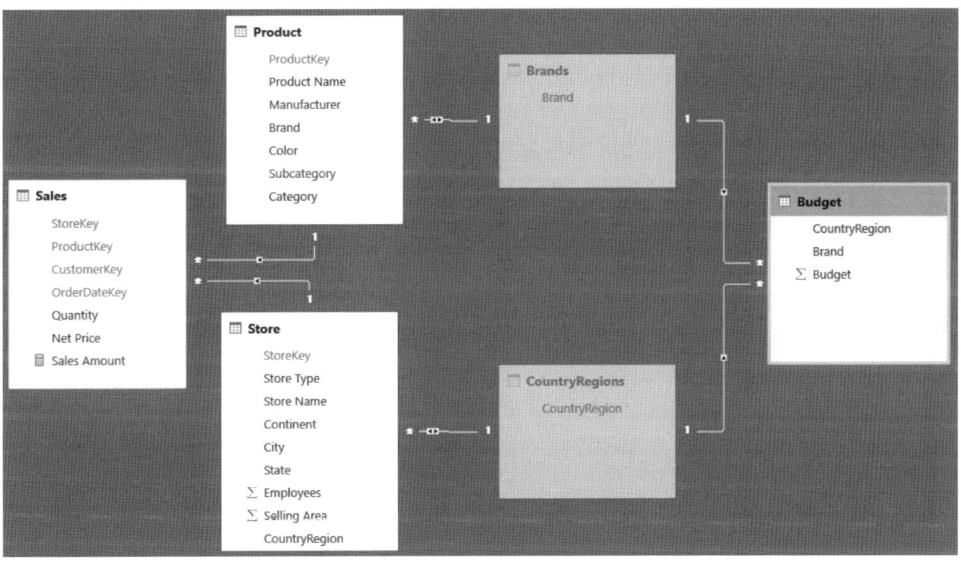

Abbildung 9–9 In diesem Modell sind *Brands* und *CountryRegions* ausgeblendet und ihre Beziehungen zu *Product* und *Store* bidirektional.

Außerdem sind die Tabellen *Brands* und *CountryRegions* ausgeblendet, da es sich bei ihnen jetzt nur noch um Hilfstabellen handelt (also um Tabellen, die zwar in Formeln und im Code verwendet werden, für den Benutzer aber keinen direkten praktischen Wert haben). Der Filter für die Spalte *Brand* in *Product* wird über die bidirektionale Beziehung zur Tabelle *Brands* weitergeleitet und läuft dann ganz natürlich zu *Budget* weiter. Das Gleiche gilt für die Beziehung zwischen *Store* und *CountryRegions*. Wir haben jetzt also ein Modell, in dem Filter, die auf *Product* oder *Store* angewendet werden, die Tabelle *Budget* filtern. Da die beiden technischen Tabellen ausgeblendet sind, haben Benutzer auch einen ganz intuitiven Zugang zu diesem Modell.

Diese Technik bietet erhebliche Leistungsvorteile. Da sie sich auf Beziehungen stützt, nutzt sie hauptsächlich die schnellsten Teile der DAX-Engine und wendet nur dann Filter und die Filterweiterleitung an, wenn es notwendig ist. (Bei der Lösung im vorherigen Abschnitt war das nicht der Fall, denn dort wurde die Funktion `FILTER` unabhängig von einer eventuellen Auswahl in der betreffenden Dimension immer angewendet.) Das führt zu einer optimalen Leistung. Da dieses Modell auch das Granularitätsproblem löst, können wir für die berechneten Felder einfache `SUM`-Operationen ohne `CALCULATE`-Vorgänge oder interne Filterungen verwenden. Das ist auch sehr wichtig für die Pflege des Codes, denn wenn neue Formeln hinzukommen, müssen Sie nicht wie in den vorherigen Modellen das Filtermuster wiederholen.

Werte mit falscher Granularität ausblenden

In den vorherigen Abschnitten haben wir das Granularitätsproblem dadurch zu lösen versucht, dass wir die Granularität von *Sales* auf die von *Budget* abgesenkt haben, wodurch wir jedoch Ausdruckskraft verloren haben. Anschließend konnten wir die beiden Faktentabellen mithilfe von ausgeblendeten Schneeflockendimensionen zu einem einzigen Datenmodell verschmelzen, sodass die Benutzer *Budget* und *Sales* übergangslos untersuchen können. Damit ist es zwar möglich, die vorhergesagten Werte nach der Marke zu filtern, aber nicht nach beispielsweise der Produktfarbe. Die Farbe weist eine andere Verteilung auf als die Marke, und *Budget* enthält keine Informationen auf der Ebene der Farbe. Sehen wir uns das an einem Beispiel an. Wenn Sie einen einfachen Bericht erstellen, der *Sales* und *Budget* nach der Farbe filtert, erhalten Sie das Ergebnis aus Abbildung 9–10.

Color	Sales Amount	Budget 2009
Azure	$6,362.32	$48,500.00
Black	$337,734.90	$1,141,350.00
Blue	$92,449.76	$1,062,600.00
Brown	$115,653.60	$806,100.00
Gold	$17,447.49	$625,750.00
Green	$64,720.29	$934,000.00
Grey	$246,243.30	$1,076,850.00
Orange	$33,211.29	$726,000.00
Pink	$27,358.17	$958,750.00
Purple	$60.60	$600,500.00
Red	$48,697.27	$1,014,100.00
Silver	$285,768.49	$1,141,350.00
Silver Grey	$18,238.76	$457,500.00
Transparent	$178.75	$239,500.00
White	$453,935.43	$1,092,850.00
Yellow	$4,311.34	$662,000.00
Total	**$1,752,371.77**	**$1,141,350.00**

Abbildung 9–10 *Sales Amount* ist additiv, *Budget 2009* dagegen nicht. Die tatsächliche Summe der Zeilen ist viel höher als unter *Total* angegeben.

Ein Muster wie dieses können Sie in vielen m:n-Beziehungen finden. Der Bericht zeigt nicht die Vorhersagen für Produkte einer gegebenen Farbe, da die Faktentabelle *Budget* keine Informationen über einzelne Produkte enthält, sondern nur über die Marken. Die angezeigte Zahl ist der Wert von *Budget* für jede Marke, die mindestens ein Produkt der gegebenen Farbe hat. Daher gibt es bei dieser Zahl zwei Probleme: Erstens ist sie falsch, und zweitens ist es schwierig zu erkennen, dass sie falsch ist.

Solche Berichte wollen Sie nicht haben. Bestenfalls würden sich die Benutzer über die falschen Ergebnisse beschweren. Schlimmstenfalls würden sie Entscheidungen auf der Grundlage dieser falschen Ergebnisse treffen. Als Datenmodellierer müssen Sie dafür sorgen, dass kein falsches Ergebnis, sondern ein Fehler angezeigt wird, wenn eine Zahl anhand des Modells nicht berechnet werden kann. Ihr Code muss also über Einrichtungen verfügen, die sicherstellen, dass eine in den berechneten Feldern zurückgegebene Zahl auch tatsächlich korrekt ist. Es darf kein falsches Ergebnis angezeigt werden.

Das führt uns zu der nächsten Frage: Woher kann der Code wissen, wann er keinen Wert zurückgeben darf? Die Antwort darauf ist einfach, erfordert allerdings einige Kenntnisse in DAX. Der Code muss bestimmen, ob die Pivottabelle (oder ganz allgemein ausgedrückt, der Bericht) die Daten mit einer Granularität untersucht, bei der die Zahlen noch Sinn haben. Erfolgt die Untersuchung mit einer gröberen Granularität, so werden die Werte aggregiert, was völlig in Ordnung ist. Bei einer zu feinen Granularität dagegen werden die Werte auf diese Granularität aufgespaltet und mit einem zu feinen Detaillierungsgrad angezeigt. In einem solchen Fall sollte stattdessen ein leeres Ergebnis angezeigt werden, um die Benutzer darüber zu informieren, dass die Antwort unbekannt ist.

Die entscheidende Frage lautet, ob Sie in der Lage sind, die Anzahl der Produkte (oder Geschäfte) zu zählen, die mit der Granularität von *Sales* ausgewählt wurden, und sie mit der Anzahl der Produkte zu vergleichen, die mit der Granularität von *Budget* ausgewählt wurden. Wenn die beiden Zahlen gleich sind, dann ruft der Filter nach Produkten sinnvolle Werte in beiden Faktentabellen hervor. Unterscheiden sie sich aber, dann führt der Filter in der Tabelle mit der feineren Granularität zu einem falschen Ergebnis. Um eine solche Prüfung durchzuführen, können Sie die beiden folgenden berechneten Felder definieren:

```
ProductsAtSalesGranularity := COUNTROWS ( Product )

ProductsAtBudgetGranularity :=
CALCULATE (
   COUNTROWS ( Product ),
   ALL ( Product ),
   VALUES ( Product[Brand] )
)
```

ProductAtSalesGranularity zählt die Produkte auf der höchsten Granularität also anhand des Produktschlüssels. *Sales* ist auf dieser Granularitätsebene mit *Product* verknüpft. Dagegen zählt *ProductsAtBudgetGranularity* zwar ebenfalls die Produkte, berücksichtigt dabei aber nur den Filter für *Brand* und entfernt alle anderen vorhandenen Filter. Das entspricht genau der Definition der Granularität von *Budget*. Den Unterschied zwischen den beiden berechneten Feldern können Sie sich in einem Bericht wie dem in Abbildung 9–11 ansehen, in dem beide Felder nach Marke und Farbe gefiltert werden.

Brand	Color	ProductsAtBudgetGranularity	ProductsAtSalesGranularity
A. Datum	Azure	132	14
	Black	132	18
	Blue	132	4
	Gold	132	4
	Green	132	14
	Grey	132	18
	Orange	132	18
	Pink	132	18
	Silver	132	18
	Silver Grey	132	6
	Total	**132**	**132**
Adventure Works	Black	192	54
	Blue	192	12
	Brown	192	15
	Grey	192	14
	Red	192	6
	Silver	192	39
	White	192	52
	Total	**192**	**192**

Abbildung 9–11 Dieser Bericht zeigt die Anzahl der Produkte, ermittelt mit unterschiedlichen Granularitäten.

Diese beiden berechneten Felder geben nur dann denselben Wert zurück, wenn es einen Filter für die Marke, aber sonst keinen anderen Filter gibt. Mit anderen Worten, sie sind nur dann gleich, wenn die Tabelle *Product* mit der Granularität von *Budget* gefiltert wird. Das Gleiche müssen Sie nun auch noch für *Store* tun, wo die Granularität auf der Ebene der Regionen liegt. Um die Granularität auf der Ebene der Geschäfte zu prüfen, definieren Sie die beiden folgenden berechneten Felder:

```
StoresAtSalesGranularity := COUNTROWS ( Store )

StoresAtBudgetGranularity :=
CALCULATE (
   COUNTROWS ( Store ),
   ALL ( Store ),
   VALUES ( Store[CountryRegion] )
)
```

Wenn Sie diese beiden Felder in einem Bericht verwenden, geben sie bei der Granularität von *Budget* sowie bei gröberen Granularitäten die gleichen Zahlen zurück (siehe Abbildung 9–12).

Die Zahlen sind nicht nur auf der Ebene der einzelnen Regionen identisch, sondern auch auf der Ebene des Kontinents. Schließlich hat *Continent* eine gröbere Granularität als *CountryRegion*. Daher ist der Wert von *Budget* auf der Ebene der Kontinente korrekt.

Als letzten Schritt müssen Sie dafür sorgen, dass nur sinnvolle Zahlen für *Budget* angezeigt werden. Dazu müssen Sie das berechnete Feld *Budget* leer lassen, wenn die Ergebnisse der zuvor geschriebenen berechneten Felder nicht übereinstimmen. Das können Sie ganz einfach mit einer Bedingung wie im folgenden Code tun:

```
Budget 2009 :=
IF (
   AND (
      [ProductsAtBudgetGranularity] = [ProductsAtSalesGranularity],
      [StoresAtBudgetGranularity] = [StoresAtSalesGranularity]
   ),
   SUM ( Budget[Budget] )
)
```

Diese Bedingung sorgt dafür, dass nur dann ein Wert zurückgegeben wird, wenn der Bericht die Daten nicht mit einer feineren Granularität als der von *Budget* untersucht. Das Ergebnis sehen Sie in Abbildung 9–13. Hier werden die Vorhersagen auf der Ebene der Marke korrekt wiedergegeben, auf der Ebene der Produktfarben aber nicht angezeigt.

Continent	CountryRegion	State	StoresAtBudgetGranularity	StoresAtSalesGranularity
North America	United States	Texas	198	35
		Wisconsin	198	22
		Colorado	198	21
		Washington	198	20
		Massachusetts	198	19
		New Jersey	198	18
		New York	198	14
		Florida	198	13
		Maryland	198	11
		Connecticut	198	8
		Virginia	198	8
		Maine	198	6
		South Carolina	198	2
		Alaska	198	1
		Total	**198**	**198**
	Canada	Ontario	11	5
		British Columbia	11	3
		Quebec	11	2
		Alberta	11	1
		Total	**11**	**11**
	Total		**209**	**209**
Total			**209**	**209**

Abbildung 9–12 Dieser Bericht zeigt die Anzahl der Geschäfte, ermittelt mit unterschiedlichen Granularitäten.

Brand	Color	Sales 2009	Budget 2009
A. Datum	Azure	$2,300.20	
	Black	$9,084.43	
	Gold	$1,014.00	
	Green	$5,138.80	
	Grey	$3,103.05	
	Orange	$5,306.96	
	Pink	$1,378.92	
	Silver	$1,726.35	
	Silver Grey	$7,147.80	
	Total	**$36,200.51**	**$48,500.00**
Adventure Works	Black	$15,303.77	
	Blue	$520.47	
	Silver	$8,622.21	
	White	$8,134.95	
	Total	**$32,581.41**	**$67,100.00**

Abbildung 9–13 In diesem Bericht bleiben die Werte von *Budget* für die Einträge mit einer zu feinen Granularität leer.

Bei Faktentabellen mit unterschiedlicher Granularität ist es immer sehr wichtig herauszufinden, wann ein Wert aufgrund eines Granularitätsproblems nicht angezeigt werden darf. Wenn Sie nichts tun, wird in dem Bericht sonst immer eine Zahl angezeigt – und zwar sehr wahrscheinlich die falsche.

Werte einer feineren Granularität mithilfe von Zuordnungsfaktoren berechnen

In den vorherigen Beispielen haben Sie gelernt, wie Sie Werte mit einer Granularität verbergen, die das Datenmodell gar nicht mehr hergibt. Diese Technik ist sinnvoll, um die Anzeige falscher Ergebnisse zu vermeiden. In besonderen Situationen können Sie jedoch noch mehr tun: Mit einem Zuordnungsfaktor können Sie Werte mit feinerer Granularität berechnen. Nehmen wir an, Sie wollen die vorhergesagten Zahlen für blaue Produkte der Firma Adventure Works ermitteln, kennen aber nur die vorhergesagten Zahlen für Produkte von Adventure Works insgesamt. Dazu können Sie einen Prozentsatz des Gesamtwerts der Vorhersage verwenden, der sich im laufenden Betrieb berechnen lässt. Dieser Prozentsatz dient als Zuordnungsfaktor.

Ein guter Zuordnungsfaktor kann beispielsweise der prozentuale Anteil von blauen Produkten an den Verkäufen von Produkten sämtlicher Farben im Vorjahr sein. Das lässt sich besser anhand des Berichts in Abbildung 9–14 zeigen als mit Worten beschreiben.

Brand	Color	Sales 2008	AllocationFactor	Budget 2009	Allocated Budget
A. Datum	Azure	$4,062.12	9.33 %		$4,526.04
	Black	$681.90	1.57 %		$759.78
	Blue	$1,587.60	3.65 %		$1,768.91
	Green	$3,450.30	7.93 %		$3,844.35
	Grey	$1,800.00	4.14 %		$2,005.57
	Orange	$6,424.10	14.76 %		$7,157.77
	Pink	$12,566.60	28.87 %		$14,001.78
	Silver	$9,557.72	21.96 %		$10,649.28
	Silver Grey	$3,398.40	7.81 %		$3,786.52
	Total	**$43,528.75**	**100.00 %**	**$48,500.00**	**$48,500.00**
Adventure Works	Black	$27,481.25	29.36 %		$19,703.50
	Blue	$8,603.64	9.19 %		$6,168.64
	Brown	$7,549.63	8.07 %		$5,412.93
	Grey	$4,644.90	4.96 %		$3,330.30
	Red	$5,592.00	5.98 %		$4,009.35
	Silver	$18,013.27	19.25 %		$12,915.15
	White	$21,702.32	23.19 %		$15,560.13
	Total	**$93,587.00**	**100.00 %**	**$67,100.00**	**$67,100.00**

Abbildung 9–14 Die Spalte *Allocated Budget* zeigt die Werte mit feinerer Granularität durch dynamische Berechnung an.

Sehen wir uns Abbildung 9–14 etwas genauer an. In den vorherigen Abbildungen haben wir *Sales 2009* verwendet, hier dagegen *Sales 2008*, da wir *Sales 2008* zur Berechnung des Zuordnungsfaktors heranziehen. Dieser Faktor ist der Betrag der im Jahr 2008 verkauften blauen Produkte dividiert durch den Betrag der Verkäufe im Jahr 2008 auf der Granularität von *Budget*.

So wurden blaue Produkte von Adventure Works im Wert von 8603,64 Dollar verkauft. Dividiert durch 93.587,00 Dollar ergibt das einen Anteil von 9,19 % an den Verkäufen des Jahres 2008. Zahlen für die vorhergesagten Verkäufe von blauen Produkten im Jahr 2009 stehen nicht zur Verfügung, lassen sich aber berechnen, indem wir die Vorhersage für Adventure-Works-

Produkte mit dem Anteil multiplizieren, den die blauen Produkte 2008 haben. Das führt zu einem erwarteten Wert von 6168,64 Dollar.

Wenn Sie die Granularitäten kennen, lässt sich der Wert leicht mit einer einfachen Variante der bisherigen Formeln berechnen:

```
Sales2008AtBudgetGranularity :=
CALCULATE (
    [Sales 2008],
    ALL ( Store ),
    VALUES ( Store[CountryRegion] ),
    ALL ( Product ),
    VALUES ( Product[Brand] )
)

AllocationFactor := DIVIDE ( [Sales 2008], [Sales2008AtBudgetGranularity] )

Allocated Budget := SUM ( Budget[Budget] ) * [AllocationFactor]
```

Das Herz dieser Formeln ist *Sales2008AtBudgetGranularity*. Dieses Feld berechnet den Verkaufsbetrag nach Entfernen der Filter von *Store* und *Product* mit Ausnahme der Spalten, die die Granularität auf der Ebene von *Budget* festlegen. Die beiden anderen berechneten Felder führen lediglich einfache Divisionen und Multiplikationen durch. Verwenden Sie die Zahlen aus Abbildung 9–14, um zu dem gewünschten Ergebnis zu kommen.

Diese Zuordnungstechnik zur Berechnung von Werten mit feinerer Granularität ist sehr interessant, da sie den Benutzern den Eindruck vermittelt, als ob Zahlen mit dieser Granularität vorhanden wären, obwohl sie das gar nicht sind. Allerdings sollten Sie bei dieser Vorgehensweise allen Beteiligten deutlich erklären, wie diese Zahlen zustande gekommen sind. Schließlich wurden diese Zahlen nachträglich berechnet und nicht etwa bei der Aufstellung der Vorhersage eingegeben.

Zusammenfassung

Ein genaues Verständnis der Granularität ist für jedes Datenmodell unverzichtbar, weshalb wir dieses Thema in diesem Buch schon mehrmals erwähnt haben. In diesem Kapitel sind wir noch einen Schritt weitergegangen und haben Ihnen einige der Möglichkeit gezeigt, die Sie haben, wenn die Daten schon mit der jeweils richtigen Granularität gespeichert sind und Sie diese daher nicht ändern können.

Die wichtigsten Punkte in diesem Kapitel waren:

- Die Granularität ist durch die Ebene bestimmt, auf der die Dimensionen mit der Faktentabelle verknüpft sind.
- Faktentabellen können aufgrund der Natur ihrer Daten jeweils verschiedene Granularitäten aufweisen. Gewöhnlich sind Granularitätsprobleme Fehler im Modell. Es kann jedoch auch sein, dass die Faktentabellen jeweils mit der für sie passenden Granularität gespeichert sind, die von einer Tabelle zur anderen unterschiedlich ist.

- Wenn Sie mehrere Faktentabellen mit unterschiedlichen Granularitäten haben, müssen Sie ein Modell erstellen, in dem Sie alle Tabellen anhand einer Dimension filtern können. Dazu können Sie entweder ein besonderes Modell mit der richtigen Granularität konstruieren oder den Filter mithilfe von DAX oder bidirektionalen Beziehungen weiterleiten.
- Sie müssen sich über Granularitätsunterschiede zwischen den Fakten bewusst sein und sie ordnungsgemäß handhaben. Dazu haben Sie verschiedene Möglichkeiten: Sie können das Problem ignorieren, Daten mit zu feiner Granularität verbergen oder Werte mithilfe eines Faktors neu zuordnen.

KAPITEL 10

Segmentierungsmodelle

In Kapitel 1 haben Sie gelernt, wie Sie Ihre Daten mit Standardbeziehungen modellieren: Zwei Tabellen werden über eine einzelne Spalte miteinander verknüpft. Später haben wir sogar m:n-Beziehungen mithilfe von Standardbeziehungen eingerichtet. In diesem Kapitel erfahren Sie, wie Sie mithilfe von DAX mit noch anspruchsvolleren Beziehungen zwischen Tabellen umgehen. In Tabellenmodellen lassen sich zwischen den Tabellen einfache und bidirektionale Beziehungen einrichten, was jedoch eine Beschränkung darstellt. Mit DAX können Sie aber weit aufwendigere Modelle mit praktisch allen möglichen Arten von Beziehungen aufbauen, auch virtuellen. In sehr anspruchsvollen Situationen spielt DAX eine große Rolle bei der Definition des Datenmodells.

Als Beispiele zur Veranschaulichung dieser Art von Beziehungen verwenden wir Datenmodelle, bei denen es hauptsächlich um die Segmentierung der Daten geht. Die Segmentierung ist ein gängiges Modellierungsmuster, das immer dann auftritt, wenn Sie Ihre Daten auf der Grundlage einer Konfigurationstabelle schichten wollen. Nehmen wir an, Sie wollen Ihre Kunden nach dem Altersbereich oder nach dem erzielten Umsatz gruppieren oder Ihre Produkte nach dem Verkaufsbetrag.

Wir werden Ihnen in diesem Kapitel keine fertigen Muster an die Hand geben, die Sie auf Ihre eigenen Modelle anwenden können. Stattdessen wollen wir Ihnen ungewöhnliche Vorgehensweisen für den Aufbau komplexer Modelle mit DAX zeigen, Ihre Kenntnisse über Beziehungen vertiefen und Ihnen vorführen, was Sie mit DAX-Formeln alles erreichen können.

Mehrspaltige Beziehungen

Bei der ersten Art von Beziehungen, die wir Ihnen zeigen möchten, handelt es sich um berechnete physische Beziehungen. Der einzige Unterschied zu Standardbeziehungen besteht darin, dass sich der Schlüssel für die Beziehung in einer berechneten Spalte befindet. Wenn Ihnen für eine Beziehung ein Schlüssel fehlt oder wenn Sie ihn mit komplizierten Formeln berechnen müssen, können Sie auf berechnete Spalten zurückgreifen. Das Ergebnis ist immer noch eine physische Beziehung.

Die Tabular-Engine lässt nur Beziehungen auf der Grundlage einer einzigen Spalte zu. Allerdings können Beziehungen, die auf mehreren Spalten beruhen, sehr nützlich sein und treten in vielen Datenmodellen auf. Bei solchen Modellen haben Sie die beiden folgenden Möglichkeiten:

- Definieren Sie eine berechnete Spalte mit einer Kombination der gewünschten Schlüssel und verwenden Sie diese Spalte als neuen Schlüssel für die Beziehung.
- Denormalisieren Sie die Spalten der Zieltabelle (der 1-Seite in der 1:n-Beziehung) mithilfe der Funktion `LOOKUPVALUE`.

Nehmen wir an, Sie haben die Aktion »Produkt des Tages«, bei der einzelne Produkte an einem bestimmten Tag einen besonderen Rabatt erhalten (siehe Abbildung 10–1).

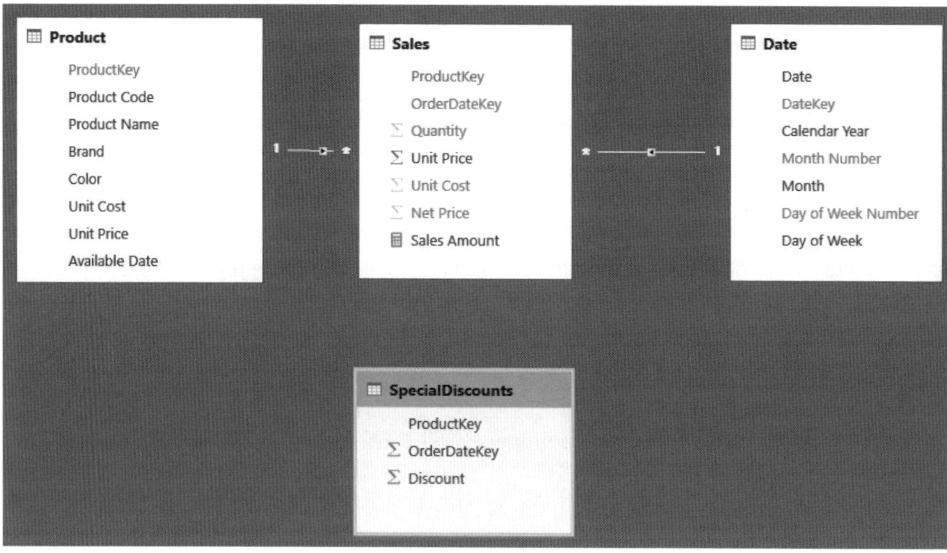

Abbildung 10–1 Die Tabelle *SpecialDiscounts* benötigt eine Beziehung auf der Grundlage von zwei Spalten in *Sales*.

Die Rabatttabelle *SpecialDiscounts* enthält die drei Spalten *ProductKey*, *OrderDateKey* und *Discount*. Bei der Berechnung eines Rabatts haben Sie das Problem, dass dieser Rabatt bei jedem Verkauf sowohl von *ProductKey* als auch von *OrderDateKey* abhängt. Die erforderliche Beziehung zwischen *Sales* und *SpecialDiscounts* können Sie jedoch nicht einrichten, da sie zwei Spalten umfasst, während Tabular nur Beziehungen über eine Spalte zulässt.

Um dieses Problem zu lösen, nutzen Sie die Tatsache, dass es nicht verboten ist, eine Beziehung auf eine berechnete Spalte zu stützen. Sie können also eine neue Spalte erstellen, die die beiden gewünschten Spalten kombiniert, und über diese neue Spalte die Beziehung einrichten. Diese neue Spalte legen Sie sowohl in *SpecialDiscount* als auch in *Sales* an. In *Sales* verwenden Sie dazu den folgenden Code:

```
Sales[SpecialDiscountKey] = Sales[ProductKey] & "-" & Sales[OrderDateKey]
```

In *SpecialDiscount* verwenden Sie einen ähnlichen Ausdruck. Anschließend können Sie die Beziehung zwischen den beiden Tabellen einrichten. Dadurch erhalten Sie das Modell aus Abbildung 10–2.

Diese Lösung ist einfach und funktioniert einwandfrei. Es gibt jedoch Situationen, in denen sie nicht die beste Lösung darstellt, da Sie dazu zwei berechnete Spalten mit vielen verschiedenen Werten erstellen müssen, was im Hinblick auf die Leistung nicht ratsam ist.

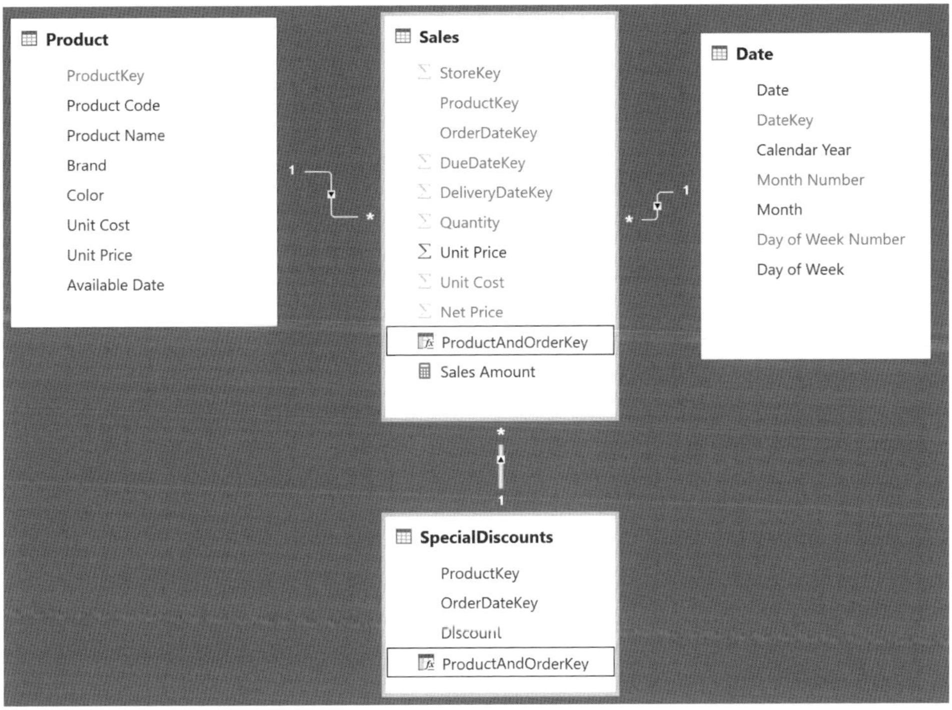

Abbildung 10–2 Als Grundlage für eine Beziehung kann auch eine berechnete Spalte dienen.

Eine andere Möglichkeit besteht darin, die Funktion LOOKUPVALUE zu verwenden. Damit können Sie den Rabatt unmittelbar in die Faktentabelle denormalisieren, indem Sie mit dem folgenden Code eine neue berechnete Spalte in *Sales* definieren:

```
Sales[SpecialDiscount] =
LOOKUPVALUE (
    SpecialDiscounts[Discount],
    SpecialDiscounts[ProductKey], Sales[ProductKey],
    SpecialDiscounts[OrderDateKey], Sales[OrderDateKey]
)
```

Bei dieser Vorgehensweise erstellen Sie keine Beziehung, sondern verschieben den Rabattwert in die Faktentabelle und führen einen Nachschlagevorgang durch. Technisch ausgedrückt denormalisieren Sie den Wert von *SpecialDiscount* von der Tabelle *SpecialDiscounts* in *Sales*.

Beide Vorgehensweisen sind gut, und für welche Sie sich entscheiden, hängt von mehreren Faktoren ab. Wenn *Discount* die einzige Spalte ist, die Sie von der Tabelle *SpecialDiscounts* benötigen, dann stellt die Denormalisierung die bessere Methode dar. Dabei wird nur eine einzige berechnete Spalte mit weniger einzigartigen Werten erstellt, und nicht zwei mit vielen einzigartigen Werten. Das verringert die Speichernutzung und macht den Code einfacher.

Enthält *SpecialDiscounts* dagegen viele Spalten, die Sie in Ihrem Code benötigen, würde es eine Speicherverschwendung und möglicherweise auch Leistungseinbußen bedeuten, wenn

Sie sie alle in die Faktentabelle denormalisierten. In diesem Fall ist die berechnete Spalte mit dem neuen zusammengesetzten Schlüssel die bessere Methode.

Dieses erste, einfache Beispiel ist vor allem deshalb wichtig, weil es eine wichtige Eigenschaft von DAX veranschaulicht, nämlich die Möglichkeit, Beziehungen auf der Grundlage von berechneten Spalten zu erstellen. Dadurch können Sie jede mögliche Art von Beziehung einrichten, sofern Sie sie nur berechnen und in einer berechneten Spalte materialisieren lassen können. Mit dem nächsten Beispiel zeigen wir Ihnen, wie Sie Beziehungen auf der Grundlage statischer Bereiche einrichten. Durch die Erweiterung dieses Prinzips lassen sich fast alle Arten von Beziehungen aufstellen.

Statische Segmentierung

Statische Segmentierung kommt sehr häufig vor, wenn Sie einen Wert in einer Tabelle haben und weniger an der Analyse des Wertes an sich interessiert sind (da es Hunderte und Tausende von möglichen Werten geben kann), sondern ihn in Segmente aufteilen wollen. Zwei gängige Beispiele dafür sind die Analyse von Verkäufen nach dem Alter der Kunden oder nach dem Listenpreis. Es wäre sinnlos, die Verkaufsbeträge auf alle möglichen Werte des Listenpreises aufzuteilen, da es zu viele davon gibt. Wenn Sie die verschiedenen Preise aber zu Bereichen gruppieren, können Sie aus der Untersuchung dieser Gruppen wertvolle Erkenntnisse gewinnen.

Betrachten Sie als Beispiel die Tabelle *PriceRanges* mit den Preisbereichen. Wie Sie in Abbildung 10–3 sehen, legen Sie dabei für jeden Bereich die Grenzen fest.

PriceRangeKey	PriceRange	MinPrice	MaxPrice
1	VERY LOW	0	10
2	LOW	10	30
3	MEDIUM	30	80
4	HIGH	80	150
5	VERY HIGH	150	99999

Abbildung 10–3 Die Konfigurationstabelle für die Preisbereiche

Wie im vorherigen Beispiel können Sie auch hier keine direkte Beziehung zwischen der Faktentabelle mit den Verkäufen und der Konfigurationstabelle *PriceRanges* aufstellen, da der Schlüssel in der Konfigurationstabelle auf einer Bereichsbeziehung beruht, diese Art von Beziehung in DAX aber nicht zulässig ist. Daher besteht die beste Lösung darin, den Preisbereich mithilfe einer berechneten Spalte direkt in die Faktentabelle zu denormalisieren. Das Codemuster dafür ähnelt dem vorherigen, wobei der Hauptunterschied in der folgenden Formel besteht:

```
Sales[PriceRange] =
CALCULATE (
    VALUES ( PriceRanges[PriceRange] ),
    FILTER (
       PriceRanges,
       AND (
          PriceRanges[MinPrice] <= Sales[Net Price],
```

```
            PriceRanges[MaxPrice] > Sales[Net Price]
        )
    )
)
```

Beachten Sie, dass VALUES in diesem Code zum Abruf eines einzelnen Werts verwendet wird, obwohl diese Funktion normalerweise eine Tabelle zurückgibt. Wenn eine Tabelle jedoch nur aus einer einzigen Zeile und einer einzigen Spalte besteht, wird sie automatisch in einen Skalar umgewandelt, wenn das in dem Ausdruck erforderlich ist.

Aufgrund der Art und Weise, wie die Funktion FILTER das Ergebnis berechnet, gibt sie immer eine einzelne Zeile aus der Konfigurationstabelle zurück. Daher gibt auch VALUES immer eine einzige Zeile zurück, und das Ergebnis von CALCULATE ist die Beschreibung des Preisbereichs mit dem aktuellen Nettopreis. Dieser Ausdruck funktioniert problemlos, wenn die Konfigurationstabelle ordnungsgemäß aufgebaut ist. Sollten die Preisbereiche aber aus irgendeinem Grund Lücken oder Überlappungen aufweisen, gibt VALUES mehrere Zeilen zurück, sodass der Ausdruck zu einem Fehler führt.

Um den vorstehenden Code zu verbessern, können Sie eine Fehlerbehandlungsfunktion nutzen, die eine unsaubere Konfiguration erkennt und eine entsprechende Meldung ausgibt:

```
Sales[PriceRange] =
VAR ResultValue =
    CALCULATE (
        IFERROR (
            VALUES ( PriceRanges[PriceRange] ),
            "Overlapping Configuration"
        ),
        FILTER (
            PriceRanges,
            AND (
                PriceRanges[MinPrice] <= Sales[Net Price],
                PriceRanges[MaxPrice] > Sales[Net Price]
            )
        )
    )
RETURN
    IF (
        ISEMPTY ( ResultValue ),
        "Wrong Configuration",
        ResultValue
    )
```

Dieser Code erkennt sowohl sich überlappende Werte (mit dem internen IFERROR) als auch Lücken in der Konfiguration (durch Überprüfung des Ergebnisses mit ISEMPTY vor dem Rücksprung zum Aufrufer). Da hiermit garantiert ist, dass immer ein guter Wert zurückgegeben wird, ist der Code jetzt viel sicherer als in der vorherigen Version.

Berechnete physische Beziehungen sind ein sehr vielseitiges Instrument für die Modellierung in Power BI und Excel, da Sie damit sehr anspruchsvolle Beziehungen einrichten können. Außerdem erfolgt die Berechnung der Beziehung während der Aktualisierung der Daten und nicht bei der Abfrage des Modells. Unabhängig von der Komplexität der Beziehungen ergibt sich dadurch eine sehr gute Leistung.

Dynamische Segmentierung

In vielen Situationen können Sie die logische Beziehung zwischen den Tabellen nicht statisch einrichten. In diesen Fällen ist es nicht möglich, berechnete statische Beziehungen zu verwenden. Stattdessen müssen Sie die Beziehung in dem berechneten Feld definieren, um sie dynamisch handhaben zu können. Da die Beziehungen dann nicht Bestandteile des Modells sind, sprechen wir hier im Gegensatz zu den bisher betrachteten physischen Beziehungen von *virtuellen Beziehungen*.

In unserem nächsten Beispiel führen wir eine virtuelle Beziehung als Variante der zuvor gezeigten statischen Segmentierung vor. Bei der statischen Segmentierung hatten wir jeden Verkauf mithilfe einer berechneten Spalte einem bestimmten Segment zugeordnet. Bei der dynamischen Segmentierung erfolgt diese Zuordnung dynamisch.

Nehmen wir an, Sie wollen Ihre Kunden nach dem Verkaufsvolumen gruppieren. Da das Verkaufsvolumen aber jeweils von den in dem Bericht verwendeten Datenschnitten abhängt, kann die Segmentierung nicht statisch sein. Beispielsweise kann ein Kunde bei der Filterung nach einem einzelnen Jahr zu der einen Gruppe gehören und bei der Filterung nach einem anderen Jahr zu einer anderen. Daher können Sie zur Lösung keine physische Beziehung heranziehen oder das Datenmodell abwandeln, um den DAX-Code zu vereinfachen. Die einzige Möglichkeit in einem solchen Fall besteht darin, die Ärmel hochzukrempeln und anspruchsvollen DAX-Code zur Berechnung des Wertes zu schreiben.

Als Erstes definieren Sie die Konfigurationstabelle *Segments*, die Sie in Abbildung 10–4 sehen.

SegmentCode	Segment	MinSale	MaxSale
1	Very Low	0	75
2	Low	75	100
3	Medium	100	500
4	High	500	1000
6	Very High	1000	99999999

Abbildung 10–4 Die Konfigurationstabelle für die dynamische Segmentierung

Was wir berechnen wollen, ist die Anzahl der Kunden, die zu einer bestimmten Gruppe gehören, wobei alle Filter im aktuellen Filterkontext berücksichtigt werden müssen. Die folgende Formel sieht zwar harmlos aus, erfordert aber doch Aufmerksamkeit, da sie einen Kontextübergang enthält:

```
CustInSegment :=
COUNTROWS (
   FILTER (
      Customer,
      AND (
         [Sales Amount] > MIN ( Segments[MinSale] ),
         [Sales Amount] <= MAX ( Segments[MaxSale] )
      )
   )
)
```

Um das Verhalten dieser Formel zu verstehen, sehen Sie sich den Bericht aus Abbildung 10–5 an, der in den Zeilen die Segmente und in den Spalten die Kalenderjahre anzeigt.

Segment	CY 2007	CY 2008	CY 2009	**Total**
Very Low	351	266	255	**810**
Low	141	14	12	**166**
Medium	365	76	52	**485**
High	250	36	35	**311**
Very High	302	132	160	**581**
Total	**1,409**	**524**	**514**	**2,353**

Abbildung 10–5 Diese Pivottabelle zeigt die dynamische Segmentierung in Aktion.

Schauen Sie sich die Zelle an, die für das Jahr 2008 in der Gruppe mit mittlerem Verkaufsvolumen (*Medium*) 76 Kunden ausgibt. Die Formel iteriert über *Customer* und prüft für jeden Kunden, ob der Wert von *Sales Amount* zwischen das `MIN` von *MinSale* und das `MAX` von *MaxSale* fällt. Der Wert von *Sales Amount* stellt aufgrund des Kontextübergangs die Verkäufe für den einzelnen Kunden dar. Wie zu erwarten, ist das resultierende berechnete Feld für die Segmente und Kunden additiv, für alle anderen Dimensionen aber nicht additiv.

Die Formel funktioniert nur, wenn Sie alle Segmente auswählen. Bei der Auswahl von beispielsweise nur *Very Low* und *Very High* (also bei Wegfall der drei Zwischensegmente) geben `MIN` und `MAX` nicht die korrekte Auswahl wieder, da sie alle Kunden einbeziehen. Das führt zu falschen Gesamtsummen, wie Abbildung 10–6 zeigt.

Segment
- ■ Very Low
- □ Low
- □ Medium
- □ High
- ■ Very High

Segment	CY 2007	CY 2008	CY 2009	**Total**
Very Low	351	266	255	**810**
Very High	302	132	160	**581**
Total	**1,409**	**524**	**514**	**2,353**

Abbildung 10–6 Falsche Werte bei der Verwendung eines Datenschnitts mit nicht zusammenhängender Auswahl

Wollen Sie den Benutzer einzelne Segmente auswählen lassen, müssen Sie die Formel daher wie folgt umschreiben:

```
CustInSegment :=
SUMX (
   Segments,
```

```
    COUNTROWS (
      FILTER (
        Customer,
        AND (
          [Sales Amount] > Segments[MinSale],
          [Sales Amount] <= Segments[MaxSale]
        )
      )
    )
  )
```

Diese Version der Formel leidet zwar nicht unter dem möglichen Problem einer Teilauswahl der Segmente, doch aufgrund der doppelten Iteration über die Tabellen kann die Leistung leiden. Wie Sie in Abbildung 10–7 sehen, sind die Ergebnisse jetzt aber korrekt.

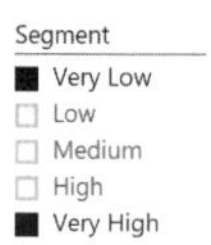

Segment	CY 2007	CY 2008	CY 2009	Total
Very Low	351	266	255	**810**
Very High	302	132	160	**581**
Total	**653**	**398**	**415**	**1,391**

Abbildung 10–7 Das berechnete Feld zeigt jetzt andere Gesamtsummen, da die Teilauswahl der Segmente diesmal korrekt berücksichtigt wird.

Virtuelle Beziehungen bieten viele Möglichkeiten. Auch wenn sie den Benutzern als echte Beziehungen erscheinen, sind sie keine Bestandteile des Modells, sondern werden jedes Mal mit dem DAX-Code berechnet. Ist die dazu erforderliche Formel sehr aufwendig oder das Modell zu umfangreich, kann die Leistung beeinträchtigt werden. Für Modelle mittlerer Größe sind solche Beziehungen jedoch hervorragend geeignet.

Versuchen Sie, diese Prinzipien auf Ihr Geschäftsfeld zu übertragen, um zu sehen, ob dieses Muster auch für die von Ihnen benötigten Schichtungen geeignet ist.

ABC-Analyse

Berechnete Spalten werden in der Datenbank gespeichert. Für unsere Zwecke ist das von enormer Bedeutung, da es neue Möglichkeiten für die Modellierung eröffnet. In diesem Abschnitt sehen wir uns einige Aufgaben an, die sich mit berechneten Spalten sehr wirtschaftlich lösen lassen.

Als Beispiel dafür führen wir Ihnen die ABC-Analyse mit Power BI vor. Die ABC-Analyse basiert auf dem Pareto-Prinzip und ist eine weitverbreitete Technik, um das Kerngeschäft eines Unternehmens zu bestimmen, gewöhnlich in Form der besten Produkte oder besten Kunden. In diesem Beispiel wollen wir uns auf die Produkte konzentrieren.

Das Ziel der ABC-Analyse besteht darin, die Produkte herauszufinden, die eine erhebliche Auswirkung auf das Gesamtgeschäft haben, sodass die Manager ihre Anstrengungen darauf konzentrieren können. Dazu wird jedes Produkt wie folgt einer der drei Kategorien A, B oder C zugewiesen:

- Produkte in Klasse A machen 70 % der Erträge aus.
- Produkte in Klasse B machen 20 % der Erträge aus.
- Produkte in Klasse C machen 10 % der Erträge aus.

Die Klasse eines Produkts muss in einer berechneten Spalte gespeichert werden, da Sie sie zur Analyse der Produkte verwenden und die Informationen danach filtern wollen. Ein Beispiel dafür sehen Sie in Abbildung 10–8. Sie zeigt eine einfache Pivottabelle, deren Zeilen für die einzelnen Klassen stehen.

ABC Class	NumOfProducts	Margin
A	215	$1,411,868.11
B	285	$404,299.99
C	2,017	$202,448.10
Total	**2,517**	**$2,018,616.20**

Abbildung 10–8 Dieser Bericht zeigt die Anzahl der Produkte und die Gewinnmargen nach Klasse an.

Wie so häufig bei der ABC-Analyse befinden sich auch hier nur wenige Produkte in Klasse A. Sie bilden das Kerngeschäft von Contoso. Produkte in Klasse B sind weniger bedeutend, für das Unternehmen aber immer noch unverzichtbar. Die Produkte in Klasse C dagegen bieten sich zur Herausnahme aus dem Angebot an, da sie im Vergleich zu den Kernprodukten nur sehr wenig zu den Einnahmen beitragen, obwohl sie so zahlreich sind.

Wie Sie in Abbildung 10–9 sehen, ist das Datenmodell für dieses Beispiel recht einfach. Sie brauchen dazu lediglich die Verkäufe und die Produkte.

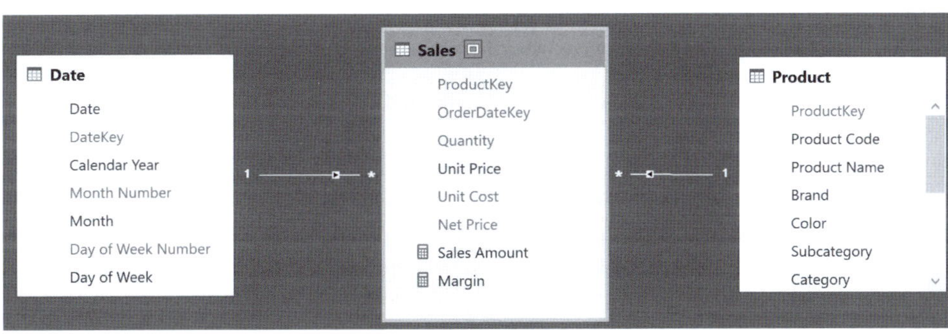

Abbildung 10–9 Das Datenmodell zur Berechnung der Produktklassen ist sehr einfach.

Wir wollen dieses Modell jetzt ändern, indem wir weitere Spalten hinzufügen. Neue Tabellen oder Beziehungen brauchen wir dagegen nicht. Um die Klasse der Produkte zu bestimmen, müssen Sie jeweils die Gesamtmarge für ein Produkt berechnen und mit dem Gesamtertrag vergleichen. Dadurch erhalten Sie den prozentualen Anteil des Produkts am Gesamtertrag. Anschließend sortieren Sie alle Produkte nach diesem prozentualen Anteil und ermitteln eine kumulierte Summe. Sobald diese kumulierte Summe 70 % beträgt, haben Sie die Produkte in Klasse A identifiziert. Die restlichen Produkte fallen in Klasse B, bis 90 % erreicht sind (70 + 20), und alle weiteren Produkte gehören zu Klasse C. Die Berechnung erfolgt ausschließlich mithilfe berechneter Spalten.

Als Erstes benötigen Sie in der Tabelle *Product* eine berechnete Spalte mit der Marge für jedes Produkt. Das können Sie mit dem folgenden Ausdruck leicht erledigen:

```
Product[TotalMargin] =
SUMX (
   RELATEDTABLE( Sales ),
   Sales[Quantity] * ( Sales[Net Price] - Sales[Unit Cost] )
)
```

Abbildung 10–10 zeigt die Tabelle *Product* mit der neuen berechneten Spalte. Die Daten sind hier in absteigender Reihenfolge nach *TotalMargin* geordnet.

Product Name	TotalMargin
Adventure Works 26" 720p LCD HDTV M140 Silver	$81,856.27
Contoso Telephoto Conversion Lens X400 Silver	$53,464.04
Fabrikam Refrigerator 24.7CuFt X9800 White	$51,574.26
A. Datum SLR Camera X137 Grey	$51,459.16
Litware Refrigerator 24.7CuFt X980 Brown	$29,756.33
Litware Refrigerator 24.7CuFt X980 White	$28,256.56
NT Washer & Dryer 27in L2700 Blue	$26,591.59
Proseware Projector 1080p DLP86 Black	$25,065.45
NT Washer & Dryer 24in M2400 Green	$24,472.50
SV 16xDVD M360 Black	$20,989.22
Contoso Projector 1080p X980 White	$19,648.68

Abbildung 10–10 *TotalMargin* ist eine berechnete Spalte in der Tabelle *Product*.

Der nächste Schritt besteht darin, für die gesamte nach *TotalMargin* geordnete Tabelle *Product* die kumulierte Summe von *TotalMargin* zu berechnen. Die kumulierte Summe für ein Produkt ist dabei jeweils die Summe der Produktmargen aller Produkte, deren *TotalMargin*-Wert größer oder gleich dem des aktuellen Produkts ist. Dazu verwenden Sie die folgende Formel:

```
Product[MarginRT] =
VAR
   CurrentTotalMargin = 'Product'[TotalMargin]
RETURN
   SUMX (
      FILTER (
         'Product',
         'Product'[TotalMargin] >= CurrentTotalMargin
      ),
   'Product'[TotalMargin]
   )
```

In Abbildung 10–11 sehen Sie die Tabelle *Product* mit dieser neuen Spalte.

Product Name	TotalMargin	MarginRT
Adventure Works 26" 720p LCD HDTV M140 Silver	$81,856.27	$81,856.27
Contoso Telephoto Conversion Lens X400 Silver	$53,464.04	$135,320.31
Fabrikam Refrigerator 24.7CuFt X9800 White	$51,574.26	$186,894.56
A. Datum SLR Camera X137 Grey	$51,459.16	$238,353.72
Litware Refrigerator 24.7CuFt X980 Brown	$29,756.33	$268,110.06
Litware Refrigerator 24.7CuFt X980 White	$28,256.56	$296,366.62
NT Washer & Dryer 27in L2700 Blue	$26,591.59	$322,958.20
Proseware Projector 1080p DLP86 Black	$25,065.45	$348,023.65
NT Washer & Dryer 24in M2400 Green	$24,472.50	$372,496.15
SV 16xDVD M360 Black	$20,989.22	$393,485.38
Contoso Projector 1080p X980 White	$19,648.68	$413,134.06

Abbildung 10–11 *MarginRT* enthält die kumulierte Summe (»running total«) für die nach *TotalMargin* sortierten Zeilen.

Nun müssen Sie die kumulierte Summe als prozentualen Anteil an der Gesamtmarge berechnen. Das lässt sich mit einer weiteren berechneten Spalte leicht erledigen. Fügen Sie mit der folgenden Formel die Spalte *RunningPct* hinzu:

```
Product[MarginPct] = DIVIDE ( 'Product'[MarginRT], SUM ( 'Product'[TotalMargin] )
)
```

Abbildung 10–12 zeigt die neue berechnete Spalte. Um das Ergebnis aussagekräftiger zu machen, wurde sie als Prozentangabe formatiert.

Product Name	TotalMargin	MarginRT	MarginPct
Adventure Works 26" 720p LCD HDTV M140 Silver	$81,856.27	$81,856.27	4.06 %
Contoso Telephoto Conversion Lens X400 Silver	$53,464.04	$135,320.31	6.70 %
Fabrikam Refrigerator 24.7CuFt X9800 White	$51,574.26	$186,894.56	9.26 %
A. Datum SLR Camera X137 Grey	$51,459.16	$238,353.72	11.81 %
Litware Refrigerator 24.7CuFt X980 Brown	$29,756.33	$268,110.06	13.28 %
Litware Refrigerator 24.7CuFt X980 White	$28,256.56	$296,366.62	14.68 %
NT Washer & Dryer 27in L2700 Blue	$26,591.59	$322,958.20	16.00 %
Proseware Projector 1080p DLP86 Black	$25,065.45	$348,023.65	17.24 %
NT Washer & Dryer 24in M2400 Green	$24,472.50	$372,496.15	18.45 %
SV 16xDVD M360 Black	$20,989.22	$393,485.38	19.49 %
Contoso Projector 1080p X980 White	$19,648.68	$413,134.06	20.47 %

Abbildung 10–12 *MarginPct* berechnet den prozentualen Anteil der kumulierten Summe am Gesamtertrag.

Als Letztes müssen Sie jetzt noch die Prozentangaben in die Klassenzugehörigkeit übersetzen. Mit den zuvor genannten Werten 70, 20 und 10 ergibt sich die folgende einfache Formel:

```
Product[ABC Class] =
IF (
   'Product'[MarginPct] <= 0.7,
   "A",
   IF (
      'Product'[MarginPct] <= 0.9,
      "B",
      "C"
   )
)
```

Das Ergebnis sehen Sie in Abbildung 10–13.

Product Name	TotalMargin	MarginRT	MarginPct	ABC Class
Adventure Works 26" 720p LCD HDTV M140 Silver	$81,856.27	$81,856.27	4.06 %	A
Contoso Telephoto Conversion Lens X400 Silver	$53,464.04	$135,320.31	6.70 %	A
Fabrikam Refrigerator 24.7CuFt X9800 White	$51,574.26	$186,894.56	9.26 %	A
A. Datum SLR Camera X137 Grey	$51,459.16	$238,353.72	11.81 %	A
Litware Refrigerator 24.7CuFt X980 Brown	$29,756.33	$268,110.06	13.28 %	A
Litware Refrigerator 24.7CuFt X980 White	$28,256.56	$296,366.62	14.68 %	A
NT Washer & Dryer 27in L2700 Blue	$26,591.59	$322,958.20	16.00 %	A
Proseware Projector 1080p DLP86 Black	$25,065.45	$348,023.65	17.24 %	A
NT Washer & Dryer 24in M2400 Green	$24,472.50	$372,496.15	18.45 %	A
SV 16xDVD M360 Black	$20,989.22	$393,485.38	19.49 %	A
Contoso Projector 1080p X980 White	$19,648.68	$413,134.06	20.47 %	A

Abbildung 10–13 Das Ergebnis der Formel für die Klasseneinteilung ist die berechnete Spalte *ABC Class*.

Da *ABC Class* eine berechnete Spalte ist, wird sie in der Datenbank gespeichert und kann für Datenschnitte, Filter, Zeilen und Spalten verwendet werden, um interessante Berichte zu erstellen.

Wie dieses Beispiel zeigt, können Sie in dem Modell anspruchsvolle Berechnungen speichern, indem Sie berechnete Spalten verwenden und diese systematisch ausführen. Es braucht etwas Erfahrung, bis Sie erkennen können, ob für eine Berechnung eine berechnete Spalte oder ein berechnetes Feld besser geeignet ist, aber sobald Sie sich damit vertraut gemacht haben, können Sie die Möglichkeiten nutzen, die berechnete Spalten bieten.

Weitere Informationen zur ABC-Analyse finden Sie auf *https://de.wikipedia.org/wiki/ABC-Analyse*.

Zusammenfassung

In diesem Kapitel sind wir einen Schritt über Standardbeziehungen hinausgegangen, indem wir Segmentierungstechniken betrachtet haben, die erheblichen Gebrauch von DAX machen. Die wichtigsten Punkte sind:

- Mit berechneten Spalten können Sie berechnete Beziehungen erstellen. Das ermöglicht es Ihnen, die Beziehung auf eine beliebige Berechnung zu stützen, nicht nur auf Gleichheitsverknüpfungen wie bei den Beziehungen, die die Engine normalerweise anbietet.
- Wenn Sie eine benötigte Beziehung nicht einrichten können, da sie dynamisch ist und von den im Bericht verwendeten Filtern und Datenschnitten abhängt, können Sie virtuelle Beziehungen nutzen. Für den Benutzer sehen sie wie Standardbeziehungen aus, allerdings werden sie im laufenden Betrieb berechnet. Die Leistung kann dabei leiden, aber das wird durch die Flexibilität wettgemacht, die Sie dadurch gewinnen.
- Berechnete Spalten bilden eine hervorragende Ergänzung zu den Modellierungsmöglichkeiten von Tabular. Mit nur wenigen berechneten Spalten können Sie äußerst anspruchsvolle Segmentierungen erreichen. Berechnet werden diese Spalten außerdem bei der Aktualisierung des Modells. Dadurch gewinnen Sie sowohl Geschwindigkeit und Flexibilität, was es Ihnen erlaubt, äußerst leistungsfähige Modelle aufzubauen.

Wir hoffen, Ihnen mit diesen wenigen Beispielen neue Einsichten darin gegeben zu haben, wie Sie mit ein wenig Kreativität hervorragende Modelle gestalten können.

KAPITEL 11

Währungsumrechnung

In diesem Kapitel sehen wir uns einige Modelle an, bei denen Sie mit Verkaufsbeträgen in mehreren Währungen arbeiten müssen. Wie Sie sehen werden, vermehren sich die Probleme dabei sehr stark. Um mehrere Währungen nutzen zu können, müssen Sie viele Entscheidungen treffen, die sich auf die Größe des Modells, die Flexibilität und die Leistung auswirken.

Als Erstes stellen wir das Problem der Währungsumrechnung vor und zeigen Ihnen die Herausforderungen, mit denen Sie bei der Entwicklung von Modellen für verschiedene Situationen jeweils konfrontiert werden. Wie in den vorherigen Kapiteln führen wir Ihnen anschließend einige Beispiele für Datenmodelle mit Währungsumrechnung vor. Für jede Situation gibt es verschiedene Vorgehensweisen, wobei wir jeweils die Vor- und Nachteile aufzeigen.

Die möglichen Situationen

Viele große Unternehmen müssen Geld in verschiedenen Währungen empfangen und zahlen, wobei sich die Wechselkurse mit der Zeit ändern. Um Geldbeträge in verschiedenen Währungen zu vergleichen, ist eine Umrechnung erforderlich. Sehen wir uns das an einem einfachen Beispiel an. Nehmen wir an, Contoso hat am 20. Januar 100 Euro von einem Kunden erhalten. Wie wandeln wir diesen Wert nun in die Standardwährung von Contoso um, nämlich US-Dollar? Es gibt folgende Möglichkeiten:

- **Sie wandeln den Eurobetrag sofort nach Zahlungseingang in Dollar um** Das ist die einfachste Vorgehensweise, da Sie dadurch im Grunde genommen nur mit einer einzigen Währung umgehen müssen.
- **Sie zahlen den Eurobetrag auf ein Girokonto ein, das Sie für Zahlungen in Euro verwenden** Das erschwert es, Berichte in verschiedenen Währungen zu erstellen, da sich die Verkaufswerte täglich mit den Wechselkursen ändern.
- **Sie zahlen den Eurobetrag auf ein Girokonto ein und rechnen ihn am Monatsende (oder an einem anderen festen Zeitpunkt mit Ausnahme des Datums der ursprünglichen Transaktion) in Dollar um** In diesem Fall müssen Sie für eine begrenzte Zeit mit mehreren, schwankenden Währungen arbeiten.

Es kann sein, dass die eine oder andere dieser drei grundlegenden Möglichkeiten aufgrund von Richtlinien nicht zur Debatte steht. Wir wollen Ihnen hier auch keine erschöpfende Liste an die Hand geben, sondern Ihnen nur wenigstens drei verschiedene Vorgehensweisen für den Umgang mit Fremdwährungen geben.

Durch die Festlegung des Zeitpunkts, an dem die Umrechnung erfolgen soll, bestimmen Sie, wie die Daten gespeichert werden. Allerdings wollen Sie irgendwann auch Berichte aufgrund dieser Daten erstellen. Durch die Umwandlung in die Standardwährung können Sie die Probleme bei der Berichterstellung etwas einschränken. Wollen Sie aber Berichte in mehreren Währungen anzeigen, dann kann es notwendig sein, die Transaktionen in einer Währung zu speichern und in anderen Währungen in dem Bericht anzuzeigen. Dazu ist es notwendig, eine Umrechnung bei der Ausführung der Abfrage durchzuführen.

Wenn Sie mit Währungsumrechnung zu tun haben, müssen Sie viel Zeit darin investieren, sich mit den Voraussetzungen vertraut zu machen, da die resultierenden Datenmodelle sehr unterschiedlich sind. Es gibt kein Modell, das für alle möglichen Situationen geeignet wäre. Außerdem stellt die Währungsumrechnung auch hohe Ansprüche an die Leistung. Das ist der vielleicht wichtigste Grund dafür, diesen Vorgang so einfach wie möglich zu halten und Modelle zu vermeiden, die komplizierter sind als erforderlich.

Mehrere Quellwährungen, eine Berichtswährung

Nehmen wir an, dass Ihre Quelldaten Bestellungen in verschiedenen Währungen wie Euro, Dollar usw. enthalten, Ihr Bericht aber nur Informationen in einer einzigen Währung ausgeben soll, um die Verkaufsbeträge vergleichen zu können.

Sehen wir uns als Erstes das Modell aus Abbildung 11–1 an, das wir für dieses Beispiel verwenden. *Sales* hat eine Beziehung zu *Currency*, was bedeutet, dass für jeden Verkauf auch die Währung aufgezeichnet wird, in der er erfolgt ist.

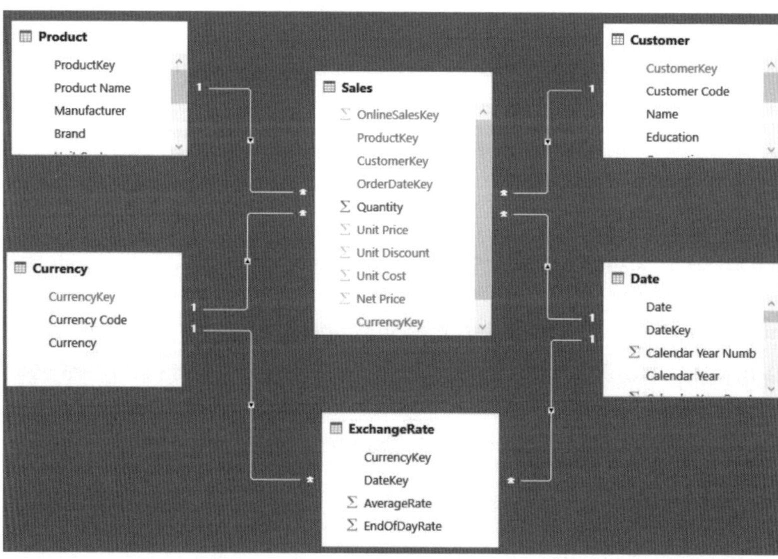

Abbildung 11–1 In diesem Modell werden die Verkäufe mit den jeweiligen Währungen aufgezeichnet.

Die erste Frage bei einem solchen Modell lautet: Welche Bedeutung haben *Unit Price*, *Unit Discount* und alle anderen geldbezogenen Spalten in *Sales*? Wenn Sie die Werte in der ursprünglichen Währung speichern, wie es in diesem Fall sehr wahrscheinlich ist, haben Sie ein

Problem, sobald Sie eine einfache Berechnung aufstellen, etwa für die Verkaufsbeträge. Mit der folgenden Formel werden Sie nicht das erwartete Ergebnis erzielen:

```
Sales Amount := SUMX ( Sales, Sales[Quantity] * Sales[Net Price] )
```

Dies ist die Formel, die wir in diesem Buch schon sehr oft für die Verkaufsbeträge verwendet haben, aber wenn wir es mit verschiedenen Währungen zu tun haben, funktioniert sie nicht mehr. Abbildung 11–2 zeigt einen einfachen Bericht, der auf dieser Formel beruht, und wie Sie sehen, ergeben die Spaltensummen keinen Sinn. Das liegt daran, dass wir hier Beträge in verschiedenen Währungen addieren, was kein brauchbares Ergebnis liefert.

Currency	CY 2007	CY 2008	CY 2009	Total
Armenian Dram	181,160.03	98,721.99	133,696.43	**413,578.45**
Australian Dollar	181,974.84	128,466.53	155,045.00	**465,486.37**
Canadian Dollar	136,916.66	159,722.90	159,992.10	**456,631.66**
Danish Krone	151,100.25	84,134.31	130,819.13	**366,053.69**
EURO	170,560.82	124,161.46	158,567.36	**453,289.64**
Hong Kong Dollar	120,129.99	130,518.12	161,045.14	**411,693.25**
Indian Rupee	174,326.71	123,890.69	139,402.73	**437,620.13**
Thai Baht	123,623.76	159,501.98	106,073.85	**389,199.58**
US Dollar	219,422.89	113,417.08	97,892.87	**430,732.85**
Total	**1,459,215.95**	**1,122,535.05**	**1,242,534.61**	**3,824,285.61**

Abbildung 11–2 In diesem Bericht werden für die Spaltensummen Beträge in unterschiedlichen Währungen addiert.

Die einzelnen Werte und auch die Zeilensummen stimmen, da sie sich jeweils nur auf eine einzige Währung beziehen. Die Summierung in den Spalten jedoch ergibt Unsinn, da man nicht einfach Beträge in Euro, dänischen Kronen und US-Dollar addieren kann. Dazu müssen Sie zunächst eine Zielwährung festlegen und die Beträge umrechnen.

Da wir Daten in unterschiedlichen Währungen haben, müssen wir die berechneten Felder gegen unsinnige Werte absichern. Mit der Funktion HASONEVALUE können Sie garantieren, dass das Ergebnis dann und nur dann zurückgegeben wird, wenn nur eine einzige Währung ausgewählt wurde:

```
Sales Amount :=
IF (
   HASONEVALUE ( Currency[Currency] ),
   SUMX ( Sales, Sales[Quantity] * Sales[Net Price] )
)
```

Wenn wir dieses neue berechnete Feld verwenden, verschwinden die Spaltensummen aus dem Bericht, wie Sie in Abbildung 11–3 sehen.

Aber auch ohne die Spaltensummen ist der Bericht nicht sehr sinnvoll. Berichte sind dazu da, um Zahlen zu vergleichen, aber die Werte in dieser Tabelle können einfach nicht verglichen werden. Es wäre sogar noch schlimmer, wenn wir auf der Grundlage dieser Daten ein Diagramm erstellen würden, denn das würde eine Vergleichbarkeit suggerieren. Wenn Sie die Werte vergleichen wollen, dann müssen Sie entweder eine Währung als Filter verwenden und dann einen Datenschnitt nach einer anderen Spalte durchführen oder alle Werte in eine einzige Währung umrechnen.

Currency	CY 2007	CY 2008	CY 2009	Total
Armenian Dram	181,160.03	98,721.99	133,696.43	**413,578.45**
Australian Dollar	181,974.84	128,466.53	155,045.00	**465,486.37**
Canadian Dollar	136,916.66	159,722.90	159,992.10	**456,631.66**
Danish Krone	151,100.25	84,134.31	130,819.13	**366,053.69**
EURO	170,560.82	124,161.46	158,567.36	**453,289.64**
Hong Kong Dollar	120,129.99	130,518.12	161,045.14	**411,693.25**
Indian Rupee	174,326.71	123,890.69	139,402.73	**437,620.13**
Thai Baht	123,623.76	159,501.98	106,073.85	**389,199.58**
US Dollar	219,422.89	113,417.08	97,892.87	**430,732.85**
Total				

Abbildung 11–3 Durch Absichern des Codes verhindern Sie die Anzeige von Summen, die nicht sinnvoll berechnet werden können.

Die einfachste Möglichkeit dazu besteht in der Verwendung einer berechneten Spalte in *Sales*, die die Beträge in die Zielwährung des Berichts umwandelt. Nehmen wir an, Sie wollen Ihre Berichte in US-Dollar erstellen. Dazu können Sie in *Sales* eine berechnete Spalte anlegen, die den Wechselkurs für den betreffenden Tag und die betreffende Währung berechnet. In diesem Beispiel verwenden wir den folgenden Code, den Sie in Ihren eigenen Anwendungen an Ihre Bedürfnisse anpassen müssen:

```
RateToUsd =
LOOKUPVALUE(
    ExchangeRate[AverageRate],
    ExchangeRate[CurrencyKey], Sales[CurrencyKey],
    ExchangeRate[DateKey], RELATED ( 'Date'[Date] )
)
```

Jetzt können Sie *Sales Amount USD* einfach dadurch berechnen, dass Sie den Verkaufsbetrag mit dem Wechselkurs multiplizieren. Das geschieht mit dem folgenden DAX-Code:

```
Sales Amount USD =
SUMX (
    Sales,
    Sales[Quantity] * DIVIDE ( Sales[Net Price], Sales[RateToUsd] )
)
```

Mit diesem berechneten Feld können Sie jetzt einen Bericht erstellen, der einen sinnvollen Vergleich der Verkaufsbeträge in verschiedenen Jahren und verschiedenen Währungen zulässt, wie Sie in Abbildung 11–4 sehen.

Currency	CY 2007	CY 2008	CY 2009	Total
Armenian Dram	$546.23	$322.85	$226.76	**$1,095.83**
Australian Dollar	$151,722.84	$112,736.93	$44,261.88	**$308,721.65**
Canadian Dollar	$127,000.26	$152,197.14	$84,405.27	**$363,602.67**
Danish Krone	$27,499.38	$17,389.56	$15,441.66	**$60,330.60**
EURO	$235,090.17	$187,431.98	$107,056.88	**$529,579.04**
Hong Kong Dollar	$15,386.65	$17,131.00	$9,188.17	**$41,705.83**
Indian Rupee	$4,303.89	$2,944.15	$2,027.75	**$9,275.79**
Thai Baht	$3,829.75	$5,015.39	$2,036.08	**$10,881.23**
US Dollar	$219,422.89	$113,417.08	$62,749.16	**$395,589.14**
Total	**$784,802.08**	**$608,586.08**	**$327,393.61**	**$1,720,781.77**

Abbildung 11–4 Durch die Umrechnung in die Berichtswährung lassen sich die Beträge sinnvoll vergleichen und summieren.

Diese Technik lässt sich ziemlich einfach umsetzen. Das genaue Datum, an dem die Umrechnung stattfinden soll, wird in der berechneten Spalte festgelegt. Wenn Sie andere Erfordernisse haben, können Sie die Definition entsprechend abwandeln. Beispielsweise kann es sein, dass Sie den Wechselkurs des darauf folgenden Tages benötigen. In diesem Fall können Sie die Funktion `LOOKUPVALUE` so ändern, dass sie nach diesem Wechselkurs sucht. Die entscheidende Einschränkung bei dieser Technik besteht darin, dass der Bericht nur eine einzige Währung aufweisen darf. Sollen in dem Bericht mehrere Währungen angezeigt werden, müssen Sie für jede davon ein eigenes berechnetes Feld (und eine eigene berechnete Spalte) erstellen.

Das berechnete Feld *Sales Amount USD* verfügt über einen Formatierungsstring, der ein vorausgehendes Dollarsymbol anzeigt. Der Formatierungsstring eines berechneten Feldes ist statisch, kann also nicht dynamisch geändert werden. Die Technik, für jede Währung in einem Bericht ein eigenes berechnetes Feld zu verwenden, ist weit verbreitet. Wir raten Ihnen dazu, sich ebenfalls daran zu halten, um Ihre Berichte für die Benutzer leichter verständlich zu machen.

Bevor wir dieses Beispiel abschließen, müssen wir noch darauf hinweisen, dass die berechneten Zahlen nicht ganz korrekt sind. Wenn Sie Abbildung 11–3 und 11-4 vergleichen, werden Sie feststellen, dass der Wert für 2009 in Abbildung 11–4 niedriger ist. (Das wird deutlich, wenn Sie sich die Dollarspalte anschauen.) Bei aufwendigen Berechnungen wie hier ist es nicht so einfach, Fehler zu erkennen. Sichtbar wird das Problem in der Dollarspalte, die ja immer 1:1 umgerechnet werden sollte, allerdings ist es auch in den Spalten für die anderen Währungen vorhanden, wenn auch nicht so offensichtlich. Es ist immer eine gute Idee, die Werte genau zu überprüfen. Worin liegt das Problem? Wenn Sie sich die Daten in der Tabelle *Sales* ansehen, finden Sie mehrere Hundert Zeilen, in denen die Spalte *RateToUsd* leer ist. Um das deutlich zu machen, haben wir die Tabelle in Abbildung 11–5 so geordnet, dass die leeren Zeilen vorn stehen.

OrderDateKey	Quantity	Unit Price	Unit Discount	Unit Cost	Net Price	CurrencyKey	RateToUsd
20090930	1	9.99	0	5.09	9.99	3	
20090930	1	9.99	0	5.09	9.99	3	
20090930	1	9.99	0	5.09	9.99	3	
20090930	1	9.99	0	5.09	9.99	3	
20090930	1	9.99	0	5.09	9.99	3	
20090930	1	9.99	0	5.09	9.99	3	
20090930	1	9.99	0	5.09	9.99	3	
20090930	1	9.99	0	5.09	9.99	3	
20091001	1	9.99	0	5.09	9.99	1	
20091001	1	9.99	0	5.09	9.99	1	
20091001	1	9.99	0	5.09	9.99	1	
20091001	1	9.99	0	5.09	9.99	1	
20091001	1	9.99	0	5.09	9.99	1	
20091001	1	9.99	0	5.09	9.99	1	
20091001	1	9.99	0	5.09	9.99	1	

Abbildung 11–5 Die Spalte *RateToUsd* ist in mehreren Spalten leer.

Das Problem ist, dass nicht für alle Tage ein Wechselkurs verfügbar ist. In diesen Fällen gibt `LOOKUPVALUE` keine Zahl zurück. Wie bei verschiedenen anderen Situationen, die bei Währungsumrechnungen auftreten können, müssen Sie auch hier festlegen, was in einem solchen Fall geschehen soll. Ist für einen gegebenen Tag kein Wechselkurs verfügbar, dann sind die Zahlen im Bericht falsch, und das darf nicht geschehen. In dem folgenden Code legen wir fest, dass der letzte Wechselkurs verwendet werden soll, wenn der für den aktuellen Tag nicht verfügbar ist:

```
RateToUsd =
LOOKUPVALUE (
   ExchangeRate[AverageRate],
   ExchangeRate[CurrencyKey], Sales[CurrencyKey],
   ExchangeRate[DateKey], CALCULATE (
      MAX ( 'ExchangeRate'[DateKey] ),
      'ExchangeRate'[DateKey] <= EARLIER ( Sales[OrderDateKey] ),
      ExchangeRate[CurrencyKey] = EARLIER ( Sales[CurrencyKey] ),
      ALL ( ExchangeRate )
   )
)
```

Mit der neuen Definition von *RateToUsd* zeigt der Bericht jetzt korrekte Werte an, wie Sie in Abbildung 11–6 sehen.

Currency	CY 2007	CY 2008	CY 2009	**Total**
Armenian Dram	$486.21	$264.96	$358.82	**$1,109.99**
Australian Dollar	$145,926.59	$103,017.99	$124,331.41	**$373,276.00**
Canadian Dollar	$121,959.54	$142,274.37	$142,514.17	**$406,748.08**
Danish Krone	$28,586.93	$15,917.52	$24,749.91	**$69,254.37**
EURO	$240,162.23	$174,828.51	$223,274.57	**$638,265.31**
Hong Kong Dollar	$15,496.84	$16,836.92	$20,774.92	**$53,108.68**
Indian Rupee	$3,602.25	$2,560.05	$2,880.59	**$9,042.89**
Thai Baht	$3,630.17	$4,683.72	$3,114.83	**$11,428.72**
US Dollar	$219,422.89	$113,417.08	$97,892.87	**$430,732.85**
Total	**$779,273.67**	**$573,801.13**	**$639,892.09**	**$1,992,966.89**

Abbildung 11–6 Mit der neuen berechneten Spalte geschieht die Umrechnung jetzt für alle Tage reibungslos.

Eine Quellwährung, mehrere Berichtswährungen

Nachdem Sie nun wissen, wie Sie mehrere Quell- in eine einzige Zielwährung umrechnen, sehen uns den gegenteiligen Fall an, in dem Sie in den Quelldaten nur eine einzige Währung haben, im Bericht aber mehrere Währungen angeben wollen.

Wie in dem vorherigen Fall müssen Sie auch hier wieder einige Entscheidungen vorab treffen. Nehmen wir an, Sie stellen im Dezember 2006 einen Bericht auf, in dem Bestellungen vom Januar 2005 vorkommen. Welchen Wechselkurs verwenden Sie dann? Denjenigen, der während der Bestellung gültig war, oder den aktuellen? Das Modell ist in beiden Fällen das gleiche, nur der DAX-Code zur Berechnung der Werte unterscheidet sich. Daher können Sie beide Berechnungen mit demselben Modell vornehmen. Dieses Modell sehen Sie in Abbildung 11–7.

Das Modell sieht demjenigen aus Abbildung 11–1 sehr ähnlich, allerdings gibt es einige bedeutende Unterschiede. Vor allem gibt es keine Beziehung mehr zwischen *Sales* und *Currency*, weil jetzt alle Verkäufe in US-Dollar aufgezeichnet werden, der Standardwährung in diesem Beispiel. (In Ihren Anwendungen kann das natürlich auch jede andere Währung sein.) Die Währungstabelle dient also nicht mehr zur Filterung von *Sales*, sondern zur Definition der Berichtswährung. Durch die Wahl einer anderen Währung kann der Benutzer die in US-Dollar gespeicherten Werte in dieser anderen Währung sehen.

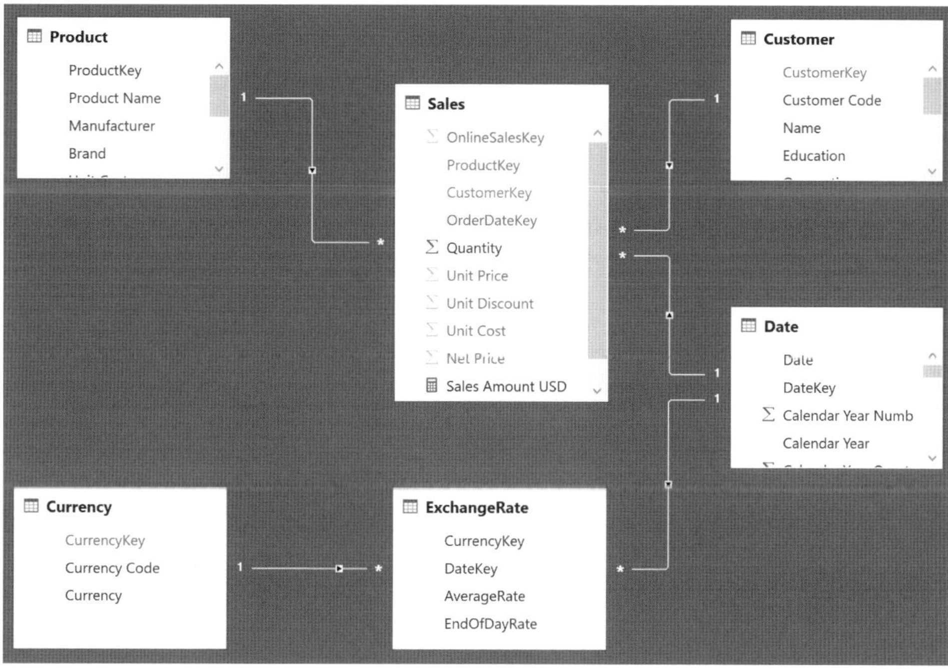

Abbildung 11–7 Das Datenmodell zur Umrechnung einer einzigen Quellwährung in mehrere Berichtswährungen

Da die Benutzer in der Lage sein sollen, die Währung zur Berichtszeit auszuwählen, müssen die Werte dynamisch berechnet werden. Sie können dazu keine berechnete Spalte verwenden, sondern müssen aufwendigen DAX-Code für ein berechnetes Feld schreiben. Dieser Code macht Folgendes:

1. Er prüft, ob eine einzige Währung ausgewählt wurde, um die Summenprobleme zu vermeiden, mit denen wir im letzten Abschnitt zu tun hatten. Wie Sie dort erfahren haben, sind die Gesamtsummen in einem Bericht mit mehreren Währungen nicht korrekt, weshalb wir sie nicht anzeigen wollen.
2. Er durchläuft alle Tage in der aktuellen Auswahl, berechnet die Verkaufsbeträge und den Wechselkurs für jeden Tag und nimmt die Umrechnung in die gewünschte Währung vor. Diese Iteration ist notwendig, da sich der Wechselkurs täglich ändert. Eine Umrechnung ist nur möglich, wenn Sie den Tag festlegen, und das ist es, was die Iteration leistet.

Der zweite Punkt wird sogar noch etwas komplizierter, denn es kann sein, dass an manchen Tagen kein Wechselkurs zur Verfügung steht, sodass Sie jeden Tag nach dem letzten angegebenen Wechselkurs suchen müssen. Meistens erhalten Sie dadurch den Wechselkurs des betreffenden Tages, doch manchmal auch den eines vorherigen Datums. Der folgende Code erledigt all diese Schritte:

```
Sales Converted =
IF (
   HASONEVALUE ( 'Currency'[Currency] ),
   SUMX (
      VALUES ( 'Date'[Date] ),
      VAR CurrentDate = 'Date'[Date]
      VAR LastDateAvailable =
         CALCULATE (
            MAX ( 'ExchangeRate'[DateKey] ),
            'ExchangeRate'[DateKey] <= CurrentDate,
            ALL ( 'Date' )
         )
      VAR Rate =
         CALCULATE (
            VALUES ( ExchangeRate[AverageRate] ),
            ExchangeRate[DateKey] = LastDateAvailable,
            ALL ( 'Date' )
         )
      RETURN
         [Sales Amount USD] * Rate
   )
)
```

Mit diesem berechneten Feld können Sie Berichte wie den in Abbildung 11–8 erstellen, die von einer einzigen Währung ausgehend Werte in verschiedenen Währungen anzeigen.

Currency	CY 2007	CY 2008	CY 2009	**Total**
Armenian Dram	497,313,199.88	343,111,620.09	453,595,182.50	**1,294,020,002.47**
British Pound	728,743.44	597,671.41	789,621.94	**2,116,036.79**
Danish Krone	7,922,101.44	5,558,070.18	6,722,243.97	**20,202,415.59**
EURO	1,063,036.09	745,278.13	902,419.03	**2,710,733.25**
Swedish Krona	9,842,772.38	7,119,212.92	9,772,519.79	**26,734,505.09**
US Dollar	1,459,215.95	1,122,535.05	1,242,534.61	**3,824,285.61**
Total				

Abbildung 11–8 Der Wert in der Spalte *Currency* gibt die Berichtswährung an. Alle Beträge werden in die verschiedenen Währungen umgerechnet.

Leider ist diese Formel alles andere als einfach und übersichtlich. Das ist aus verschiedenen Gründen nicht gut, nicht zuletzt auch deswegen, weil Sie diesen Code möglicherweise auch noch in anderen berechneten Feldern benötigen, etwa um Kosten oder Erträge auf ähnliche Weise umzurechnen.

Der komplizierteste Teil ist die Suche nach dem Wechselkurs. Wie so oft besteht auch hier die beste Möglichkeit darin, das Datenmodell anzupassen. Anstatt seine Struktur zu ändern, ergänzen wir hier nur eine neue Tabelle, die die Wechselkurse für jeden in der Tabelle *Sales* vorkommenden Tag bereitstellt. Dazu müssen wir wie bei dem berechneten Feld nach dem letzten verfügbaren Wechselkurs für jedes Datum suchen. Dadurch entfernen wir die Komplexität zwar nicht aus dem Modell, aber wir lagern sie in eine berechnete Tabelle aus, auf die wir bei Bedarf immer zurückgreifen können. Durch die Isolierung dieser Berechnung in einer berechneten Tabelle verbessern wir außerdem sehr stark die Leistung des berechneten Feldes, da die Suche nach dem Wechselkurs der langsamste Teil der Formel ist.

Diese Möglichkeit besteht nur, wenn Sie mit SQL Server Analysis Services 2016 oder Power BI arbeiten, da sie dort berechnete Tabellen nutzen können. Sollten Sie eine Version von DAX verwenden, die berechneten Tabellen nicht unterstützt, müssen Sie die entsprechende Operation während des ETL-Vorgangs durchführen.

Der folgende Code erstellt die Tabelle *ExchangeRateFull* mit den Wechselkursen für jede Kombination von Datum und Währung:

```
ExchangeRateFull =
ADDCOLUMNS (
   CROSSJOIN (
      SELECTCOLUMNS (
         CALCULATETABLE ( DISTINCT ( 'Date'[Date] ), Sales ),
         "DateKey", 'Date'[Date]
      ),
      CALCULATETABLE ( DISTINCT ( Currency[CurrencyKey] ), ExchangeRate )
   ),
   "AverageRate",
   VAR CurrentDate = [DateKey]
   VAR CurrentCurrency = [CurrencyKey]
   VAR LastDateAvailable =
      CALCULATE (
         MAX ( 'ExchangeRate'[DateKey] ),
         'ExchangeRate'[DateKey] <= CurrentDate,
         ALLNOBLANKROW ( ExchangeRate[DateKey] )
      )
   RETURN
      CALCULATE (
         DISTINCT ( ExchangeRate[AverageRate] ),
         ExchangeRate[CurrencyKey] = CurrentCurrency,
         ExchangeRate[DateKey] = LastDateAvailable
      )
)
```

Mit dieser neuen berechneten Tabelle erhalten Sie das Datenmodell aus Abbildung 11–9.

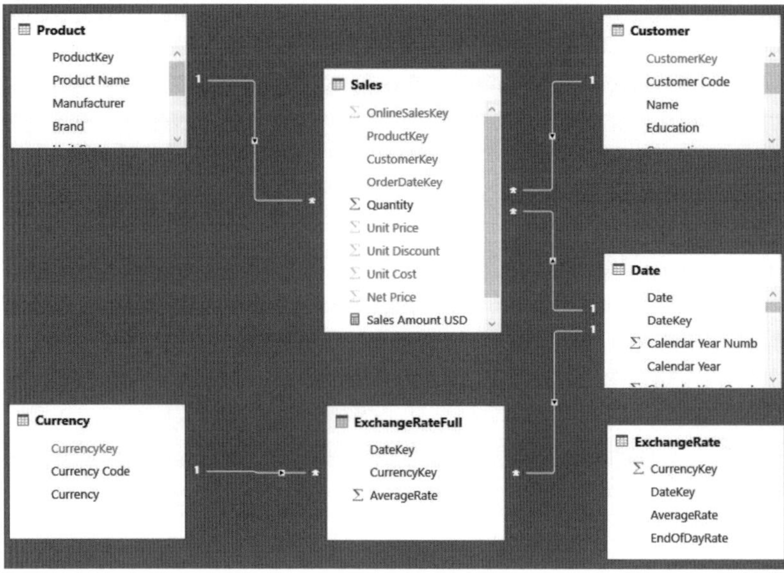

Abbildung 11–9 Die neue Tabelle *ExchangeRateFull* nimmt den Platz der vorherigen Tabelle *ExchangeRate* ein.

Der Code des berechneten Feldes lässt sich jetzt viel einfacher schreiben:

```
Sales Converted =
IF (
    HASONEVALUE ( 'Currency'[Currency] ),
    SUMX (
        VALUES ( 'Date'[Date] ),
        [Sales Amount USD] * CALCULATE ( VALUES ( ExchangeRateFull[AverageRate] ) )
    )
)
```

Wie bereits erwähnt, sind wir die Komplexität nicht losgeworden, sondern haben sie nur in eine berechnete Tabelle verschoben und dadurch von den berechneten Feldern isoliert. Der Vorteil dieser Vorgehensweise besteht darin, dass Sie dadurch weniger Zeit für das Schreiben und Debuggen von berechneten Feldern aufwenden müssen (von denen Sie sehr viele haben können). Da die Tabelle die Daten zur Aktualisierungszeit berechnet und in dem Modell speichert, ist auch die Gesamtleistung viel besser.

In diesem Beispiel haben wir den Code nicht durch eine Änderung der Modellstruktur vereinfacht, sondern durch die Änderung des Inhalts der Tabelle. Dadurch haben wir dafür gesorgt, dass die Beziehung die richtige Granularität bekommt.

Mehrere Quellwährungen, mehrere Berichtswährungen

Der anspruchsvollste Fall liegt vor, wenn in Ihrem Modell Bestellungen in verschiedenen Währungen gespeichert sind und Sie auch Berichte in beliebigen Währungen produzieren wollen. Allerdings ist dieses Problem nicht sehr viel komplexer als das vorherige mit einer Quell- und mehreren Berichtswährungen. Das liegt daran, dass die Komplexität vor allem durch die Notwendigkeit zustande kommt, die Währungsumrechnung zur Abfragezeit mithilfe von berechneten Feldern und im Voraus berechneten Tabellen durchzuführen. Bei mehreren Währungen auf beiden Seiten kommt noch hinzu, dass die Wechselkurstabelle viel mehr Zeilen enthält (nämlich eine für jede Währungskombination an jedem Tag) oder Sie den Wechselkurs dynamisch berechnen müssen.

Das Datenmodell für diesen Fall sehen Sie in Abbildung 11–10.

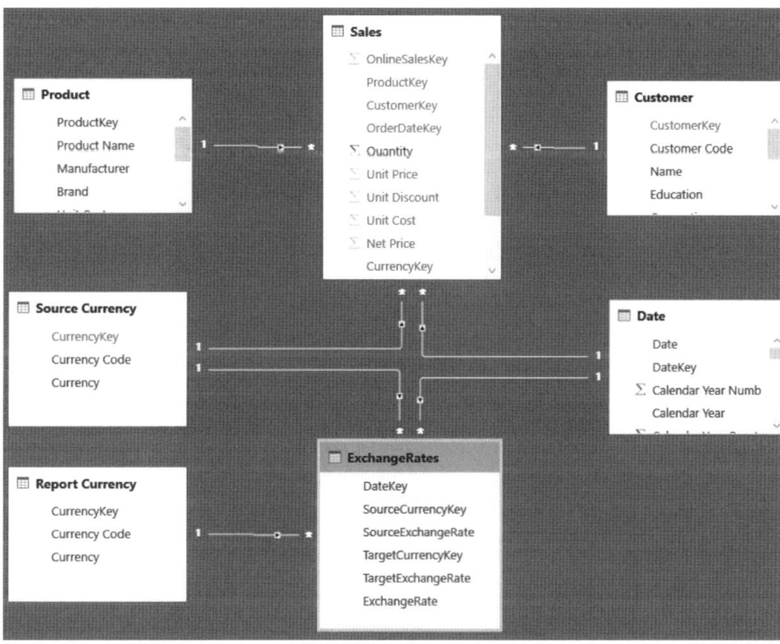

Abbildung 11–10 Das Datenmodell mit mehrere Quell- und Zielwährungen

Beachten Sie die folgenden Merkmale dieses Modells:

- Es gibt zwei Währungstabellen, nämlich *Source Currency* für die Währungen, in denen die Verkäufe aufgezeichnet sind, und *Report Currency* für diejenigen, die im Bericht verwendet werden.
- Die Tabelle *ExchangeRate* enthält jetzt sowohl die Quell- als auch die Zielwährung, damit Sie jede Währung in jede andere Währung umrechnen können. Diese Tabelle kann mithilfe von DAX-Code aus der ursprünglichen Tabelle zur Umrechnung sämtlicher Währungen in Dollar berechnet werden.

Der folgende Code erstellt die Tabelle *ExchangeRate*:

```
ExchangeRates =
   SELECTCOLUMNS (
      GENERATE (
         ExchangeRateFull,
         VAR SourceCurrencyKey = ExchangeRateFull[CurrencyKey]
         VAR SourceDateKey = ExchangeRateFull[DateKey]
         VAR SourceAverageRate = ExchangeRateFull[AverageRate]
         RETURN
            SELECTCOLUMNS (
               CALCULATETABLE (
                  ExchangeRateFull,
                  ExchangeRateFull[DateKey] = SourceDateKey,
                  ALL ( ExchangeRateFull )
               ),
               "TargetCurrencyKey", ExchangeRateFull[CurrencyKey] + 0,
               "TargetExchangeRate", ExchangeRateFull[AverageRate] + 0
            )
      ),
      "DateKey", ExchangeRateFull[DateKey],
      "SourceCurrencyKey", ExchangeRateFull[CurrencyKey],
      "SourceExchangeRate", ExchangeRateFull[AverageRate],
      "TargetCurrencyKey", [TargetCurrencyKey],
      "TargetExchangeRate", [TargetExchangeRate],
      "ExchangeRate", ExchangeRateFull[AverageRate] * [TargetExchangeRate]
   )
```

Dadurch wird im Grunde genommen eine Kreuzverknüpfung der Tabelle *ExchangeRateFull* mit sich selbst durchgeführt. Als Erstes ruft der Code die Dollar-Wechselkurse der beiden Währungen für denselben Tag ab und multipliziert sie dann, um den Wechselkurs von der einen in die andere Währung zu erhalten.

Mit 624.133 gegenüber 25.166 Zeilen ist die neue Tabelle weit größer als die ursprüngliche, aber dafür erlaubt sie uns, Beziehungen auf einfache Weise einzurichten. Es wäre zwar auch möglich, Code zu schreiben, ohne diese Tabelle zu erstellen, aber er wäre fürchterlich kompliziert.

Bei dem Code zur Berechnung der Verkaufsbeträge müssen Sie im Grunde genommen die Vorgehensweisen aus den beiden vorherigen Fällen zu einer einzigen kombinieren. Sie filtern die Verkäufe nach Datum und Währung, um die Verkäufe mit demselben Wechselkurs zu erhalten, und suchen dann dynamisch nach dem aktuellen Wechselkurs für die ausgewählte Berichtswährung. Das können Sie mit dem folgenden Ausdruck tun:

```
Sales Amount Converted =
IF (
   HASONEVALUE ( 'Report Currency'[Currency] ),
```

```
        SUMX (
            SUMMARIZE ( Sales, 'Date'[Date], 'Source Currency'[Currency] ),
            [Sales Amount] * CALCULATE ( VALUES ( ExchangeRates[ExchangeRate] ) )
        )
    )
```

Mit diesem Modell können Sie Berichte aufstellen, in denen in verschiedenen Währungen getätigte Bestellungen in mehreren Zielwährungen angezeigt werden, z. B. Euro und Dollar. Die Umrechnung erfolgt dabei im laufenden Betrieb. In dem Bericht aus Abbildung 11–11 wird dazu jeweils der Wechselkurs zum Bestellzeitpunkt herangezogen.

Currency	Currency	CY 2007	CY 2008	CY 2009	**Total**
EURO	Armenian Dram	43,373,742.38	19,173,119.06	34,759,303.63	**97,306,165.08**
	Australian Dollar	159,842.98	99,235.98	148,748.47	**407,827.44**
	Canadian Dollar	109,409.84	115,736.45	135,707.60	**360,853.89**
	Danish Krone	613,644.73	276,219.86	511,179.97	**1,401,044.57**
	EURO	90,109.34	55,623.72	82,799.02	**228,532.08**
	Hong Kong Dollar	686,597.21	672,497.85	906,915.35	**2,266,010.41**
	Indian Rupee	5,173,111.76	3,568,148.79	4,880,686.52	**13,621,947.08**
	Thai Baht	2,927,959.72	3,421,109.47	2,657,193.07	**9,006,262.26**
	US Dollar	158,649.44	75,565.55	71,791.82	**306,006.81**
	Total	**53,293,067.41**	**27,457,256.73**	**44,154,325.47**	**124,904,649.61**
US Dollar	Armenian Dram	60,370,506.29	30,189,302.89	47,865,914.70	**138,425,723.89**
	Australian Dollar	218,812.35	148,993.71	204,242.14	**572,048.20**
	Canadian Dollar	148,139.37	169,625.07	185,952.40	**503,716.84**
	Danish Krone	830,847.78	413,258.38	705,403.35	**1,949,509.52**
	EURO	123,896.88	82,818.64	114,555.62	**321,271.15**
	Hong Kong Dollar	937,908.50	996,945.47	1,248,510.82	**3,183,364.80**
	Indian Rupee	7,079,309.87	5,281,242.15	6,743,294.80	**19,103,846.83**
	Thai Baht	3,997,511.72	5,117,644.99	3,657,183.94	**12,772,340.64**
	US Dollar	219,422.89	113,417.08	97,892.87	**430,732.85**
	Total	**73,926,355.67**	**42,513,248.38**	**60,822,950.66**	**177,262,554.72**
Total					

Abbildung 11–11 Die Werte werden aus der ursprünglichen Währung in Euro und US-Dollar umgerechnet.

Zusammenfassung

Währungsumrechnung erfordert je nach Ihren Erfordernissen Modelle unterschiedlicher Komplexität. Die Hauptpunkte in diesem Kapitel waren:

- Mit berechneten Spalten können Sie eine einfache Umrechnung von mehreren Quellwährungen zu einer Zielwährung (oder sehr wenigen Zielwährungen) durchführen.
- Die Umrechnung in mehrere Berichtswährungen erfordert anspruchsvolleren DAX-Code sowie einige Anpassungen des Datenmodells, da es dabei nicht mehr möglich ist, eine berechnete Spalte zu nutzen. Die Umrechnung erfolgt dynamisch.
- Um den Code für die dynamische Umrechnung zu vereinfachen, können Sie alle erforderlichen Daten in die Wechselkurstabelle aufnehmen. Das erreichen Sie mithilfe einer einfachen berechneten Tabelle.
- Der komplizierteste Fall liegt vor, wenn Sie mehrere Quell- in mehrere Berichtswährungen umrechnen müssen. Dazu kombinieren Sie die vorherigen Techniken und erstellen zwei Währungstabellen, nämlich eine für die Quell- und eine für die Berichtswährung.

ANHANG

Grundlagen der Datenmodellierung

Dieser Anhang dient dazu, Begriffe aus dem Bereich der Datenmodellierung zu erklären, die in diesem Buch und auch in vielen Artikeln, Blogs und anderen Büchern erwähnt werden. Dies ist kein Text, den man von Anfang bis Ende durchliest, sondern ein Nachschlagewerk, in das Sie hineinschauen, wenn Sie bei der Lektüre dieses Buches auf einen Begriff stoßen, der Ihnen nicht vertraut ist, oder wenn Sie Ihr Gedächtnis auffrischen möchten. Daher gibt es in diesem Anhang auch keinen roten Faden. Jedes Thema wird für sich abgehandelt. Außerdem wollten wir auch keine komplizierten Abhandlungen, sondern nur die grundlegenden Informationen über die einzelnen Themen schreiben. Eine ausführliche Erörterung dieser Themen können wir in diesem Buch nicht leisten.

Tabellen

Eine *Tabelle* ist ein Behälter für Informationen. Tabellen sind in Zeilen und Spalten aufgeteilt. Jede Zeile umfasst Informationen über eine einzige Entität, wobei jede Zelle einer Zeile eine kleinstmögliche Information aus der Datenbank enthält. Beispielsweise enthält eine Kundentabelle Informationen über alle Kunden. In einer Zeile befinden sich dann jeweils sämtliche Informationen über einen Kunden, und in einer Spalte eine bestimmte Information wie der Name oder die Adresse für alle Kunden. Eine Zelle enthält beispielsweise die Adresse eines einzigen Kunden.

Bei der Gestaltung Ihres Modells müssen Sie diese Struktur beachten, um einige häufig auftretende Fallstricke zu vermeiden, die die Analyse zu einem Albtraum machen. Nehmen wir an, Sie entscheiden sich dazu, die Informationen über eine Bestellung in zwei Zeilen derselben Bestellung abzulegen. In der einen Zeile speichern Sie den Gesamtbetrag der Bestellung zusammen mit dem Bestelldatum und in der nächsten Zeile den Betrag einer einzelnen Lieferung, ebenfalls mit dem Bestelldatum. Dadurch teilen Sie eine Entität (die Bestellung) auf zwei Zeilen derselben Tabelle auf (siehe Abbildung A–1).

Das macht die Tabelle viel komplizierter. Selbst die Berechnung eines einfachen Werts wie des Bestellbetrags ist mit erheblich mehr Aufwand verbunden, da eine einzige Spalte (*Amount*) mehrere Arten von Informationen enthält. Sie können die Beträge nicht einfach summieren, sondern müssen dabei stets einen Filter einsetzen. Das Problem ist, dass dieses Modell nicht auf die richtige Weise gestaltet wurde. Da die Informationen über eine einzige Bestellung auf mehrere Zeilen aufgeteilt sind, lassen sich jegliche Berechnungen nur sehr schwer durchführen. Beispielsweise ist es mit hohem Aufwand verbunden, den prozentualen Anteil der bereits gelieferten Waren für jeden Kunden zu bestimmen, da der Code dafür Folgendes tun muss:

1. Er muss jede Bestellnummer durchgehen.
2. Er muss die Bestellbeträge aggregieren (wenn sie in mehreren Zeilen stehen) und dabei die Zeilen filtern, deren Typspalte den Wert *Order* aufweist.
3. Er muss die Lieferbeträge aggregieren und dabei diesmal die Zeilen vom Typ *Ship* filtern.
4. Er muss den Prozentsatz berechnen.

Order No	Customer	Date	Type	Amount
1	Contoso	01/01/2017	Order	100.00
1	Contoso	01/15/2017	Ship	60.00
1	Contoso	01/15/2017	Ship	40.00
2	Imageware	01/16/2017	Order	90.00
3	Imageware	01/20/2017	Order	45.00
4	Contoso	01/22/2017	Order	25.00

Abbildung A–1 In dieser Tabelle sind Informationen über eine einzige Bestellung auf mehrere Zeilen aufgeteilt.

Der Fehler liegt in dem Aufbau des Modells. Wenn eine Bestellung in Ihrem Modell eine Entität darstellt, dann muss sie ihre eigene Tabelle haben, in der sich alle Werte auf einfache Weise aggregieren lassen. Falls Sie auch einzelne Transaktionen für die Lieferungen aufzeichnen müssen, dann können Sie dafür eine eigene Tabelle erstellen. Abbildung A–2 zeigt das korrekte Modell für unsere Beispieldaten.

Orders

Order No	Customer	Order Date	Amount
1	Contoso	01/01/2017	100.00
2	Imageware	01/16/2017	90.00
3	Imageware	01/20/2017	45.00
4	Contoso	01/22/2017	25.00

Shipments

Order No	Date	Amount
1	01/15/2017	60.00
1	01/15/2017	40.00

Abbildung A–2 Für die richtige Darstellung der Bestellungen und Lieferungen sind zwei Tabellen erforderlich.

In diesem Beispiel verfolgen wir nur die Lieferungen. Es kann jedoch auch sein, dass Sie in einer weiter gefassten Tabelle sämtliche Transaktionen einer Bestellung aufzeichnen (Bestellungen, Lieferungen und Rückläufe). In einem solchen Fall können Sie durchaus beide Arten von Transaktionen in derselben Tabelle festhalten und mit einem Attribut markieren, das jeweils die Art der Operation angibt. Es ist auch zulässig, verschiedene Arten derselben Entität (Transaktionen) in derselben Tabelle zu speichern. Schlecht ist es hingegen, verschiedene Entitäten (Bestellungen und Transaktionen) in derselben Tabelle festzuhalten.

Datentypen

In einem Modell hat jede Spalte einen *Datentyp*, der die Art des Inhalts in der Spalte beschreibt. Datentypen können Integer (ganze Zahlen), Strings, Währungen, Fließkommazahlen usw. sein. Es gibt viele Datentypen, unter denen Sie wählen können. Der Datentyp einer Spalte ist wichtig, da er die Nutzbarkeit, die verwendbaren Funktionen und die Formatierungsoptionen bestimmt. Genau genommen handelt es sich bei dem Datentyp um das von der Engine intern verwendete Format zur Speicherung von Informationen. Der Formatierungsstring dagegen legt nur fest, wie die Benutzeroberfläche die Informationen für menschliche Betrachter darstellt.

Beispielsweise ist Integer ein geeigneter Datentyp für eine Spalte, die Stückzahlen gelieferter Waren enthält. Für eine Spalte, in der Sie Verkaufsbeträge festhalten möchten, ist Integer dagegen keine gute Wahl, da Sie auch Nachkommastellen speichern müssen. Daher ist der richtige Datentyp für eine solche Spalte der Währungstyp.

In einem grundlegenden Excel-Arbeitsblatt kann jede Zelle Werte eines beliebigen Datentyps enthalten. Bei der Verwendung des Tabellendatenmodells dagegen wird der Datentyp jeweils für die gesamte Spalte festgelegt. Das wiederum bedeutet, dass alle Zellen der Tabelle Daten desselben Typs in dieser Spalte speichern müssen. Es ist nicht möglich, in einer Spalte der Tabelle verschiedene Datentypen zu mischen.

Beziehungen

Wenn Ihr Datenmodell mehrere Entitäten enthält – was normalerweise der Fall ist –, dann speichern Sie die Informationen in mehreren Tabellen, die Sie über Beziehungen verbinden. In einem Tabellenmodell verknüpft eine Beziehung immer zwei Tabellen und basiert auf einer einzigen Spalte.

Die gängigste Darstellung einer Beziehung ist ein Pfeil von der Quell- zur Zieltabelle, wie Sie ihn in Abbildung A–3 sehen.

In einer Beziehung gibt es immer eine 1-Seite und eine n-Seite. In unserem Beispielmodell gibt es für jedes Produkt viele Verkaufsvorgänge, für jeden Verkauf aber genau ein Produkt. Daher befindet sich die Produkttabelle auf der 1-Seite und die Verkaufstabelle auf der n-Seite. Der Pfeil verläuft immer von der n- zur 1-Seite.

In den verschiedenen Versionen von Power Pivot for Excel und von Power BI werden Beziehungen auf unterschiedliche Weise dargestellt. In den jeweils neuesten Versionen von Excel und von Power BI zeichnet die Engine eine Linie, deren 1-Ende mit einer 1 und deren n-Ende mit einem Sternchen markiert ist. In Power BI Desktop haben Sie außerdem die Möglichkeit, 1:1-Beziehungen einzurichten. Sie sind immer bidirektional, da es für jede Zeile der einen Tabelle nur null oder eine Zeile in der anderen geben kann. In diesem besonderen Fall gibt es keine n-Seite.

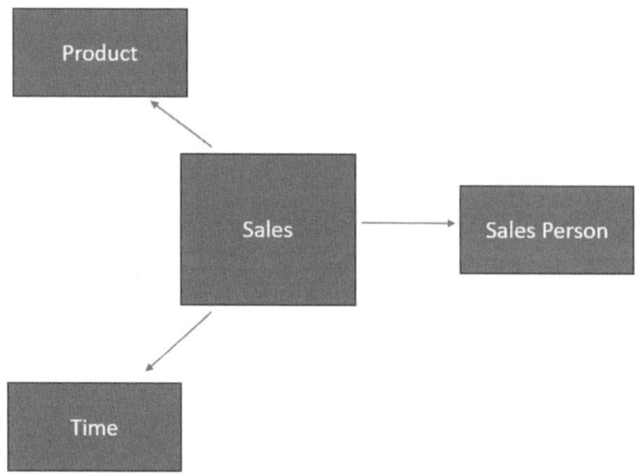

Abbildung A–3 Die vier Tabellen in diesem Modell sind über Beziehungen miteinander verbunden.

Filter und Kreuzfilter

Bei der Untersuchung eines Modells mithilfe einer Pivottabelle oder von Power BI sind Filter von großer Bedeutung. Sie bilden die Grundlage der meisten – wenn nicht aller – Berechnungen in einem Bericht. Bei der Verwendung von DAX gilt die folgende einfache Regel: Der Filter verläuft stets von der 1-Seite einer Beziehung zur n-Seite. In der Benutzeroberfläche wird die Richtung, in der der Filter weitergeleitet wird, durch einen Pfeil in der Mitte der Beziehung dargestellt (siehe Abbildung A–4).

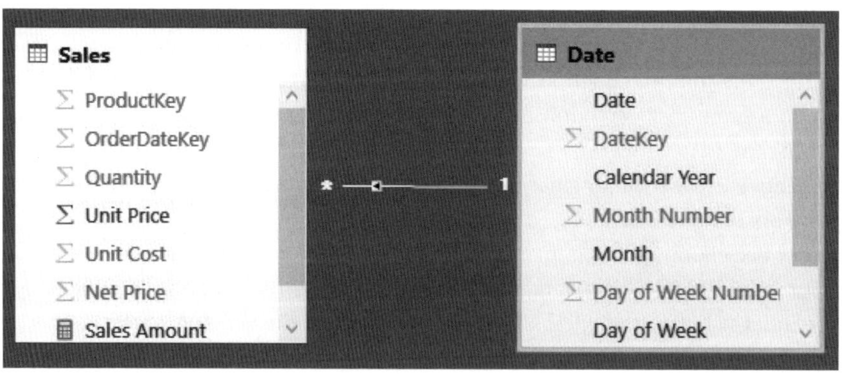

Abbildung A–4 Der Pfeil in der Mitte der Linie für die Beziehung gibt die Richtung des Filters an.

Wenn Sie *Date* filtern, filtern Sie daher auch *Sales*. Aus diesem Grund können Sie in einer Pivottabelle ganz einfach einen Datenschnitt der Verkaufsbeträge nach dem Kalenderjahr erstellen: Der Filter für *Date* wird zu einem Filter für *Sales* umgewandelt. In der umgekehrten Richtung funktioniert dies in der Standardeinstellung jedoch nicht: Ein Filter für *Sales* wird nicht zu *Date* weitergeleitet, sofern Sie das Datenmodell nicht ausdrücklich dazu anweisen. Abbildung A–5 zeigt eine grafische Darstellung der standardmäßigen Filterweiterleitung.

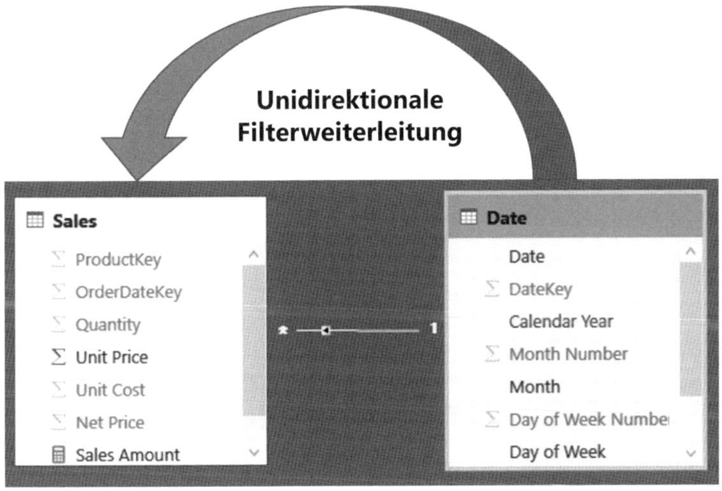

Abbildung A–5 Der große Pfeil zeigt, wie der Filter bei unidirektionaler Filterung weitergeleitet wird.

Sie können die Richtung der Filterweiterleitung (oder *Kreuzfilterrichtung*) auch umkehren, indem Sie die Einstellung der Beziehung ändern. In Power BI doppelklicken Sie dazu auf die Beziehung, wodurch das Dialogfeld *Beziehung bearbeiten* aus Abbildung A–6 geöffnet wird.

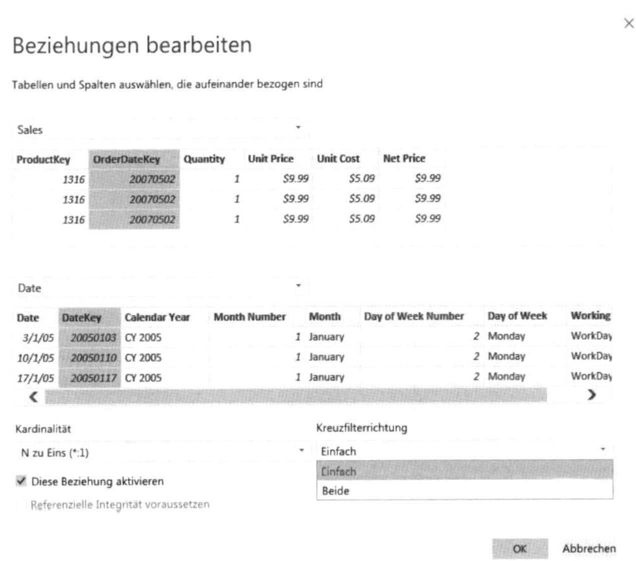

Abbildung A–6 Im Dialogfeld *Beziehung bearbeiten* können Sie die Kreuzfilterrichtung ändern.

Standardmäßig ist die Kreuzfilterrichtung auf *Einfach* eingestellt, also von der 1- zur n-Seite. Bei Bedarf können Sie dies jedoch in *Beide* ändern, sodass der Filter auch von der n- zur 1-Seite weitergeleitet wird. Abbildung A–7 zeigt eine grafische Darstellung der bidirektionalen Filterweiterleitung.

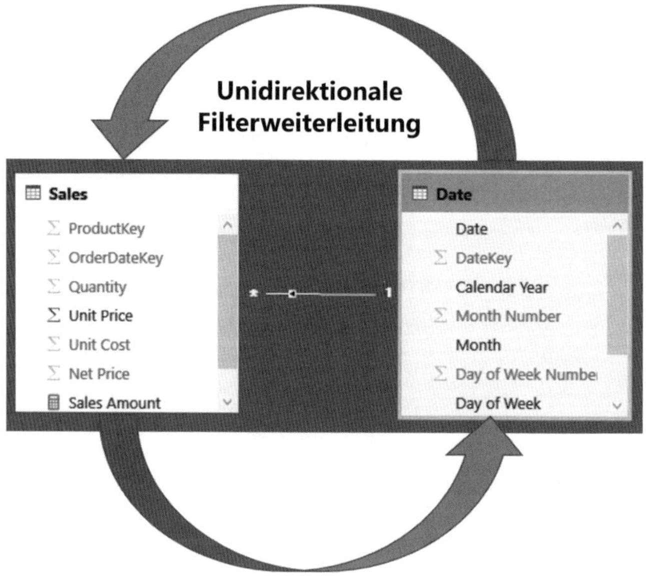

Abbildung A–7 Im bidirektionalen Modus wird der Filter in beide Richtungen weitergeleitet.

Diese Möglichkeit steht in Power Pivot for Excel nicht zur Verfügung. Wenn Sie dort eine bidirektionale Filterung benötigen, müssen Sie sie bedarfsweise mithilfe der Funktion `CROSSFILTER` aktivieren, wie das folgende Beispiel für das Modell aus Abbildung A–8 zeigt:

```
Num of Customers =
CALCULATE (
   COUNTROWS ( Customer ),
   CROSSFILTER ( Sales[CustomerKey], Customer[CustomerKey], BOTH )
)
```

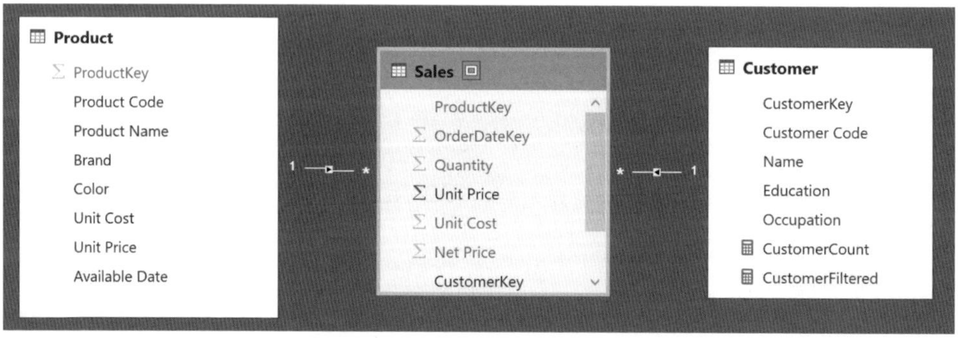

Abbildung A–8 Beide Beziehungen befinden sich im unidirektionalen Standardmodus.

Die Funktion `CROSSFILTER` aktiviert die bidirektionale Filterung für die Dauer der `CALCULATE`-Anweisung. Während der Auswertung von `COUNTROWS ( Customer )` wird der Filter von *Sales* zu *Customer* weitergeleitet, sodass nur die Kunden angezeigt werden, auf die in *Sales* verwiesen wird.

Diese Technik ist sehr praktisch, wenn Sie beispielsweise die Anzahl der Kunden bestimmen müssen, die ein bestimmtes Produkt gekauft haben. Der Filter bewegt sich naturgemäß von *Product* zu *Sales*, aber um ihn über *Sales* zu *Customer* weiterzuleiten, brauchen Sie eine bidirektionale Filterung. Abbildung A–9 zeigt zwei Berechnungen für diesen Fall, wobei einmal die bidirektionale Filterung aktiviert ist und bei der anderen die Standardweiterleitung verwendet wird.

Brand	CustomerCount	CustomerFiltered
A. Datum	18,869	189
Adventure Works	18,869	392
Contoso	18,869	815
Fabrikam	18,869	173
Litware	18,869	199
Northwind Traders	18,869	151
Proseware	18,869	125
Southridge Video	18,869	855
Tailspin Toys	18,869	594
The Phone Company	18,869	76
Wide World Importers	18,869	133
Total	**18,869**	**18,869**

Abbildung A–9 Die beiden berechneten Felder unterscheiden sich nur in der Kreuzfilterrichtung, zeigen aber völlig verschiedene Ergebnisse

Die beiden berechneten Felder sind wie folgt definiert:

```
CustomerCount := COUNTROWS ( Customer )

CustomerFiltered :=
CALCULATE (
   COUNTROWS ( Customer ),
   CROSSFILTER ( Customer[CustomerKey], Sales[CustomerKey], BOTH )
)
```

CustomerCount nutzt nur die Standardfilterung, weshalb *Product* zwar *Sales* filtert, *Sales* aber nicht *Customer*. Bei dem zweiten berechneten Feld dagegen fließt der Filter von *Product* zu *Sales* und dann zu *Customer*, sodass die Formel nur die Kunden zählt, die auch tatsächlich eines der gefilterten Produkte gekauft haben.

Unterschiedliche Arten von Modellen

Ein typisches Modell enthält viele Tabellen, die durch Beziehungen miteinander verbunden sind. Diese Tabellen werden je nach ihrer Verwendung wie folgt klassifiziert:

- **Faktentabellen** Eine *Faktentabelle* enthält Werte, die Sie aggregieren möchten. Gewöhnlich sind darin Ereignisse gespeichert, die an einem bestimmten Zeitpunkt geschehen sind und gemessen werden können. Im Allgemeinen sind die Faktentabellen die größten im Modell. Sie können Dutzende und sogar Hunderte von Millionen Zeilen umfassen. Gewöhnlich sind in Faktentabellen nur Zahlen gespeichert – entweder Schlüssel zu Dimensionen oder zu aggregierende Werte.

- **Dimensionen** Mit einer *Dimension* können Sie einen Datenschnitt der Fakten erzeugen. Typische Dimensionen sind Produkte, Kunden, Zeit und Kategorien. Gewöhnlich sind diese Tabellen klein und umfassen lediglich Hunderte oder Tausende von Zeilen. Sie haben oft viele Attribute in Form von Strings, da ihr Hauptzweck darin besteht, Datenschnitte der Werte zu ermöglichen.
- **Brückentabellen** *Brückentabellen* werden in anspruchsvolleren Modellen verwendet, um m:n-Beziehungen darzustellen. Beispielsweise kann ein Kunde, der zu mehreren Kategorien gehört, mithilfe einer Brückentabelle modelliert werden, die für jede Kategorie eines Kunden eine Zeile enthält.

Sternschema

Wenn Ihr Modell nur aus Faktentabellen und Dimensionen besteht, können Sie die Faktentabelle in die Mitte stellen und alle Dimensionen rundherum anordnen. Dieser Aufbau wird als *Sternschema* bezeichnet (siehe Abbildung A–10).

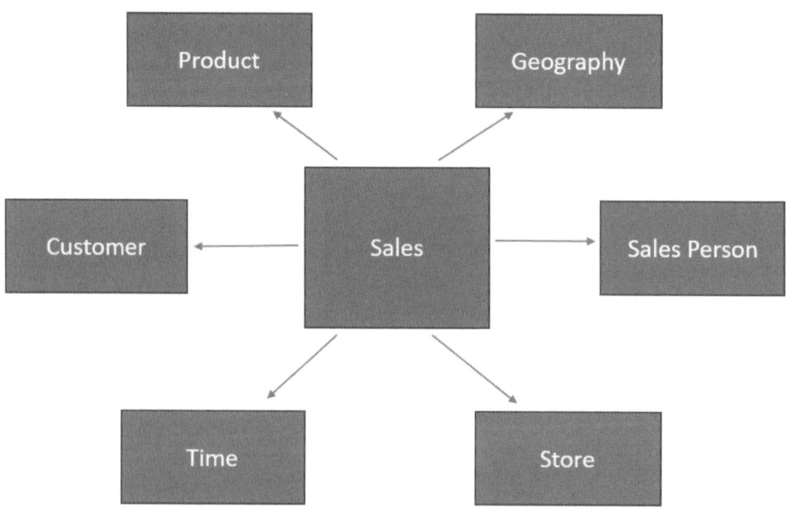

Abbildung A–10 Ein Sternschema entsteht, wenn Sie die Faktentabelle in die Mitte stellen und die Dimensionen rundherum anordnen.

Ein Sternschema bietet viele Vorteile: Es lässt sich schnell und einfach verstehen und verwalten. In diesem Buch werden Sie feststellen, dass dieses Schema aus gutem Grund die Grundlage der meisten analytischen Datenbanken bildet. Manchmal müssen Sie Ihr Modell jedoch auf andere Weise strukturieren. Die beiden gebräuchlichsten Möglichkeiten dazu werden in den nächsten Abschnitten beschrieben.

Schneeflockenschema

Manchmal ist eine Dimension mit einer anderen Dimension verbunden, die sie weiter klassifiziert. Beispielsweise kann es verschiedene Kategorien für Produkte geben, wobei Sie die

Kategorien in einer eigenen Tabelle speichern. Ein weiteres Beispiel sind Läden, die zu unterschiedlichen Geschäftseinheiten gehören. Auch diese können Sie wiederum in einer eigenen Tabelle festhalten. In dem Beispiel aus Abbildung A–11 haben wir keine Spalte für den Namen der Kategorie, sondern nur für einen Kategorieschlüssel, der auf die Kategorietabelle verweist.

Product

ProductKey	Product	CategoryKey
1	Apple	1
2	Orange	1
3	Bike	2
4	Helmet	2

Category

CategoryKey	Category
1	Fruit
2	Sport

Abbildung A–11 Die Kategorien sind in einer eigenen Tabelle gespeichert, auf die in der Produkttabelle verwiesen wird.

Wenn Sie ein solches Schema verwenden, sind die Produktkategorien oder Geschäftseinheiten zwar nach wie vor Dimensionen, aber nicht direkt mit der Faktentabelle, sondern mit einer Zwischendimension verbunden. Wenn beispielsweise die Tabelle *Sales* die Spalte *ProductKey* enthält, dann müssen Sie zum Ermitteln einer Produktkategorie von *Sales* aus auf *Product* und von dort aus auf *Category* zugreifen. Das Schema, das dadurch entsteht, wird als Schneeflockenschema bezeichnet (siehe Abbildung A–12).

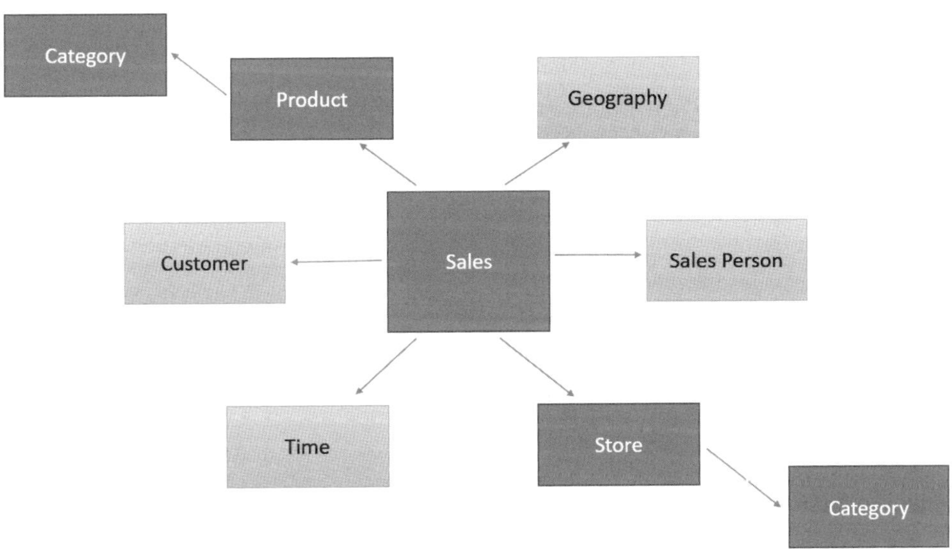

Abbildung A–12 Ein Schneeflockenschema ist ein Sternschema mit zusätzlichen Dimensionen, die mit den ursprünglichen Dimensionen verbunden sind.

Dimensionen sind nicht untereinander verbunden. Zwar gibt es eine Verbindung zwischen *Store* und *Category*, allerdings nur, um *Category* indirekt mit *Sales* zu verbinden. Dagegen ist eine Verbindung zwischen *Store* und *Geography* unter keinen Umständen zulässig.

Schneeflockenschemata tauchen im Bereich der Business Intelligence recht häufig auf. Abgesehen von einem geringen Leistungsverlust stellen sie keine schlechte Wahl dar. Wenn möglich sollten Sie jedoch auf Schneeflocken verzichten und lieber reine Sternschemata verwenden, da sich der DAX-Code für Letztere gewöhnlich leichter schreiben lässt und weniger fehleranfällig ist.

Modelle mit Brückentabellen

Eine Brückentabelle wird zwischen zwei Dimensionen eingefügt, um eine m:n-Beziehung zwischen diesen Dimensionen einzurichten. Abbildung A–13 zeigt ein Beispiel, in dem Kunden jeweils in mehrere Kategorien fallen können. So gehört Marco sowohl zu *Male* und zu *Italian*, während *Kate* nur zu *Female* gehört. In einer solchen Situation erstellen Sie zwei Beziehungen, die beide von der Brückentabelle ausgehen und zu *Customer* bzw. *Category* führen.

Customer

CustomerKey	Customer
1	Marco
2	Alberto
3	Kate
4	Ed

Bridge Customer Category

CustomerKey	CategoryKey
1	1
2	1
3	2
1	3
2	3

Category

CategoryKey	Category
1	Male
2	Female
3	Italian

Abbildung A–13 Bei der Verwendung einer Brückentabelle ist es möglich, dass ein Kunde zu mehreren Kategorien gehört.

Ein Modell mit Brückentabellen weist eine Form auf, für die im Bereich Business Intelligence noch kein Name geprägt wurde. Das Beispiel aus Abbildung A–14 zeigt wieder das Modell mit der Möglichkeit, dass ein Kunde in mehrere Kategorien fallen kann.

Dieses Modell unterscheidet sich von einem regulären Schneeflockenschema dadurch, dass die Beziehung zwischen *Customer Category* und *Sales* nicht durchgängig ist, da die Beziehung zwischen *Customer* und der Brückentabelle in der umgekehrten Richtung verläuft. Würde diese Beziehung von *Customer* zur Brückentabelle verlaufen, dann hätten wir ein Schneeflockenschema. Aufgrund dieser Richtung (die den Verwendungszweck widerspiegelt) ist dies jedoch eine m:n-Beziehung.

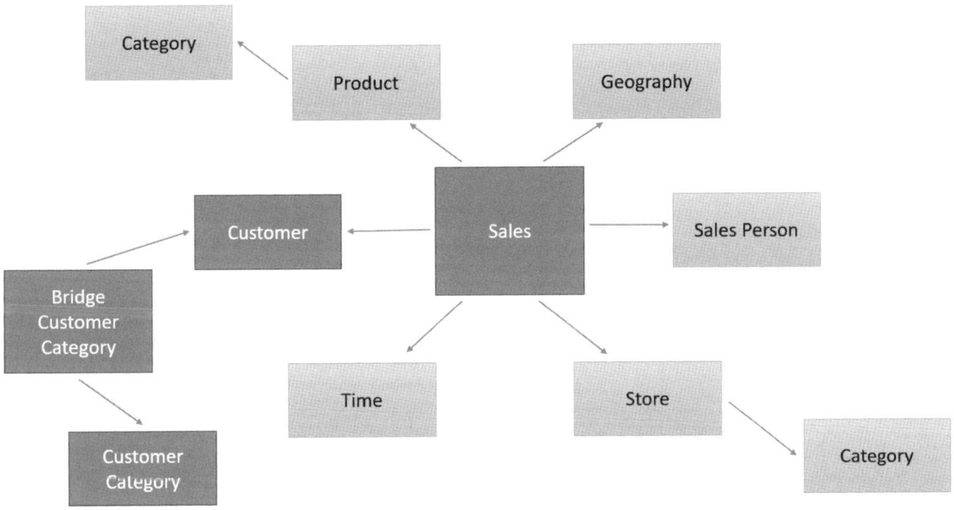

Abbildung A–14 Eine Brückentabelle verbindet zwei Dimensionen, doch das resultierende Modell unterscheidet sich von einem regulären Schneeflockenschema.

Additivität berechneter Felder

Ein wichtiger Aspekt bei der Definition eines berechneten Feldes (*Measure*) ist die Frage, ob es in einer gegebenen Dimension additiv ist oder nicht.

Additive berechnete Felder

Ein berechnetes Feld ist *additiv*, wenn es durch einfache Summenbildung aggregiert werden kann. Beispielsweise ist die verkaufte Menge in der Dimension der Produkte additiv, da die Gesamtmenge gleich der Summe der verkauften Einheiten der einzelnen Produkte ist. Der Verkaufsbetrag ist in allen Dimensionen additiv, da der Gesamtbetrag für ein Jahr aus der Summe der Verkäufe an den einzelnen Tagen resultiert.

Nicht additive berechnete Felder

Es gibt jedoch auch *nicht additive* Berechnungen, beispielsweise diskretes Zählen. Wenn Sie die verkauften Produkte diskret zählen, dann ist das Ergebnis für ein Jahr nicht gleich der Summe der diskreten Anzahlen in den einzelnen Monaten. Das Gleiche gilt auch für Kunden, Länder und alle anderen Dimensionen (mit Ausnahme des Produkts). Bei einem nicht additiven Feld müssen Sie die Tabelle zunächst vollständig auf alle Hierarchieebenen untersuchen, die Sie verwenden wollen, da Sie die Werte der untergeordneten Ebenen nicht aggregieren dürfen.

Halbadditive berechnete Felder

Die dritte Kategorie von Berechnungen bilden die *halbadditiven*. Sie sind besonders schwer zu handhaben, da sie in einigen Dimensionen additiv und in anderen nicht additiv sind. Die Dimension, die die Ausnahme bildet, ist gewöhnlich die Zeit. Beispielsweise ist eine Berechnung der aufgelaufenen Beträge seit Jahresbeginn nicht additiv, da der Wert für einen Monat nicht die Summe der Werte für die einzelnen Tage darstellt, sondern den Wert für den letzten Tag des Monats. In Abbildung A–15 sehen Sie ein Beispiel für alle drei Arten von berechneten Feldern.

Calendar Year	Month	Sales Amount	Sales YTD	Distinct Products
CY 2007	January	$101,097.12	$101,097.12	38
	February	$108,553.20	$209,650.32	45
	March	$119,707.83	$329,358.16	52
	April	$121,085.74	$450,443.90	56
	May	$123,413.41	$573,857.31	58
	June	$121,707.44	$695,564.75	50
	July	$139,381.00	$834,945.75	52
	August	$87,384.31	$922,330.06	47
	September	$155,275.94	$1,077,606.00	52
	October	$99,872.65	$1,177,478.64	52
	November	$122,522.86	$1,300,001.50	51
	December	$159,214.45	$1,459,215.95	60
	Total	**$1,459,215.95**	**$1,459,215.95**	**426**

Abbildung A–15 Dieser Bericht zeigt berechnete Felder mit allen drei Arten von Additivität: additiv, nicht additiv und halbadditiv.

DAX stellt eine Reihe von Funktionen für in der Zeit halbadditive Berechnungen zur Verfügung. Funktionen wie `DATESYTD`, `TOTALYTD`, `LASTDATE` und `CLOSINGBALANCEQUARTER` sind hilfreich, um halbadditive berechnete Felder zu schreiben, bei denen die Zeit die nicht additive Dimension ist. Der Umgang mit Halbadditivität in mehreren Dimensionen dagegen erfordert aufwendige `FILTER`-Funktionen, da es keine vordefinierten Funktionen für Nichtadditivität in anderen Dimensionen als der Zeit gibt.

Index

1:n-Beziehungen
  Definition 10
  Faktentabellen 50

A

ABC-Analyse 210
Abgeleitete Snapshots
  Definition 122
  Überblick 128
Additive berechnete Felder
  Faktentabellen 54
  Snapshots aggregieren 124
  Überblick 241
Aggregation
  additive berechnete Felder 124
  Dauer 141
  halbadditive berechnete Felder 124
  Header/Detail-Tabellen 26
  Snapshots 122
ALL 42
Anzeigen
  Beziehungsdiagramm 8
  Power Pivot 10
  Werte 196
Arbeitstage 77, 80
Ausblenden
  Beziehungsdiagramm 8
  Power Pivot 10
  Werte 196
Automatische Zeitdimensionen
  erstellen 62
  Excel 62
  Power BI Desktop 64

B

Berechnete Felder
  additiv 124, 241
  halbadditiv 124, 242
  m:n-Beziehungen 170
  nicht additiv 171, 241
  Snapshots aggregieren 122
Berechnete Spalten 210
Berechnungen
  berechnete Spalten 210
  CALCULATE 39, 46, 83, 135, 169, 196, 207, 236
  CALCULATETABLE 87, 135
  Zeitinformationen 73
Berichtswährungen
  eine Berichtswährung, mehrere Quellwährungen 218
  mehrere Berichtswährungen, eine Quellwährung 222
  mehrere Berichtswährungen, mehrere Quellwährungen 227
Beziehungen
  1:n-Beziehungen 10
  Beziehungsdiagramm 8
  bidirektionale Filterung 194
  Datenmodelle 8
  denormalisieren 13, 19
  Dimensionen 17
  Faktentabellen 17, 49
  Filter verschieben 192
  Fremdschlüssel 10
  Mehrdeutigkeit 18, 45
  mehrere Tabellen 12
  normalisieren 13
  OLTP 14
  Primärschlüssel 9
  Quelltabellen 9
  Segmentierung 203
  Tabellen 8
  Überblick 233
  vorhersagen 189
  Werte ausblenden 196
  Ziel 10
  Zuordnungsfaktor 200
Beziehungsdiagramm 8
Bidirektionale Filterung
  CROSSFILTER 45, 56, 106, 169, 173, 182, 236
  Faktentabellen 43
  Granularität 193
  Header/Detail-Tabellen 28
  m:n-Beziehungen 168
  Überblick 234

Brückentabellen 56
- Definition 238
- Faktentabelle als Brückentabelle 182
- filtern 176
- kaskadierende m:n-Beziehungen 173
- Leistung 183
- Materialisierung 181
- mehrere 173
- m:n-Beziehungen 167, 181
- prozentuale Zuordnungsfaktoren 179
- Super-Brückentabelle 175
- Überblick 240

C

CALCULATE 39, 46, 83, 135, 169, 196, 207, 236
CALCULATETABLE 87, 135
CLOSINGBALANCELASTQUARTER 242
CONTAINS 192
COUNTROWS 81, 105, 236
CROSSFILTER 45, 56, 107, 169, 173, 182, 236

D

Datenmodelle
- 1:n-Beziehungen 10
- ABC-Analyse 210
- Aggregation 26
- berechnete Spalten 210
- Beziehungen über mehrere Spalten 203
- bidirektionale Filterung 28
- denormalisieren 13, 19
- Dimensionen 25
- dynamische Segmentierung 208
- Einzeltabellen 2
- Faktentabellen 49
- Fremdschlüssel 10
- Granularität 30
- Hierarchien 25
- normalisieren 13
- OLTP 14
- Primärschlüssel 9
- Quelltabellen 9
- reduzieren 33
- Schneeflocke 19, 238
- Segmentierung 203
- statische Segmentierung 206
- Sternschemata 15, 238
- Ziel 10

Datenschnitte 134
Datentypen 233
DATESINPERIOD 74
DATESYTD 73, 75, 242
Datum
- Aggregation bei Zeiträumen 141
- Arbeitstage 77, 80
- CLOSINGBALANCELASTQUARTER 242
- DATESINPERIOD 74
- DATESYTD 73, 75, 242
- Datumsdimensionen 59
- Dauer 139
- Formel-Engine für Zeiträume 154
- Geschäftskalender 75
- LASTDATE 125, 154, 242
- LASTDAY 74
- laufende Ereignisse 149
- mehrere Datumsangaben 143
- mehrere Datumsdimensionen 65
- nicht überlappende Zeiträume 85
- PARALLELPERIOD 74
- SAMEPERIODLASTYEAR 74, 94
- TOTALYTD 242
- Trennung von Datum und Uhrzeit 71, 143
- überlappende Zeiträume 89
- Uhrzeitdimensionen 71
- unterschiedliche Dauern mischen 159
- Wochenkalender 90
- zeitliche m:n-Beziehungen 175
- Zeiträume 84
- Zeiträume relativ zu heute 86
- Zeitversatz 148

Datumsdimensionen
- erstellen 59
- mehrere 65
- verwenden mit Uhrzeitdimensionen 71

Dauer
- Aggregation 141
- Formel-Engine 154
- laufende Ereignisse 149
- mehrere Datumsangaben 143
- Überblick 139
- unterschiedliche Dauern mischen 159
- zeitliche Beziehungen materialisieren 181
- zeitliche m:n-Beziehungen 175
- Zeitversatz 148
- Zuordnungsfaktoren 178

Denormalisierung
- Datenmodelle 13, 19
- Faktentabellen 37
- reduzieren 33

Diagramme 8
Dimensionen
- automatische Zeitdimensionen 62
- Beziehungen 17
- bidirektionale Filterung 43
- Datumsdimensionen 59
- Definition 16, 238

Header/Detail-Tabellen 25
langsam veränderliche Dimensionen 99
Mehrdeutigkeit 18, 45
mehrere Datumsdimensionen 65
Namen 21
schnell veränderliche Dimensionen 114
Uhrzeitdimensionen 71
DISTINCT 42
DISTINCTCOUNT 104
Dynamische Segmentierung 208

E

Einzeltabellen 2
Ereignisse 149
Excel
automatische Zeitdimensionen 62
Power Pivot 10
EXCEPT 83

F

Faktentabellen
additive berechnete Felder 54
Aggregation 26
als Brückentabelle verwenden 182
Beziehungen 17
bidirektionale Filterung 28, 43
Brückentabellen 56
Definition 16, 237
denormalisieren 37
Dimensionen 25
Granularität 30
Header/Detail-Tabellen 25, 52
Hierarchien 25
langsam veränderliche Dimensionen 113
Mehrdeutigkeit 18, 45
mehrere 37
m:n-Beziehungen 49, 55
Namen 21
reduzieren 33
Überblick 37
FILTER 161, 195, 207, 242
Filterung
CROSSFILTER 56, 107, 169, 173, 182, 236
Faktentabellen 43
FILTER 161, 195, 207, 242
Filter verschieben 192
Granularität 193
Header/Detail-Tabellen 28
m:n-Beziehungen 168
Überblick 234
Formel-Engine 154
Fremdschlüssel 10
Funktionen
ALL 42
CALCULATE 39, 46, 83, 135, 169, 196, 207, 236
CALCULATETABLE 87, 135
CLOSINGBALANCELASTQUARTER 242
CONTAINS 192
COUNTROWS 81, 105, 236
CROSSFILTER 45, 56, 106, 169, 173, 182, 236
DATESINPERIOD 74
DATESYTD 73, 75, 242
DISTINCT 42
DISTINCTCOUNT 104
EXCEPT 83
FILTER 161, 195, 207, 242
HASONEVALUE 83, 219
IF 82
IFERROR 207
INTERSECT 39, 135, 192
ISEMPTY 207
LASTDATE 125, 154, 242
LASTDAY 74
List.Numbers 108
LOOKUPVALUE 87, 93, 203
MAX 109, 112, 209
MIN 209
PARALLELPERIOD 74
RELATED 46, 66, 79
RELATEDTABLE 66, 80
SAMEPERIODLASTYEAR 74, 94
SUM 123, 146, 157, 169
SUMMARIZE 180
SUMX 172
TOTALYTD 242
TREATAS 193
UNION 42
USERELATIONSHIP 46, 66
VALUES 207

G

Geschäftskalender 75
Granularität
bidirektionale Filterung 194
Einzeltabellen 4
Faktentabellen 113
Filter verschieben 192
Header/Detail-Tabellen 30
langsam veränderliche Dimensionen 110
mehrere Tabellen 12
Snapshots 128

Überblick 187
vorhersagen 189
Werte ausblenden 196
Zuordnungsfaktor 200

H

Halbadditive berechnete Felder
Snapshots aggregieren 124
Überblick 242
HASONEVALUE 83, 219
Header/Detail-Tabellen
Aggregation 26
bidirektionale Filterung 28
Dimensionen 25
Granularität 30
Hierarchien 25
reduzieren 33
Überblick 25
Heute 86
Hierarchien 25

I

IF 82
IFERROR 207
INTERSECT 39, 135, 192
ISEMPTY 207

K

Kalender
Geschäftskalender 75
Wochenkalender 90
Kaskadierende m:n-Beziehungen 172
Kreuzfilterung *siehe* Bidirektionale Filterung

L

Langsam veränderliche Dimensionen
Arten 100
Granularität 110, 112
laden 107
Modellierungstechniken 117
schnell veränderliche Dimensionen 114
Überblick 99
Versionen 104
verwenden 104
LASTDATE 125, 154, 242
LASTDAY 74
Laufende Ereignisse 149
Leistung 182
List.Numbers 108
LOOKUPVALUE 87, 93, 203

M

Materialisieren 181
Matrizen
Datenschnitte 134
Snapshots 130
MAX 109, 112, 209
Measures *siehe* Berechnete Felder
Mehrdeutigkeit 18, 45
Menüband 10
MIN 209
m:n-Beziehungen
bidirektionale Filterung 168
Brückentabellen 182
Faktentabellen 50, 55
kaskadierend 172
Leistung 182
materialisieren 180
nicht additive berechnete Felder 171
Überblick 167
zeitliche m:n-Beziehungen 175
Zuordnungsfaktoren 178

N

Namen
Dimensionen 21
Faktentabellen 21
Spalten 21
Tabellen 21
Natürliche Snapshots 122
Nicht additive berechnete Felder
m:n-Beziehungen 170
Überblick 241
Nicht überlappende Zeiträume 85
Normalisieren 13

O

OLTP 14
Online Transactional Processing 14

P

PARALLELPERIOD 74
Power BI Desktop 64
Power Pivot 10
Primärschlüssel 9

Q

Quelltabellen 9
Quellwährungen
- eine Quellwährung, mehrere Berichtswährungen 222
- mehrere Quellwährungen, eine Berichtswährung 218
- mehrere Quellwährungen, mehrere Berichtswährungen 227

R

Reduzieren 33
RELATED 46, 66, 79
RELATEDTABLE 66, 80

S

SAMEPERIODLASTYEAR 74, 94
SCDs *siehe* Langsam veränderliche Dimensionen
Schemata
- Schneeflocke 19, 238
- Sternschemata 15, 238

Schlüssel 9
Schneeflocke 19, 238
Schnell veränderliche Dimensionen 114
Segmentierung
- ABC-Analyse 210
- berechnete Spalten 210
- Beziehungen über mehrere Spalten 203
- dynamisch 208
- statisch 206
- Überblick 203

Snapshots
- abgeleitet 122, 128
- additive berechnete Felder 124
- Aggregation 122
- Arten 122
- Datenschnitte 134
- Granularität 128
- halbadditive berechnete Felder 124
- natürlich 122
- Überblick 121
- Übergangsmatrix 130

Spalten
- berechnete Spalten 210
- Beziehungen über mehrere Spalten 203
- Fremdschlüssel 10
- Namen 21
- Primärschlüssel 9

Statische Segmentierung 206
Sternschemata 15, 238
SUM 123, 146, 157, 169
SUMMARIZE 180
SUMX 172

T

Tabellen
- 1:n-Beziehungen 10
- abgeleitete Snapshots 122, 128
- additive berechnete Felder 124
- Aggregation 26, 122
- Arten 122
- berechnete Spalten 210
- Beziehungen über mehrere Spalten 203
- bidirektionale Filterung 28
- Brückentabellen 238, 240
- CALCULATETABLE 87, 135
- Datenschnitte 134
- denormalisieren 13, 19
- Dimensionen 25
- Einzeltabellen 2
- Faktentabellen 49
- Fremdschlüssel 10
- Granularität 30, 128
- halbadditive berechnete Felder 124
- Header/Detail-Tabellen 25
- Hierarchien 25
- m:n-Beziehungen 181
- Namen 21
- natürliche Snapshots 122
- normalisieren 13
- OLTP 14
- Primärschlüssel 9
- Quelltabellen 9
- reduzieren 33
- RELATEDTABLE 66, 80
- Segmentierung 203
- Snapshots 121
- Überblick 231
- Übergangsmatrix 130
- Ziel 10

TOTALYTD 242
TREATAS 193

U

Übergangsmatrix
- Datenschnitte 134
- Snapshots 130

Überlappende Zeiträume 89
Uhrzeit
- Aggregation 141
- automatische Zeitdimensionen 62

datumsübergreifend 143
Formel-Engine 154
laufende Ereignisse 149
trennen von Datum 71, 143
Überblick 139
verwenden mit Datumsdimensionen 71
Zeitversatz 148
UNION 42
USERELATIONSHIP 46, 66

V

VALUES 207
Versionen 104
Vorhersagen 189

W

Währungsumrechnung
eine Berichtswährung, mehrere Quellwährungen 218
eine Quellwährung, mehrere Berichtswährungen 222
mehrere Berichtswährungen, eine Quellwährung 222
mehrere Berichtswährungen, mehrere Quellwährungen 227
mehrere Quellwährungen, eine Berichtswährung 218
mehrere Quellwährungen, mehrere Berichtswährungen 227
Überblick 217
Werte
ausblenden 196
HASONEVALUE 83, 219
LOOKUPVALUE 87, 93, 203
VALUES 207
Zuordnungsfaktor 200
Wochenkalender 90

Z

Zeitinformationen
Arbeitstage 77, 80
automatische Zeitdimensionen 62
Berechnungen 73
Datumsdimensionen 59
Datums- und Uhrzeitdimensionen 71
Geschäftskalender 75
mehrere Datumsdimensionen 65
nicht überlappende Zeiträume 85
überlappende Zeiträume 89
Uhrzeitdimensionen 71
Wochenkalender 90
Zeiträume 84
Zeiträume relativ zu heute 86
Zeitliche m:n-Beziehungen 175
materialisieren 180
Zuordnungsfaktoren 178
Zeiträume
DATESINPERIOD 74
nicht überlappend 85
PARALLELPERIOD 74
relativ zu heute 86
SAMEPERIODLASTYEAR 74, 94
Überblick 84
überlappend 86, 89
Zeitversatz 148
Zieltabellen 10
Zuordnungsfaktoren 178, 200